"十三五"国家重点出版物出版规划项目

电力电子新技术系列图书

能源革命与绿色发展丛书

国家出版基金项目
NATIONAL PUBLICATION FOUNDATION

风力发电系统控制原理

马宏伟　李永东　许　烈　柴建云　编著

机 械 工 业 出 版 社

全书共分9章。第1章简述可再生能源与风力发电的发展历史、基本原理和值得关注的若干问题。第2章主要介绍双馈风力发电系统的数学模型与建模方法。第3章重点介绍得到广泛应用和研究的理想电网条件下的双馈风电系统的控制策略，包括双馈风力发电机的矢量控制和网侧变换器的矢量控制。对双馈发电机直接功率控制策略和预测控制策略，本章也有介绍。第4章给出非理想电网条件下双馈风电系统的运行特性，包括电网故障类型及对风电系统的影响。第5章介绍双馈风电系统低电压穿越技术及其控制和保护策略。第6章介绍不对称电网条件下双馈风电系统的控制策略，包括模型预测控制和多目标控制。第7章介绍永磁同步风电系统数学模型、控制原理及弱电网条件下的运行控制。第8章介绍基于三电平变换器的中高压永磁同步风电系统和无变压器中高压永磁同步风电系统。第9章则介绍基于高压直流输电的海上风电系统，包括基于 MMC 和基于MFT 的离岸风场高压直流输电系统。

本书适合从事风力发电的科研人员及相关专业研究生参考。

图书在版编目（CIP）数据

风力发电系统控制原理/马宏伟等编著. —北京：机械工业出版社，2020.5（2023.4重印）

（电力电子新技术系列图书. 能源革命与绿色发展丛书）

"十三五"国家重点出版物出版规划项目

ISBN 978-7-111-65447-6

Ⅰ. ①风… Ⅱ. ①马… Ⅲ. ①风力发电系统-控制-研究 Ⅳ. ①TM614

中国版本图书馆 CIP 数据核字（2020）第 068497 号

机械工业出版社（北京市百万庄大街22号 邮政编码100037）
策划编辑：罗 莉 责任编辑：罗 莉
责任校对：李 婷 封面设计：马精明
责任印制：单爱军
北京虎彩文化传播有限公司印刷
2023 年 4 月第 1 版第 4 次印刷
169mm×239mm · 17.5 印张 · 360 千字
标准书号：ISBN 978-7-111-65447-6
定价：99.00 元

电话服务 网络服务
客服电话：010-88361066 机 工 官 网：www.cmpbook.com
010-88379833 机 工 官 博：weibo.com/cmp1952
010-68326294 金 书 网：www.golden-book.com
封底无防伪标均为盗版 机工教育服务网：www.cmpedu.com

电力电子新技术系列图书
序　　言

1974年美国学者W. Newell提出了电力电子技术学科的定义，电力电子技术是由电气工程、电子科学与技术和控制理论三个学科交叉而形成的。电力电子技术是依靠电力半导体器件实现电能的高效率利用，以及对电机运动进行控制的一门学科。电力电子技术是现代社会的支撑科学技术，几乎应用于科技、生产、生活各个领域：电气化、汽车、飞机、自来水供水系统、电子技术、无线电与电视、农业机械化、计算机、电话、空调与制冷、高速公路、航天、互联网、成像技术、家电、保健科技、石化、激光与光纤、核能利用、新材料制造等。电力电子技术在推动科学技术和经济的发展中发挥着越来越重要的作用。进入21世纪，电力电子技术在节能减排方面发挥着重要的作用，它在新能源和智能电网、直流输电、电动汽车、高速铁路中发挥核心的作用。电力电子技术的应用从用电，已扩展至发电、输电、配电等领域。电力电子技术诞生近半个世纪以来，也给人们的生活带来了巨大的影响。

目前，电力电子技术仍以迅猛的速度发展着，电力半导体器件性能不断提高，并出现了碳化硅、氮化镓等宽禁带电力半导体器件，新的技术和应用不断涌现，其应用范围也在不断扩展。不论在全世界还是在我国，电力电子技术都已造就了一个很大的产业群。与之相应，从事电力电子技术领域的工程技术和科研人员的数量与日俱增。因此，组织出版有关电力电子新技术及其应用的系列图书，以供广大从事电力电子技术的工程师和高等学校教师和研究生在工程实践中使用和参考，促进电力电子技术及应用知识的普及。

在20世纪80年代，电力电子学会曾和机械工业出版社合作，出版过一套"电力电子技术丛书"，那套丛书对推动电力电子技术的发展起过积极的作用。最近，电力电子学会经过认真考虑，认为有必要以"电力电子新技术系列图书"的名义出版一系列著作。为此，成立了专门的编辑委员会，负责确定书目、组稿和审稿，向机械工业出版社推荐，仍由机械工业出版社出版。

本系列图书有如下特色：

本系列图书属专题论著性质，选题新颖，力求反映电力电子技术的新成就和新经验，以适应我国经济迅速发展的需要。

理论联系实际，以应用技术为主。

　　本系列图书组稿和评审过程严格，作者都是在电力电子技术第一线工作的专家，且有丰富的写作经验。内容力求深入浅出，条理清晰，语言通俗，文笔流畅，便于阅读学习。

　　本系列图书编委会中，既有一大批国内资深的电力电子专家，也有不少已崭露头角的青年学者，其组成人员在国内具有较强的代表性。

　　希望广大读者对本系列图书的编辑、出版和发行给予支持和帮助，并欢迎对其中的问题和错误给予批评指正。

电力电子新技术系列图书

编辑委员会

前　　言

当前，环境污染与能源转型已经成为社会发展面临的两大重要问题。以煤炭和石油为代表的传统化石能源的大量消费不仅严重污染了人类的生存环境，而且其可采储量也日趋枯竭。因此，大规模开发利用清洁无污染的可再生能源、转向可持续发展的能源战略已经逐渐成为世界各国的共识。可再生能源是指从持续不断的自然循环过程中得到的能量来源，是一种取之不尽、用之不竭、自动再生的能源形式，普遍具有对环境友好、资源分布广泛、适宜就地开发利用等特点。目前，可再生能源主要包括风能、太阳能、水能、地热能、生物质能、海洋能等能源形式。

我国的可再生能源资源分布地域广阔，储量十分巨大，发展可再生能源产业的条件得天独厚。自 2006 年颁布《中华人民共和国可再生能源利用法》以来，我国的风能产业加速发展，不断赶超丹麦、西班牙、德国和美国等先行国家，现已成为风力发电世界第一大国。截至 2018 年底，我国的并网型风电机组累计装机容量达到 210TW，年发电量达到 366TW·h，分别占全国电力系统的 11% 和 5%，每年可节约标准煤约 1.5 亿 t，减少二氧化碳排放量超过 3.6 亿 t，减少二氧化硫排放量超过 1098 万 t，减少氮氧化物排放量超过 549 万 t，并提供超过 50 万个就业岗位，带来良好的经济、环境和社会效益。

目前，风力发电被认为是技术最成熟、最具大规模开发条件和商业化发展前景的可再生能源技术形式，其发电最低成本已明显低于化石能源、核能、燃气、太阳能等多种主要能源形式，具备了平价上网的竞争力。风力发电容量的迅速扩大是以风力发电系统技术提高和性能改善为基础的。风力发电系统经历了由单机运行到多机并网、由定速到变速、由定桨距到变桨距、由陆地到海上的发展过程，单机容量不断扩大。为了充分利用风力资源，进一步提高风力发电的经济性，可以预见在未来一段时间内风电机组的单机容量仍将向大型化方向发展，同时海上风电场将获得更大的发展空间。

自 20 世纪 80 年代以来，风力发电技术蓬勃发展，引起众多的科研工作者的关注和兴趣，积累了大量的文献，成果也极为丰硕。尤其是近年来，全球各国对风力发电技术投入巨大，我国也已成为世界最大的风力发电制造基地和市场。清华大学电机工程系电力电子及电机控制研究室从 20 世纪 90 年代开始和国内有关单位一起从事风力发电系统的研究，取得了一些有价值的研究成果，推广了一批较成熟的技术，引起了国内有关部门和应用单位的重视。

本书希望，一方面系统地介绍风力发电系统的工作原理，为读者进一步深入研究该技术打下基础，另一方面较为全面地介绍这类系统的建模和控制方法，以使读者在解决实际问题中加以利用。此外，对目前国际上较新的研究课题，如中压永磁同步风电系统等内容，本书也给予了充分的重视，希望读者对此给予关注，从而推动风力发电系统的研究进一步向前发展。

全书共分9章。第1章简述可再生能源与风力发电的发展历史、基本原理和值得关注的若干问题。第2章主要介绍双馈风力发电系统的数学模型与建模方法。第3章重点介绍得到广泛应用和研究的理想电网条件下的双馈风电系统的控制策略，包括双馈风力发电机的矢量控制和网侧变换器的矢量控制。对双馈发电机直接功率控制策略和预测控制策略，本章也有介绍。第4章给出非理想电网条件下双馈风电系统的运行特性，包括电网故障类型及对风电系统的影响。第5章介绍双馈风电系统低电压穿越技术及其控制和保护策略。第6章介绍不对称电网条件下双馈风电系统的控制策略，包括模型预测控制和多目标控制。第7章介绍永磁同步风电系统数学模型、控制原理及弱电网条件下的运行控制。第8章介绍基于三电平变换器的中高压永磁同步风电系统和无变压器中高压永磁同步风电系统。第9章则介绍基于高压直流输电的海上风电系统，包括基于MMC和基于MFT的离岸风场高压直流输电系统。

本书总结了我们实验室多年来在风力发电理论和实践中的研究成果。我的不少同事和研究生为本书的内容做出了重要贡献，他们是柴建云教授，在实验室最早开启了新一代风力发电系统的研究工作，每位博士的论文工作都离不开柴老师的耐心启发和热心指导；姜新建副教授，做了大量总体控制和工程领域的工作；许烈副教授，从英国回到清华伊始就开始了风力发电这个全新领域的研究；苑国锋博士，实验室第一个从事风力发电研究的博士，做了大量开创性的工作；郑艳文博士，对电网故障下的风力发电系统的运行特性，尤其是低电压穿越技术提出了独到的见解；原熙博博士，开拓了永磁同步风电系统的研究领域，对弱电网运行和中压系统情有独钟；彭凌博士，完成了双馈风力发电系统的图像化建模与低电压穿越控制研究；菲拉斯博士，完成了基于高压直流输电的海上风电系统研究；马宏伟博士，完成了风电系统不对称电网条件下的运行控制、预测控制及多目标控制。本书的整理和撰写工作由目前工作于北京理工大学的马宏伟博士完成。本书大纲的制定和全书的统稿工作由李永东完成。

在本书的选题和出版过程中，得到了机械工业出版社的大力支持，我们在这里深表感谢。对曾在本实验室从事相关研究工作、现已毕业的硕士生和博士生们，作者也在此表示深深的谢意。最后，我还要感谢我的妻儿，是他们给了我无私的支持。

由于作者学识所限和时间的紧迫，本书在风力发电技术领域中一定还有很多内容没有得到反映，恳请读者谅解。书中内容也难免有不当和错误之处，敬请有关专家和各位读者给予批评和指正。

李永东

2019 年 11 月于清华大学

目　　录

第1章 绪 论

1.1 可再生能源与风力发电

当前，能源短缺和环境污染已经成为人类生存和发展所面临的两大重要问题。传统化石能源（以煤炭、石油、天然气等为代表）不仅会造成严重的环境污染，而且其储量也已日趋枯竭。寻找清洁无污染的可再生能源、采取可持续性发展的能源战略已经逐渐成为世界各国的共识。2019 年 12 月，《联合国气候变化框架公约》第 25 次会议在西班牙马德里召开，再次迫使各国必须大力发展可再生能源技术，尽快形成高效低排、清洁无污染的可持续型能源结构。

1.1.1 可再生能源技术的发展

可再生能源是指从持续不断的自然循环过程中得到的能量来源[一]，一般泛指取之不尽、用之不竭、自动再生的能源形式，普遍具有对环境无害或损害极小、资源分布巨大且广泛、适宜就地开发利用等特点。目前，可再生能源主要包括风能、太阳能、水能、地热能、生物质能、海洋能等能源形式。

近年来，可再生能源技术投入巨大、发展迅猛。2018 年，全球可再生能源获得投入资金达到 2729 亿美元，提供了全球 18.4% 的能源消耗。在发电领域，2018 年可再生能源发电新增装机容量 181GW，占全球发电新增装机容量近 2/3，可再生能源发电总装机容量已达 2378GW，占全球发电总装机容量 1/3。其中，水力发电占据最大份额，达到 1172GW，风电和太阳能发电占据了剩余部分的大部分份额，分别达到 564GW 和 480GW。2018 年全球能源消耗占比情况如图 1-1 所示。2012 ~ 2018 年全球可再生能源发电新增装机容量如图 1-2 所示。

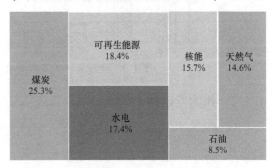

图 1-1 全球能源消耗占比情况[二]（2018 年）

[一] 该定义源自国际能源署（International Energy Agency，IEA）可再生能源小组。

[二] 由于各类能源统计的四舍五入原因，图中各类能源占比直接相加结果非 100%。

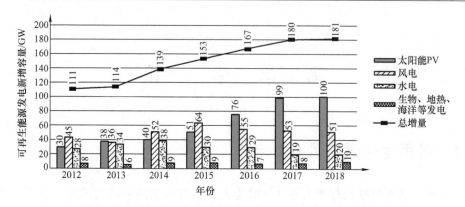

图 1-2   全球可再生能源发电新增装机容量（2012~2018 年）

我国可再生能源储量巨大、发展迅速、产业空间巨大。2018 年，中国可再生能源领域共投入 912 亿美元，占全球可再生能源领域资金投入的 32%（其中超过一半的资金投入到了风力发电领域），可再生能源发电装机容量达到全球可再生能源发电装机总容量的 32.4%，并网发电 1870 TW·h，占全国总发电量的 26.7%，节约标准煤 7.5 亿 t，减少 CO_2 排放量超过 18.6 亿 t，减少 SO_2 排放量超过 5610 万 t，减少 NO_2 等氮氧化物排放量超过 2800 万 t，并提供超过 1100 万个就业岗位，带来了良好的环境、经济和社会效益。全球可再生能源发电总装机容量如图 1-3 所示。

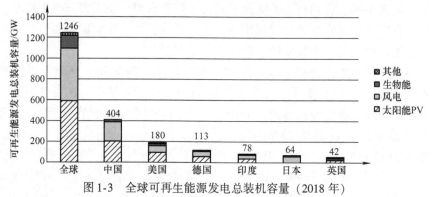

图 1-3   全球可再生能源发电总装机容量（2018 年）

1.1.2   风力发电技术的发展

地球上接收到的太阳辐射大约有 2% 转换为风能，其中可利用风能达 130TW，储量巨大。同时，风力发电环保效果显著，采用风力发电每发电 1kW·h，一般可减少消耗 0.31~0.34kg 标准煤，同时还会减少排放 0.853~0.953kg CO_2，以及一定数量的 NO_2、SO_2 及粉尘灰渣等。CO_2 会导致温室效应，空气中的 NO_2 和 SO_2 会产生酸雨，粉尘会污染空气，灰渣需要占用土地堆放处理。在世界各国重视环保、强调能源节约的今天，风力发电对改善地球生态环境、减少空气污染有着非常积极的作用，因此各国越来越重视风力发电技术的研发。

目前，风力发电被认为是技术最成熟、最具大规模开发条件和商业化发展前景的可再生能源技术形式之一，其发电最低成本已明显低于化石能源、核能、燃气、太阳能等多种主要能源形式。近十年间，全球范围内风力发电的装机容量以年均 14% 左右的速度增长，平均每年新增装机容量约 43GW，在全球至少 103 个国家实现商业应用，其中 33 个国家总装机容量超过 1GW。据全球风能协会（GWEC）预计：至 2020 年，全球风电发电量将可能超过 2157TW·h，达到全球电力需求的 9%；至 2020 年，全球风电发电量将可能达到 5546TW·h，占全球电力需求的 18%～20%；至 2050 年，全球风电发电量将可能达到 15258TW·h，占全球电力需求的 36%～41%，带来良好的环境和经济效益。全球能源平均价格如图 1-4 所示。全球风电装机情况如图 1-5 所示。

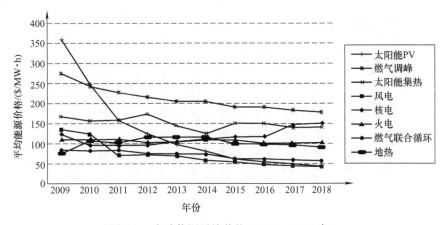

图 1-4　全球能源平均价格（2009～2018 年）

我国风力资源丰富，其中陆上可开发风能储量约 253GW，海上可开发风能储量约 750GW。丰富的风力资源为我国风电技术及相关产业的发展提供了必要的基础，同时，国家规划指引和各种利好政策，也进一步推动了我国风电产业的迅猛发展。2006 年，我国颁布了《可再生能源法》，次年，中国国家发展和改革委员会公布了《可再生能源中长期发展规划》，明确要求 2020 年全国风电装机容量达到 30GW，这一要求在 2016 年发布的《风电发展"十三五"规划》中被进一步提高到 210GW。2009 年，我国成为全球风电装机总容量第二大国，总装机容量达到 25.8GW；2010 年，我国成为全球风电装机总容量第一大国，总装机容量达到 41.8GW。过去十年间，我国风电装机总容量年均增长率高达 68%，年均新增装机容量约 18.5GW，并在 2018 年达到 210GW，成为世界上第一个风电装机总容量突破 200GW 的国家。由中国国家发展和改革委员会和国际能源署（International Energy Agency，IEA）联合发布的《中国风电发展路线图 2050》中预测：2030 年，中国风电累计装机容量将达到 400GW；2050 年，中国风电累计装机容量将达到 1TW，满足全国 17% 的电力需求，成为中国五大能源之一。我国风电装机情况如图 1-6 所示。

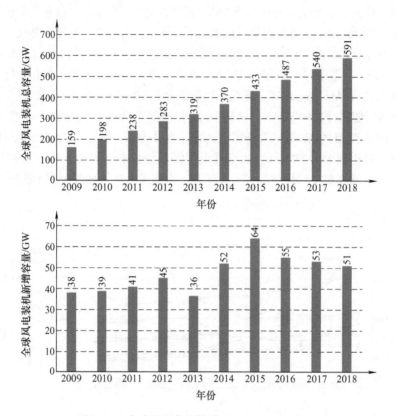

图 1-5　全球风电装机情况（2009～2018 年）

风力发电容量的迅速扩大是以风力发电机系统技术的提高和性能的改善为基础的，风力发电机系统经历了由单机并网到机组并网、由定速到变速、由定桨距到变桨距、由陆地到海上的变化过程，单机容量不断扩大。自 20 世纪 80 年代到 21 世纪初，风力发电机单机容量从 50kW 增加到 5MW，而考虑到技术的成熟性和稳定性，直至 21 世纪初，单机容量为 1.5～2MW 的风力发电机开始成为市场上的主流机型。全球风能协会（GWEC）数据显示，2018 年全球新增风力发电机平均功率为 2.45MW，而英国、德国新增风力发电机平均功率已接近 4MW，这预示着 3～5MW 的风力发电机正在成为主流机型。2018 年 6 月，Vestas 公司宣布其单机容量 9.5MW 风力发电机通过型式认证，成为目前全球投入正式商业运行单机容量最大的风力发电机。随着风力发电容量的进一步增加以及降低单位千瓦风电成本的需求，可以预见在未来一段时间内风力发电机单机容量将仍然向更大方向发展，同时海上风电场将获得更大的发展空间。风力发电机单机容量发展情况如图 1-7 所示。

通过国家支持、自主研发和技术引进等一系列方式，我国风电产业发展迅速，金风科技、远景能源、广东明阳、联合动力、上海电气等一批具有较高水平的风电设备制造企业相继崛起，在国内市场占据绝大部分市场份额，并已经在国际市场有

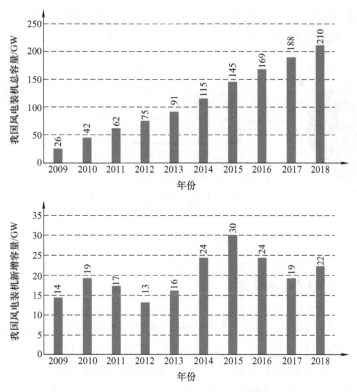

图 1-6 我国风电装机情况（2009～2018 年）

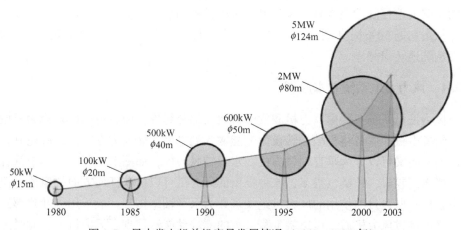

图 1-7 风力发电机单机容量发展情况（1980～2003 年）

所作为。目前，我国企业已经具备了塔架、机舱罩、叶片、齿轮箱和发电机等风电系统关键部件的独立研发和制造能力，并形成了相关产业链。原来国产率较低的控制系统和变换器等核心电控设备也已经实现了国产化，但我国在这方面的研发起步较晚，关键技术相比国外仍存在差距，尤其是在大型风电机组、海上风电场的设计、制造和控制等方面，仍有大量的研究及工程化工作亟待完成。2018 年全球风电制造商市场份额如图 1-8 所示。

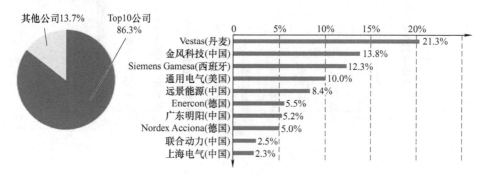

图 1-8　2018 年全球风电制造商市场份额

1.2　风力发电系统概述

风能是一种历史悠久的能源形式，而大规模利用风能并网发电则始于 20 世纪 80 年代能源危机以后。在过去的 30 多年间，随着空气动力学、材料学、电机学、电力电子技术、计算机和控制技术的发展，风电技术取得了长足进步：风电机组单机容量从初期的 200kW 发展到开始投入商业运行的 10MW；风电机组发电形式从最初的小型单机独立运行发展为大型风电机组并网运行；控制技术由笼型异步电动机的定桨失速控制发展为采用现代电力电子及控制技术的变桨变速控制；运行可靠性也从最初的 50% 提高到现在的 98% 以上。现在，风电的应用范围也更加广阔，正在从陆地转向海洋。

1.2.1　风力发电系统基本原理

风力发电系统主要由风力机和发电机两大部分组成，前者将风能转换为机械能传递给发电机，后者将机械能转换为电能输入到电网。而风力发电机因叶轮旋转轴轴向的不同又可以分为垂直轴风力机和水平轴风力机，如图 1-9 所示。其中垂直轴风力机出现较早，种类也很多，这种类型的风力机可以捕获任何方向的风能，但其效率较低，所以目前使用的风力机绝大多数为水平轴结构，一般采用三叶片形式。

当风经过风力机后，风速将下降，风的部分动能转移到了风力机上，此时风力机发出的功率为

$$P = \frac{1}{2}\rho C_{\mathrm{p}} S v^3 \tag{1-1}$$

式中　P——风力机发出的功率；

　　　C_{p}——风能利用系数；

ρ——空气密度；

S——风力机风轮扫掠面积；

v——风速。

a) 垂直轴风力机   b) 水平轴风力机

图 1-9 不同类型的风力机

风能利用系数用来表示风能向风力机机械能转换的效率，主要与叶片设计、桨距角以及叶尖速比[⊖]有关。风能利用系数与叶尖速比的关系如图 1-10 所示。在一定风速下，风能利用系数将随桨距角的增大而降低，并在某一特定叶尖速比时达到最大。理论上，风能利用系数不能无限提高，德国空气动力学家 Albert Betz 指出其上限值为 0.593，即

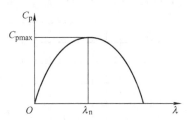

图 1-10 风能利用系数与叶尖速比的
关系（桨距角保持不变）

贝茨极限。随着风电技术的发展，叶轮的设计得到不断优化，风力机的风能利用系数已经较高并接近贝茨极限，进一步提升的空间有限，因此，目前主要通过提高风力机扫风面积、选择高风速的安装位置等方式来提高风力机的输出功率。

对风力机捕获风能的大小进行调节，将有助于风力发电机在各种复杂风速环境下实现稳定运行。根据对风力机捕获风能调节方式的不同，目前并网型风力发电机组主要可以分为定桨距定速型、变桨距定速型和变桨距变速型三种类型。其中，变桨距变速型风力发电系统是当前的主流机型。

定桨距定速型机组的桨距角是固定的，在正常工作的风速范围内，该类型风电

⊖ 叶尖速比，即叶轮叶尖速度与风速的比值，可表示为 $\lambda = 2\pi Rn/v = \omega R/v$。其中，$R$ 为叶轮半径；n 为叶轮转速；ω 为叶轮角速度。

系统对其捕获的风能将不做调节，而只有当风速超过额定风速时，系统才利用桨叶具备的自动失速性能对捕获的风能进行调节。同时，该类型机组解决了机组突卸负载时的安全停机问题。定桨距定速型机组具有性能可靠、结构简单等优点，因此最早在风电场中获得了商业化推广，但其能量转化率低下、起动性能差等因素限制了其进一步发展。

基于空气动力学的观点，定桨距定速型机组这种利用桨叶失速特性对其捕获风能进行调节的方式将难以保持风力发电机功率输出恒定。为此，变桨距定速型机组被发展起来，它通过液压或电动系统调节桨距角，从而调节风电机组的空气动力转矩，实现系统稳定的功率输出，同时，通过改变桨距角，可以使风电系统在起动过程中获得更大的起动转矩，更加适合于大容量风电机组。

变桨距定速型机组的提出是风电控制技术的一次巨大进步，但这种机型在额定风速以下的运行效果仍不理想，为此，通过将风力发电系统与电力电子技术紧密结合，变桨距变速型机组被进一步发展起来：在额定风速以下，它能够通过控制发电机转速，跟踪最佳叶尖速比，从而实现对最佳功率曲线的跟踪；在额定风速以上，它能够通过调节桨距角，增加传动系统柔性，使输出功率平稳，改善发电质量。可见，变桨距变速型机组能够更好地应对各种复杂风速环境，目前单机容量在兆瓦级以上的机组一般均采用这种机组类型。

不同类型风力机的功率曲线如图 1-11 所示。

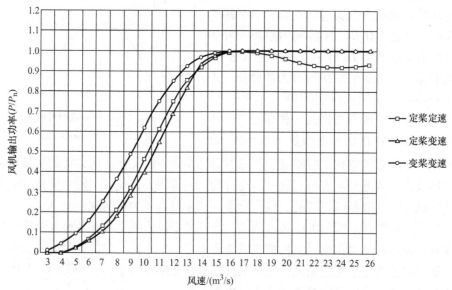

图 1-11　不同类型风力机的功率曲线

1.2.2　典型的风力发电系统解决方案

风力发电系统以风力发电机和电力电子变换器为核心，并由风力机、齿轮箱（可选）等配套设备构成。其中，风力发电机可以采用笼型异步发电机、绕线转子异步发电机、电励磁同步发电机和永磁同步发电机等常用发电机类型。电力电子变换器部分则可采用无电力电子变换器、部分功率电力电子变换器和全功率电力电子变换器三种形式。

恒速恒频风力发电系统不需要变换器，一般采用笼型异步发电机，通过定桨距失速调节或主动失速调节来维持发电机转速，其结构如图 1-12 所示。由于发电机直接与电网相连，并网运行时会从电网吸收无功功率为发电机提供励磁，因此需要在发电机和电网之间并联电容器进行无功补偿，以提高网侧的功率因数。另外，还需要利用软起动器来减小电机的起动电流。该系统的优点是结构简单、成本低、可靠性高。但因为发电机转速只能维持在额定转速以上很窄的范围之内，因此该系统

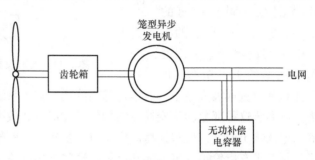

图 1-12　恒速笼型异步风力发电系统

的风能利用系数很低。为此，可以把极对数不同的两台笼型异步发电机组合起来使用，风速较小时使用极对数大的发电机工作于低速状态，而大风时则使用极对数小的发电机工作于高速状态，以提高系统的风能转换效率。然而，由于发电机在两个额定转速点仍然处于恒速运行状态，因此其轴承和齿轮箱承受的机械应力较大，容易发生损坏。

变速恒频风力发电系统最初一般采用绕线转子异步发电机。在发电机转子外接可变电阻来构成有限变速恒频风力发电系统，这种 OptiSlip 结构如图 1-13 所示。通过电力电子变换器动态改变转子回路的电阻可以调节发电机的转速，从而实现变速恒频运行。该系

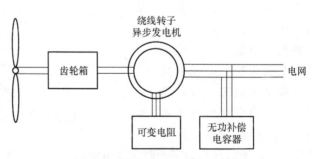

图 1-13　有限变速绕线转子异步风力发电系统

统的最大优点是变换器的结构和控制简单，但是，发电机只能运行在同步速以上，而且调速范围不宽。同时，由于转差功率全部都消耗在外接电阻上，因此系统效率比较低。另外，这种变速范围有限的系统也需要配备软起动器和无功补偿装置。

为了扩大发电机的运行速度范围，可以用四象限电力电子变换器代替可变电阻，构成变速恒频双馈风力发电系统。这样，转子侧的能量将不会被消耗掉，而是可以通过变换器馈入或馈出电网。双馈系统的变换器可以采用交-直-交变换器、交-交变换器、矩阵式变换器、并列变换器、谐振变换器等多种形式。其中应用得最为广

泛的是采用背靠背电压型变换器的结构，如图 1-14 所示。由于双馈系统中变换器位于发电机的转子回路，只需要控制转差功率，因此变换器的容量只占系统总容量的一部分。通常，双馈风力发电机的转速工作范围在其同步转速的 ±30% 之间，其采用的电力电子变换器功率一般是整机功率的 1/3 左右，因

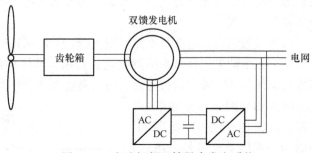

图 1-14　变速恒频双馈风力发电系统

此体积和重量都大大减小，成本也随之降低，整个系统损耗小、效率高。双馈型风力发电系统这种部分功率变换器结构使其在成本和效率上占据了一定优势，加之良好的电能输出质量，使双馈型风力发电系统成为目前的主流机型。这种系统主要的不足是其带有齿轮箱、集电环和电刷，这些结构的使用在一定程度上降低了系统的可靠性，也增加了系统的维护成本，同时，双馈发电机定子和电网直接耦合使得该系统对电网故障非常敏感，部分功率变换器的容量也将进一步限制其电网故障不间断运行的能力。

为了既保持双馈风力发电系统变换器容量小的优点，又能具备笼型异步电机无电刷和集电环的结构，可以采用如图 1-15 所示的无刷双馈风力发电系统。无刷双馈发电机的定子有两套极对数不同的绕组，其中功率绕组与电网相连，而控制绕组接到变

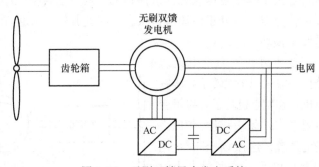

图 1-15　无刷双馈风力发电系统

换器上，转子极对数为定子两套绕组极对数之和。该系统的优点是变换器容量小、成本低、系统效率高，同时发电机结构简单、可靠性高。但由于目前大功率无刷双馈电机的设计还比较困难，因此该系统还处于小功率试验样机阶段，并未达到商业化运行标准。

为了使笼型异步发电机实现变速恒频运行，可以利用全功率变换器构成变速笼型异步风力发电系统，如图 1-16 所示。因为发电机和电网之间被变换器隔开，所以转子转速不再受电网频率的限制，可以实现变速运行，而且不再需要外加无功补偿装置。但是由于采用了全功率变换器，因此会增加系统成本，同时整个系统的效率也会降低。

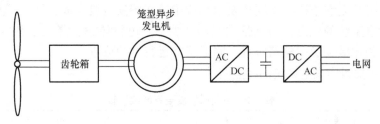

图 1-16　变速笼型异步风力发电系统

以上使用异步发电机的系统，因为发电机额定转速较高，所以都需要利用多级增速齿轮箱将风力机转速提高后再和发电机相连。多级齿轮箱结构复杂、成本高、易损坏。据统计，因齿轮箱故障造成的停机时间占总故障停机时间的 20%，在所有

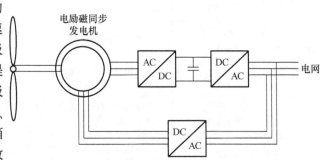

图 1-17　电励磁同步发电机直驱风力发电系统

故障里该比例最高。同时，齿轮箱还增加了系统的日常维护量。为了去掉风力发电系统中这个较为薄弱的环节，提高系统的可靠性并降低维护成本、减小运行噪声，可以利用全功率变换器和多极同步发电机构成直驱风力发电系统。采用电励磁同步发电机构成的直驱系统如图 1-17 所示，转子侧的整流装置为发电机提供励磁，而定子侧频率变化的交流电先经过整流后，再逆变成与电网同频率的交流电输出。该系统可实现全速度范围运行，并且能与电网实现柔性连接。其主要缺点是采用全功率变换器后，系统成本较高，而且变换器的损耗较大。同时，随着极对数的增加，发电机的体积和重量都随之增大，这使得对塔筒等支持部件的强度要求也随之提高。

采用永磁同步发电机代替电励磁的同步发电机就可以得到永磁直驱风力发电系统，如图 1-18 所示。该系统具有和电励磁同步发电机直驱式系统同样的优点，并且由于不需要外部励磁，省

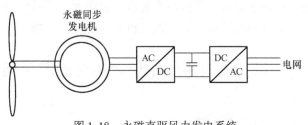

图 1-18　永磁直驱风力发电系统

去了励磁绕组，系统损耗更小、效率更高。全功率变换器将发电机与电网隔开，提高了其对电网故障的应对能力。其不足之处在于所使用的永磁材料价格较高，并且可能会出现失磁，同时全功率变换器的使用使系统的体积、损耗、成本有所增高。随着风力发电系统单机容量的增大，多极永磁发电机的体积和重量也大幅增加，其制造工艺也更加复杂。因此出现了基于折中思想的半直驱风力发电系统。它由

单级增速齿轮箱和中速永磁同步发电机或中速双馈发电机构成，结合了直驱和双馈风力发电系统的优点，与直驱式相比减少了发电机体积，降低了其制造成本；与双馈式相比减少了齿轮箱级数，降低了其运行维护成本。

各种主要风力发电系统的特点及其比较见表1-1。

表1-1 不同风力发电系统的比较

变换器	发电机	优 点	缺 点
无变换器	笼型异步发电机	结构简单、成本低、可靠性高	恒速运行、风能利用系数低、需要无功补偿和软起动装置
部分功率变换器	绕线转子异步发电机	结构和控制简单	调速范围窄、系统效系数低、需要无功补偿和软起动装置
	双馈发电机	变速恒频运行、变换器容量小、成本低、系统效率高	控制复杂、电刷和集电环增加了维护量、需要齿轮箱
全功率变换器	笼型异步发电机	变速恒频运行、电机结构简单、可靠性高	变换器成本高、效率低、需要齿轮箱
	电励磁/永磁同步发电机	不需齿轮箱、全速度范围运行、使用永磁材料不需外部励磁	系统成本高、效率低、发电机体积和重量大、使用永磁材料价格高

此外，一些新型电机如开关磁阻电机、横向磁场电机、高压电机等也在风力发电系统中得到了应用。另外，还出现了电气无级变速双功率流风力发电系统等新机型。

目前，对大容量变桨距变速型风力发电系统而言，采用双馈异步发电机（Doubly Fed Induction Generator，DFIG）和部分功率变换器的双馈型风力发电系统及采用永磁同步发电机（Permanent Magnet Synchronous Generator，PMSG）和全功率变换器的永磁直驱型风力发电系统是应用最为广泛的两种解决方案，这两种方案的单机容量都已进入兆瓦级，并向着更大功率等级迈进。其中，双馈型风力发电系统是目前市场占有率最高、装机容量最大、应用最为广泛的风电系统，而永磁直驱型风力发电系统近年来的发展也非常迅速，市场占有率逐年上升。

1.3 风力发电系统中值得关注的若干问题

1.3.1 MPPT 控制

由风力发电系统的基本原理可知，在风速一定且风力发电机输出功率未达到额定功率时，存在着最大风能利用系数 C_{pmax} 使得在当前工况下风力机捕获的风能最大，而风能利用系数 C_p 主要与叶片设计、桨距角以及叶尖速比有关，即可以通过叶片设计优化、变桨距和调速等方式来获得尽可能大的风能利用系数，从而使得同等风速条件下风力发电系统输出尽可能高的功率（不高于额定功率）。目前，叶片设计优化已使得风力机 C_p 较大并接近贝茨极限，进一步提升的空间有限，而变桨系统不适合对桨距角进行频繁且快速的调整，因此，大多数风力发电系统通过调整叶尖速比使系统在较大风速范围内保持最大风能利用系数，即最大功率点跟踪（Maximum Power Point Tracking，MPPT）控制。

对风力机系统的控制主要是根据风况输出相应的机械功率，同时使发电机转速随着风速的变化而改变。为此，可以按照风力机的容量和运行速度范围，预先设计一条如图 1-19 所示的功率 – 速度特性曲线作为该系统的运行标准。

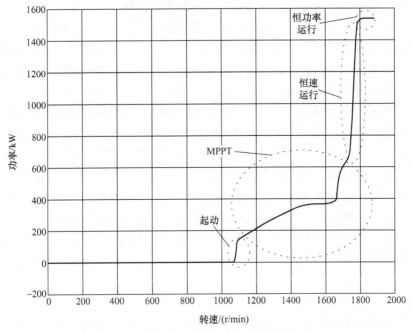

图 1-19　风力发电系统功率-速度特性曲线

由图 1-19 可以看出，风力发电系统主要运行在以下四个不同的区域：

区域 1 为起动阶段，当发电机转速高于切入转速时，起动发电机开始运行；

区域 2 为 MPPT 阶段，需要控制发电机转速跟踪风速变化，使叶尖速比始终处于最优值，从而保证系统吸收最大的风能，这是运行速度范围最广的区域；

区域 3 为恒速运行阶段，控制发电机转速保持不变的同时使输出功率增加到接近额定值；

区域 4 为恒功率运行阶段，系统输出达到额定值后，通过变桨控制限制风力机吸收的风能，直至发电机转速上升到切出速度才允许系统退出运行。

可见，风力发电系统在区域 2 中运行速度范围最为宽广，相应的 MPPT 控制对风力发电机整体的运行效率也起着最为重要的作用。

目前，MPPT 控制主要包括查表法、估算法和峰值功率寻优法等方法，本书将对其中部分方法进行介绍。

1.3.2 故障/非理想[⊖]电网条件下不间断运行

风力发电系统所面对的主要电网故障是电网电压跌落，即指电网电压幅值突然下降至额定情况的 10%~90%，并持续 0.5 个工频周期到几秒钟的现象。其中，约 60% 的电压跌落来自于雷击所引起的绝缘子闪络和线路对地放电，还有一部分电压跌落主要来自于输电线路故障，包括三相短路、单相接地、两相接地和相间短路，其中三相短路造成的电压跌落是对称的，另外三种线路故障造成的电压跌落是不对称的，而后三者在实际系统故障中占据着主要部分。

在双馈风力发电系统中，双馈电机的定子通过并网开关与电网直接相连，使得系统对电网电压故障变得非常敏感。当电网电压发生跌落故障时，会在双馈系统中引入激烈的电磁过程，进而造成转子侧过电流、过电压，并可能会超过电力电子变换器中开关器件的电流和电压等级，从而对系统硬件造成永久性破坏。传统的双馈风电系统矢量控制策略是基于三相对称电网电压进行建模和推导的，这有利于控制算法的简化，但无法有效应对不对称电网对系统运行造成的影响，从而引发一系列严重问题：在电机侧，不对称的电网电压会在定子磁链中引入 2 倍电网频率的脉动，从而造成电机输出功率和电磁转矩脉动，对电网和机械系统造成冲击，同时，不对称电网电压也将造成电机定转子电流不对称、发热不均匀、转子侧过电流、过电压等问题；在网侧，含有 2 倍电网频率脉动的转差功率涌入直流母线，使直流母线电压出现 2 倍电网频率脉动，可能引发直流母线过电压，频繁的充放电也将缩短直流母线电容的使用寿命，同时，不对称电网电压也会引发网侧电流不对称、网侧滤波器发热、网侧功率脉动等问题。

最初，电网发生故障时，风电系统则立即与电网解列以保护其自身硬件系统。但随着风电系统单机容量和风电场规模的不断增大，风电在电网中所占的比重不断增加，大规模风电脱网将使电网进一步失去对电压和频率的支撑能力，造成电网故障的进一步恶化，甚至引发更为严重的连锁反应，严重威胁电网的稳定运行。为此，新的电网运行标准对并网型风电提出了更加严格的要求，它要求风电系统在一定的电网电压跌落范围内应具备不间断运行的能力，这其中包括风电场在公共耦合点（Point of Common Coupling，PCC）的故障穿越能力（Fault Ride-Through，FRT）和风力发电机的低电压穿越能力（Low Voltage Ride-Through，LVRT）。

⊖ 故障电网和非理想电网主要依据国家电网的相关标准来界定，如：《紧急电网运行规程》要求电力设备能够在稳态不对称度不超过 2%、暂态不对称度不超过 5% 的电网环境下长期稳定运行，因此就不对称电网条件而言，本书认为稳态不对称度大于 0 且不超过 2%、暂态不对称度大于 0 且不超过 5% 的电网为非理想电网，稳态不对称度大于 2% 或暂态不对称度超过 5% 的电网环境为故障电网。实际上可以认为，故障电网是非理想电网中的一种特殊情况，即重度非理想电网，本书后续对这两个概念不再加以明确区分。

所谓 LVRT，即要求：当电网电压跌落时，在电网要求的时间范围内，风电系统要保持和电网的连接而不解列，甚至能够为电网提供一定的无功支撑，以帮助电网电压恢复；当电网电压恢复后，风电系统能够迅速恢复正常运行，并提供正常的功率输出，维护电力系统稳定运行。图 1-20 所示为当前一些风电技术强国的 LVRT 标准，其横轴为时间，纵轴为发电机机端剩余电压幅值，系统工作点处于图中各条曲线下方时，风电系统才允许和电网解列，否则必须保持与电网连接，实现不间断运行。LVRT 功能能够避免风电系统因电网故障而频繁脱网和并网，减少对电网的冲击，同时，在电网故障过程中能够使风电机组像传统同步发电机组一样，为电网提供必要的频率和电压支撑，提高电力系统的稳定性。

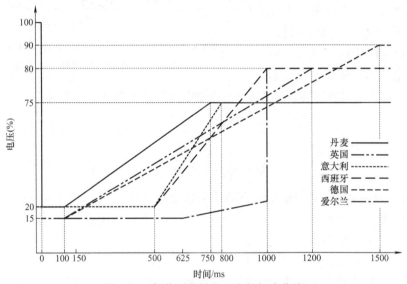

图 1-20　部分国家低电压穿越标准曲线

目前，大部分的 LVRT 标准曲线都是针对三相对称电压故障的情况给出的。而在实际电网运行中，不对称的电压故障率远远高于对称的电压故障率，这一情况已经得到各国研究者们的注意，并有部分国家和公司已经或正在着手完善各自的国家标准和企业标准，将不对称电网电压故障的情况纳入到原有的 LVRT 要求之中，以应对更加复杂的电网情况，实现更加有效和广泛的电网故障穿越。近年来，不对称电网故障条件下风电系统的不间断运行技术，已经成为风力发电领域新的研究热点。

相比于双馈风力发电系统，永磁直驱风力发电系统采用全功率变换器将永磁同步电机与电网进行了一定程度的隔离，降低了电网故障对发电机运行的影响，其故障电网条件下不间断运行较为容易实现，但其仍然要面对电网的另一种非理想状态——弱电网[⊖]。

⊖　即风电系统与电网接入点电压受到风电系统输出功率明显影响的电网。

图 1-21a 给出了永磁同步发电机及全功率变换器和电网的接口示意图，由于风能丰富地区即风电场所在地通常距用电地区（经济发达地区）较远，风电场发出的电能需要通过长距离传输到负载端，传输线路上的电抗较大，这将使得风电场面对的不再是强电网，而是弱电网。弱电网条件下风力发电系统将具有如下特性：首先，弱电网条件下风力发电系统输出功率将受到限制。永

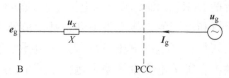

a) 风力发电系统和电网连接线路结构图

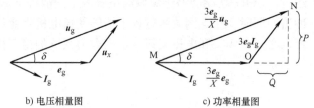

b) 电压相量图　　　　　　　c) 功率相量图

图 1-21　风电系统与电网连接示意图

磁同步电机和全功率变换器输出功率与线路电抗关系如式(1-2) 所示：

$$P = \frac{3E_g}{|X|}U_g\sin\delta$$

$$Q = \frac{3E_g}{|X|}(U_g\cos\delta - E_g)$$

(1-2)

式中　P、Q——风电系统输出的有功功率和无功功率；

　　　　E_g——电网电压；

　　　　U_g——变换器输出电压；

　　　　δ——变换器输出电压领先电网电压的角度。

可见，如果风力发电机变换器要向电网注入有功功率，则变换器输出电压必须领先于电网电压；如果风力发电机变换器要向电网注入无功功率，则变换器输出电压的幅值必须大于电网电压。同时，从图 1-21 可以看出，由于线路电抗的存在，当风力发电机的输出功率不同时，会导致不同的线路电抗压降，从而使得风力发电机接入点 PCC 处的电网电压产生波动，这不仅会影响周围的用电设备，甚至会影响接入点电网的稳定性。其次，随着风力发电占电网的比重越来越大，希望风力发电机能够像传统的同步发电机一样帮助电网稳定电压和频率，这在弱电网情况下尤为突出。此时电网侧变换器不能再作为电流源运行，而应当作为电压源运行，调节电网电压和频率，这种运行工况同样适用于风电作为唯一供电电源（孤岛运行，Stand-alone Mode）的情况。孤岛运行，可以发生在偏远的地区，当传统电网无法到达时，风电作为唯一的供电电源；或者当图 1-21a 中的传输线路出现故障时，风力发电仍然需要维持当地的电力供应，作为孤岛运行。

风力发电机对电网电压频率和幅值的调节是通过向电网馈入有功功率和无功功率实现的，对于有功功率而言，需要实现风力机捕获的风能功率和电网侧负载功率

相平衡。此时，风力机不是运行在最大功率点状态，而是需要跟踪负载功率。当风力机捕获的风能功率大于负载所需功率时，可以通过调节发电机的转速和风力机的桨距角，减小所捕获的风能功率。由于风速是随机变化的，当最大的风能捕获仍不能满足负载有功功率的需求时，需要利用储能装置来提供能量；同时，在风力发电机运行时，需要对风力发电机的发电量做一定的保留，比如风力发电机工作在80%的功率附近，当负载功率增加时，风力发电机可以增加发出的功率加以应对。对于无功功率而言，由于无功功率主要在电网侧变换器内部循环，所以系统产生无功功率的能力主要取决于电网侧变换器的电流容量。

在弱电网情况下的风力发电机运行主要需要考虑以下几个方面的问题：第一，电网状态的检测，包括电网故障及强电网和弱电网的判断。第二，电网侧变换器作为电压源运行的控制方法。变换器作为电压源运行在不间断电源（UPS）中得到了广泛的应用。对于线性和非线性负载，对称和非对称负载，都有文献对变换器的输出电压幅值和频率调节进行研究。第三，多台风力发电机变换器并联运行控制。当多台风力发电机并联运行时，需要根据变换器的不同容量分配负载功率，下垂线控制（Droop）是一种实现功率均分的有效方法，其基本原理是模拟传统同步发电机的输出电压幅值和频率的调整特性。第四，有功功率的主动控制问题。如前所述，风力发电机捕获的功率需要和负载功率相平衡，从而实现有功功率的调节，从全功率变换器的拓扑来看，这就转化为变换器直流母线电压的控制问题，如果直流母线电压控制得比较稳定，就意味着风力发电机捕获的功率和负载功率平衡得较好。

1.3.3 大容量中高压⊖风电系统的结构与控制

随着风力发电机单机容量的逐渐增大，与其配套的电力电子变换器的容量也需要相应地增大，单一的低压（690V）两电平电力电子变换器难以满足单机大容量风电系统的要求。目前，实现风电大容量变换器的方法主要包括：

1. 变换器并联

即通过变换器的并联，在不增加变换器电压等级的情况下，增加系统的电流容量，将一个大容量变换器分解为几个较小容量的变换器来实现，如图1-22所示。

图1-22中的变换器并联方案采用了690V的电压等级。对于陆地上的风力发电机而言，与电网相连的升压变压器通常放在塔底，电能以低电压大电流的形式传送到地面。如果采用690V电压等级，2MW系统电流将达到1673A，5MW系统电流将达到4183A，这会带来一系列问题：一方面，过大的传输电流增加了塔筒内电力电缆及配套开关电器的成本和制造难度，并造成额外线路损耗（I^2R）和压降；同时，机舱和塔筒内电磁干扰严重，大功率低压电力电子变换装置因流过的电流较

⊖ 本书中称690V为低压系统，称3~35kV为高压系统，以示区分。

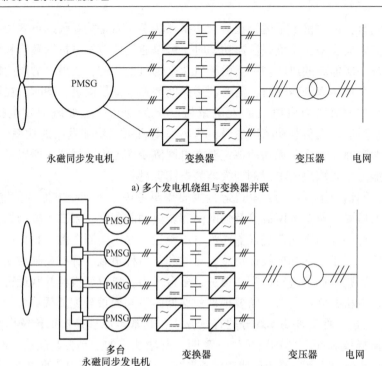

a) 多个发电机绕组与变换器并联

b) 多个发电机及变换器并联

图 1-22　通过变换器并联实现大容量系统

大，器件的开关损耗也较大。另一方面，电网侧升压变压器的使用增加了系统成本，降低了系统的运行效率。可见，就单机大容量风电系统而言，690V 低压电气系统已经无法满足其经济合理性要求，风电机组电气系统配置从低压转向高压已成为一个必然的发展趋势。

2. 多电平变换器

比较适合高压大容量的变换器拓扑是多电平变换器，目前广泛应用的高压多电平变换器主要有两种类型，中点箝位型变换器（Neutral Point Clamped，NPC）和 H 桥级联型变换器。与传统的两电平变换器相比，多电平变换器的优点在于：在相同的直流母线电压情况下，对器件的耐压水平要求降低；同时，由于输出电压波形的电平数增加，减小了输出电压的谐波和 du/dt，减少了所产生的 EMI 对周围电路的影响。

图 1-23 给出了采用永磁同步风力发电机和二极管箝位型三电平变换器的拓扑结构图。在这种变换器结构中，每个桥臂有 4 个开关器件，每个器件所承受的电压为传统两电平变换器的一半，于是在相同的器件耐压下，此拓扑结构可以提高直流母线电压以及输出电压等级。同时，变换器输出相电压为三电平，线电压为五电平，从而减小了输出电压的谐波以及器件的电压应力。如果采用 4.5kV 的电力电子器件，如 IGCT，直流母线电压可以定在 5.4kV，输出电压可以达到 3300V，输出功率可达 10MW。与 690V 的低压系统相比，对于相同容量的风力发电机变换器，

3300V 系统可以将电流等级降为原来的 1/5。相关研究结果表明，在 2MW 以上风力发电机变换器中，三电平高压变换器相较于两电平变换器并联结构具有更大的成本优势。为了进一步提高输出电压等级，可以考虑采用五电平变换器，由于采用了背靠背的结构，所以中点电压不存在稳定性问题。

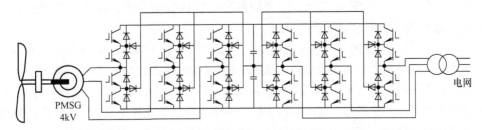

图 1-23   风力发电用二极管箝位型三电平变换器结构图

目前，对于风力发电用二极管箝位型变换器的研究主要集中在：

第一，脉冲宽度调制（Pulse Width Modulation，PWM）算法的研究。对于图 1-23 中的三电平变换器，开关状态有 27 个，对于五电平变换器，开关状态多达 125 个，如何根据负载的运行情况和变换器自身的需要来选择合适的电压矢量是一个较为复杂的问题。如果采用传统的空间矢量调制（Space Vector Pulse Width Modulation，SVPWM）方法，矢量三角形的确定、合成矢量的选择以及矢量作用时间的计算将会大大增加算法的复杂度。尽管可以采用 60°和 120°坐标变换等方法对矢量选择过程进行简化，但是这种坐标变换又增加了运算量，并且冗余矢量的选择仍需查表得到。与 SVPWM 对应的调制方法为载波脉冲宽度调制（Carrier- based Pulse Width Modulation，CPWM），其调制方法十分简单，只需要找到合适的调制波和载波，然后通过两者的比较，得到相应的开关状态。由于 CPWM 是基于三相静止坐标系的，而变换器的实际开关器件也基于静止坐标系，所以采用 CPWM 可以简化调制算法。这里的关键问题在于如何得到所需要的调制波和载波，不同的调制波由各种控制算法产生，而针对同一种调制波，不同的载波将对其 PWM 谐波特性产生影响。本质上，SVPWM 和 CPWM 是统一的，具有等价性，联系二者的桥梁是零序分量；同时，SVPWM 中冗余矢量的选择，其本质也对应着不同零序分量的选择。

第二，直流母线电容中点电压平衡问题。图 1-23 中的直流母线电容中点电压控制（平衡）问题，是二极管箝位型变换器拓扑自身存在的问题。在背靠背的结构中，网侧变换器和机侧变换器都可以协调控制直流母线中点电压；如果采用 SVPWM 的方式，可通过选择冗余矢量在保证输出电压的同时平衡电容中点电压；如前所述，如果采用载波 CPWM 的方式，就需要找到直流母线中点电压和零序分量的关系。此外，三电平变换器的开关损耗、共模电压抑制也是众多文献关注的热点。

第三，变换器的故障和保护研究。与两电平变换器相比，三电平变换器的开关器件数量是两电平的两倍，拓扑也更加复杂。对于风力发电，特别是海上风电机组而言，系统维护和故障排除的成本较高，对变换器的可靠性提出了较高的要求，因此需要对风力发电用三电平变换器的故障和保护进行充分的研究。目前，仅有少数文章探讨多电平变换器的故障及保护问题，主要集中在过电流故障保护，以及故障时的不间断运行方面。

与二极管箝位型结构相类似的变换器为电容箝位型变换器，这种结构用箝位电容代替了图 1-23 中的箝位二极管。考虑到其电容的数量众多，以及寿命和控制复杂度，这种拓扑暂未得到广泛的应用。

图 1-24 给出了采用多绕组永磁同步风力发电机和基于模块级联的新型变换器拓扑结构图。其基本思想是由发电机内部各个相互绝缘的绕组为级联型变换器的各个单元模块提供隔离电源。每个单元模块具有功率单方向流动的整流、升压和逆变功能。变换器中的高压相变换器由输出端口串联的一组低压单元模块组成。三个单相高压变换器接成星形联结，连接成三相变换器。该变换器的输出经由并网电抗器，可直接并入 10.5kV 高压交流电网，可以省去电网侧变压器。这种结构也是在目前电力电子器件耐压水平下，多电平拓扑结构中唯一能够实现 10kV 以上输出的拓扑结构。

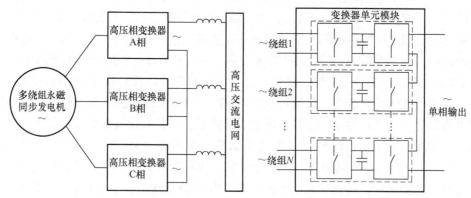

图 1-24 兆瓦级高压永磁直驱风力发电系统用新型级联变换器结构

对比在电机拖动领域中广泛应用的模块级联型变换器，也称为 H 桥级联型结构或罗宾康结构，用于电机拖动的级联型变换器通常需要一个具有多二次侧绕组的曲折变压器提供多组隔离电源，然后通过整流、逆变形成单元模块，再通过对单元模块的级联实现高压输出。在风力发电中，永磁直驱风力发电机通常具有多极多相、多绕组的特点。这多组发电机绕组可以分别作为多组隔离电源，从而省去了复杂的输入变压器。同时，采用单元模块的一个重要优势就是在某个单元出现故障时，其他的单元可以正常工作，这种不间断运行能力和冗余运行能力特别适合于对变换器可靠性要求较高的风电领域。这种结构的另外一个优势就是使得省去电网侧庞大的升压变压器成为可能。对于陆上的风电机组而言，高压输出意味着减小了输出电流，以及相应的传输损耗、压降和电缆成本。对于海上风电机组而言，传统的拓扑结构通常将庞大的升压变压器放在塔顶，这样大大增加了塔筒的机械应力。新结构通过高压变换器直接和电网相连，可以省去这个变压器，从而减少塔架的机械应力。目前，对类似结构进行研究的院校机构包括我国的清华大学以及英国的 Durham 大学。

目前，对于风力发电用新型级联变换器的研究主要集中在：第一，低压变换单元模块的研究。低压变换单元模块是高压多电平变换器的基本组成单元，该单元具有交-直-交变换的形式，需要在考虑多绕组永磁风力发电机输出电压变化的前提下，对其各环节的拓扑选择和控制策略进行论证。第二，对变换器中变换单元的串联级数、所需的大功率电力电子器件和电感、电容等器件的伏安容量、永磁同步发电机定子电枢绕组的数目及耐压水平和发电机系统的容错运行能力等诸多因素进行分析与权衡。第三，设计新型系统的整体控制策略。

3. 采用高压发电机

采用高压发电机，是实现风力发电大容量变换的另一种方案，目前，国际上一些著名的风电公司已经开始了风电机组高压化的研究和尝试。

Semikron 公司曾提出一种基于高压永磁同步发电机、高压直流母线（5～10kV）和低压单元串联逆变器的高压风力发电系统，如图 1-25 所示。该系统中，三相高压永磁同步发电机经过不可控整流获得 5～10kV 的直流母线电压，逆变器由一系列在直流侧串联的低压单元组成（结构如图 1-25 中虚线矩形框内所示）。L 为各段线路的寄生电感，开关管 S 用来旁路对应的单元模块，各单元的逆变电路为低压三相 PWM 逆变器，各单元模块交流输出侧为低压交流电，系统通过一台具有多个低压一次三相绕组和一个高压（35kV）二次三相绕组的大容量变压器和高压（35kV）电网相连。可见，该系统仍然需要一台大容量的升压变压器，且控制较复杂。

ABB 公司提出一种应用于海上风力发电的高压永磁同步风力发电系统（亦称为Windformer），系统连接图如图 1-26 所示。其特点是：第

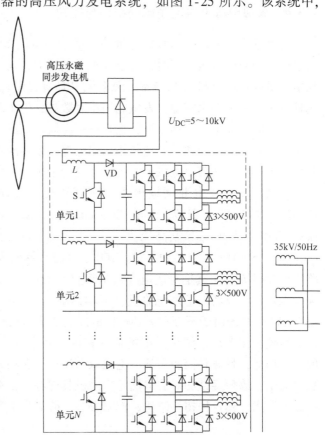

图 1-25 Semikron 公司提出的高压
永磁直驱同步风力发电方案

一，发电机采用了绝缘等级较高的圆形截面电缆绕组，因而发电机绕组的耐压可达 20～40kV；第二，采用高压直流汇流母线将经过整流的多台发电机并联，然后接至一台高压逆变装置将直流电能变换为适当的交流电。这种基于轻型直流输电概念的风力发电系统的技术瓶颈也仍然在于其中的高压电力电子变换。

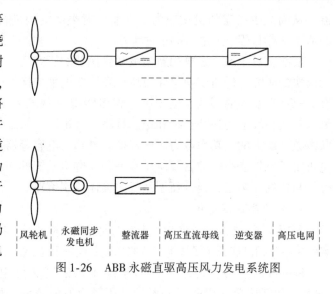

| 风轮机 | 永磁同步发电机 | 整流器 | 高压直流母线 | 逆变器 | 高压电网 |

图 1-26　ABB 永磁直驱高压风力发电系统图

1.3.4　大规模海上风电系统的结构与控制

尽管近十年来风电总装机容量持续增加，但从 2015 年开始陆上风电装机容量的增速已经开始放缓，同时，海上风电装机容量增速稳步提升，其中 2018 年海上风电装机容量增速高达 23.5%。海上风电具有储量巨大、风能传播稳定、不占用土地资源、不消耗水资源、发电利用小时数高、生态环境影响小等特点，相比于陆上风电，海上风电更具连续性，尤其是近海风电场的出力效率更高，且靠近传统负荷中心，利于电网消纳，避免长距离输电等一系列问题，这使得海上风电受到各国的广泛关注，大规模海上风电系统已经成为未来风电发展的一个重要趋势。

目前，海上风电并网输电主要有高压交流（High Voltage Alternate Current，HVAC）、相控高压直流（Line Commutated Converter-High Voltage Direct Current，LCC-HVDC）和电压源型高压直流[⊖]（Voltage Source Converter-High Voltage Direct Current，VSC-HVDC）三种形式。其中，HVAC 系统技术最为成熟，但是受输电线路容抗和感抗（尤其是海底电缆对地容抗）影响较大，容易引发系统振荡，需要大量无功补偿，增加了系统难度和成本，因此 HVAC 只适用于短距离海上风电输送；HVDC 系统由于不存在无功补偿的问题，适合长距离输电，且一般直流系统所需电缆较三相交流系统少，电缆成本较低，其中 VSC-HVDC 能够完成 LCC-HVDC 的所有功能，且兼具控制灵活、电能双向流动、有功无功解耦控制等功能，从而在稳定电压、故障穿越和对弱电网等方面极具优势，正在成为目前海上风电最为重要的输电形式，其各种拓扑结构、控制方法、故障穿越等相关技术是目前大规模海上

⊖　国内也将其译为轻型高压直流输电或柔性高压直流输电。

风电系统的研究热点。

根据风力发电机单体间连接方式的不同，大容量海上风电拓扑结构可分为串联结构、并联结构以及混合结构。

图 1-27 和图 1-28 为典型的并联 VSC-HVDC 拓扑结构。其中，图 1-27 为交流并联结构，其将各风力发电机单体变换器交流侧并联于交流母线并汇聚于海上 HVDC 变换器，获得的直流电经海底直流电缆传输至陆上 HVDC 变换器，再转换为交流并入电网，可以看到，这种结构的海上部分需要较多数量的大容量变压器，从而增加了系统的体积和重量，为海上风电建设带来不便，有学者提出在海上交流母线间采用高频交流电流，从而大大降低变压器的体积和重量；图 1-28 为直流并联结构，其将各风力发电机单体变换器直流侧并联于直流母线并汇聚于海上 HVDC 变换器，获得的直流电经海底直流电缆传输至陆上 HVDC 变换器，再转换为交流电流并入电网，这种方法省去了海上平台的变压器结构，直接通过直流升压获得高压直流电，但可能需要经过多步升压来完成。上述并联 VSC-HVDC 结构都需要在海上建立大容量集中式变换器平台，且需要经过多步变换（如变压器或多步 DC/DC 变换器），增加了建设的难度和成本，同时，低压大电流模式也增加了系统的损耗。

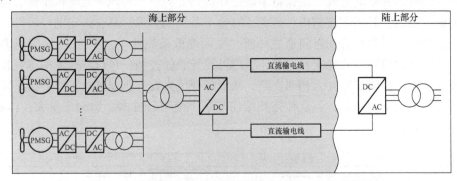

图 1-27   大容量海上风电交流并联 VSC-HVDC 拓扑结构

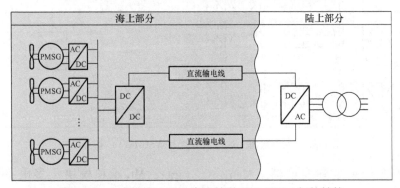

图 1-28   大容量海上风电直流并联 VSC-HVDC 拓扑结构

图 1-29 为典型的串联 VSC-HVDC 拓扑结构。其各风力发电机单体直流侧经串联直接将电压抬升至海上输电所需的电压等级，经海上直流输电线传输至陆上

VSC-HVDC 变换器，再转换为交流并入电网。这种结构无须海上部分的变压器和大容量集中式变换器，从而减少了系统成本、降低了复杂度、提高了系统效率、可靠性和可维护性，但串联结构给单机及线路故障的处理带来了一定的困难。

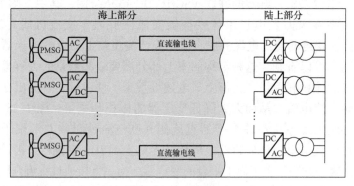

图 1-29　大容量海上风电直流串联 VSC-HVDC 拓扑结构

图 1-30 和图 1-31 为混合 VSC-HVDC 拓扑结构。图 1-30 中各风力发电机单体采用先串联再并联的方式，在保持串联拓扑优点的同时，将风力发电机单体故障造成的影响限制在其所在支路内，避免了对整个系统的影响，具有一定的经济性，但这种结构也有可能在各支路间造成环流，从而降低系统效率；图 1-31 中各风力发电机单体采用矩阵方式连接在一起，通过可控开关的控制，可以将故障单体或直流故障点旁路，故障支路并入相邻支路，从而降低风力发电机单体故障对整个系统的影响，并避免支路环流，但这种拓扑结构复杂，使用器件多，选型余量大，体积、成本增加较多。

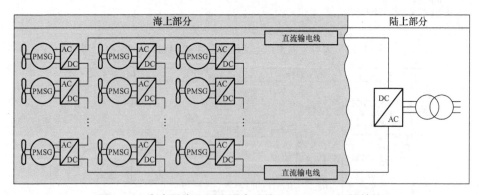

图 1-30　大容量海上风电混合连接 VSC-HVDC 拓扑结构

随着近年来矩阵变换器（Matrix Converter，MC）和模块化多电平变换器（Modular Multilevel Converter，MMC）等变换器拓扑及其控制方法的研究与成熟，更多的新型变换器结构被应用到大容量海上风电系统中，相关拓扑结构及控制方法的研究正在蓬勃发展。

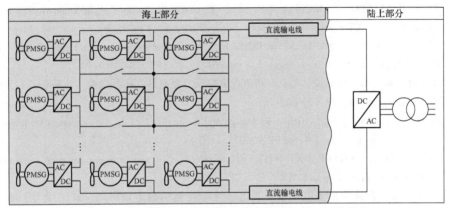

图 1-31　大容量海上风电矩阵连接 VSC-HVDC 拓扑结构

参 考 文 献

［1］李永东，肖曦，高跃. 大容量多电平变换器——原理，控制，应用［M］. 北京：科学出版社，2005.

［2］叶杭冶. 风力发电机组的控制技术［M］. 北京：机械工业出版社，2002.

［3］Renewable Energy Policy Network for 21st Century. Renewables 2017：Global Status Report［R］. 2017.

［4］Global Wind Energy Council. Global Wind Energy Outlook 2016［R］. 2016.

［5］Lazard Freres. Lazard Levelized Cost of Energy 2017［R］. 2017.

［6］Renewable Energy Policy Network for 21st Century. Renewables 2019：Global Status Report［R］. 2019.

［7］BAROUDI J，DINAVAHI V，KNIGHT A. A Review of Power Converter Topologies for Wind Generators［J］. Renewable Energy，2007，32：2369-2385.

［8］伍小杰，柴建云，王祥珩. 变速恒频双馈风力发电系统交流励磁综述［J］. 电力系统自动化，2004，28（23）：92-96.

［9］贺益康，何鸣明，赵仁德，等. 双馈风力发电机交流励磁用变频电源拓扑浅析［J］. 电力系统自动化，2006，30（4）：105-112.

［10］RIBRANT J，BERTLING L. Survey of failures in wind power systems with focus on Swedish wind power plants during 1997-2005［J］. IEEE Transaction on Energy Conversion，2007，22（1）：167-173.

［11］POLINDER H，PIJL F，VILDER G，et al. Comparison of direct-drive and geared generator concepts for wind turbines［J］. IEEE Transaction on Energy Conversion，2006，21（3）：725-733.

［12］AIMANI S，FRANCOIS B，ROBYNS B，et al. Modeling and simulation of doubly fed induction generators for variable speed wind turbines integrated in a distribution network［C］. EPE，2003.

［13］孙树勤. 电压波动与闪变［M］. 北京：中国电力出版社，1998.

［14］吴刚，腾云，潘永刚，等. 电力系统电压跌落相关问题初探［J］. 华北电力技术，2004，（4）：1-4.

[15] TAZIL M, KUMAR V, BANSAL R C, et al. Three-phase Doubly Fed Induction Generators: an Overview [J]. IET Electric Power Applications, 2010, 4 (2): 75-89.

[16] CHINCHILLA M, ARNALTE S, BURGOS J C. Active and reactive power limits of three-phase PWM voltage source inverter connected to the grid [C]. EPE, 2002: 1-10.

[17] 李建林, 胡书举, 付勋波, 等. 大功率直驱型风力发电系统拓扑结构对比分析 [J]. 电力自动化设备, 2008, 28 (7): 73-76.

[18] ZENG X, CHEN Z, BLAABJERG F. Design and comparison of full-size converters for large variable-speed wind turbines [C]. EPE, 2007: 1-10.

[19] FAULSTICH A, STINKE J K, WITTWER F. Medium voltage converter for permanent magnet wind power generators up to 5 MW [C]. EPE, 2005: 9-17.

[20] 高跃. 二极管箝位型多电平逆变器电压平衡控制的稳定域研究 [D]. 北京: 清华大学, 2007.

[21] HOLMES D G, LIPO T A. Pulse width modulation for power converters [M]. New York: Wiley, 2003.

[22] WANG C, LI Y, XIAO X. A unified SVM algorithm for multilevel converter and analysis of zero sequence voltage components [J]. IEEE IECON, 2006: 2020-2024.

[23] CELANOVIC N, BOROYEVICH D. A comprehensive study of neutral-point voltage balancing problem in three-level neutral-point-clamped voltage source PWM inverters [J]. IEEE Transactions on Power Electronics, 2000, 15 (2): 242-249.

[24] PEREZ M A, ESPINOZA J R, RODRIGUEZ J R, et al. Regenerative medium-voltage AC drive based on a multicell arrangement with reduced energy storage requirements [J]. IEEE Transactions on Industrial Electronics, 2005, 52 (1): 171-180.

[25] CARRASCO J M, FRANQUELO L G, BIALASIEWICZ J T, et al. Power electronic systems for the grid integration of renewable energy sources: A survey [J]. IEEE Transactions on Industrial Electronics, 2006, 53 (4): 1002-1016.

[26] CENGELCI E, ENJETI P. Modular PM generator/converter topologies, suitable for utility interface of wind/micro turbine and flywheel type electromechanical energy conversion systems [J]. IEEE IAS, 2000: 2269-2276.

[27] NG C H, PARKER M A, RAN L, et al. A multilevel modular converter for a large, light weight wind turbine generator [J]. IEEE Transactions on Power Electronics, 2008, 23 (3): 1062-1074.

[28] SCHREIBER D. Power converter circuit for generators with dynamically varying output power [P]. US Patent US6680856, 2004.

[29] DAHLGREN M, FRANK H, LEIJON M. Windformer wind power goes large-scale [J]. ABB review, 2000, (3): 31-37.

[30] 李响. 大容量海上风电机组并网与电力传输技术研究 [D]. 北京: 华北电力大学, 2014.

[31] 何大清. 基于直流串联的海上风电场及其控制 [D]. 上海: 上海交通大学, 2013.

[32] CHUANGPISHET SHADI, TABESH AHMADREZA. Matrix Interconnected Topology for DC Collector Systems of Offshore Wind Farms [C]. IET Conference on Renewable Power Generation (RPG 2011), Edinburgh, UK, 2011: 1-4.

第2章 双馈风力发电系统数学模型与建模方法

双馈风力发电系统中，电机定子通过并网开关直接与电网相连，电机转子通过机侧变换器和网侧变换器与电网相连，其典型结构如图2-1所示。其中，机侧变换器与电机转子相连，通过调节转子电流实现电机控制⊖，网侧变换器则用于控制直流母线电压，并将转差功率馈入电网，实现有功和无功的解耦控制，在网侧变换器与电网间通常有滤波器结构，用于抑制变换器引起的谐波电流。

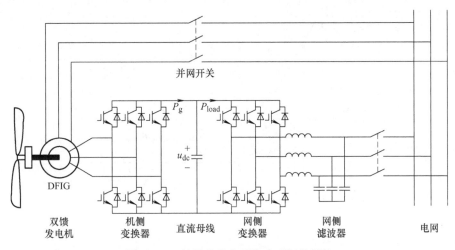

图2-1 双馈风力发电系统典型拓扑结构

本章首先介绍了双馈风力发电机和网侧变换器在多种坐标系下的动态数学模型，然后对常用系统建模方法进行了讨论，着重分析了因果次序图（Causal Ordering Graph，COG）和宏观能量表示法（Energetic Macroscopic Representation，EMR）这两种图形化建模方法，接着以双馈风力发电系统机械部分为例具体说明如何利用这两种方法对系统进行建模，并进而推导出其基本控制方法。

2.1 双馈电机数学模型

双馈异步电机是一个多变量、强耦合、非线性、时变的高阶系统，为了便于分

⊖ 本段论述中，电机控制包括风力发电机的调速、MPPT、有功无功解耦控制等。

析，通常对其做出如下假设：

1）忽略空间谐波，设三相绕组对称，且在空间中互差120°电角度，所产生的磁动势沿气隙周围按正弦规律分布。

2）忽略磁路饱和，认为各绕组的自感和互感都是恒定的。

3）忽略铁心损耗。

4）不考虑频率变化和温度变化对绕组电阻的影响。

5）电机转子绕组相关参数折算到定子侧，折算后定转子绕组匝数相同。

此时，双馈电机绕组可以等效为如图2-2所示的绕组模型。其中，定子三相绕组轴线A、B、C在空间位置是固定的，以A轴为参考坐标轴；转子三相绕组轴线a、b、c随转子旋转，转子a轴和定子A轴间夹角为θ_r电角度。规定各绕组电压、电流和磁通正方向符合电动机惯例及右手螺旋定则。

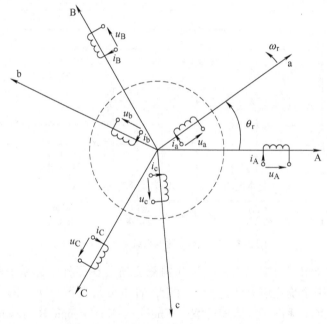

图2-2　双馈电机三相静止坐标系（ABC坐标系）下绕组模型

图2-2所示的双馈电机数学模型可以由下述电压方程、磁链方程、转矩方程和运动方程组成。

1. 电压方程

由图2-2可知，三相定子绕组的电压平衡方程为

$$
\begin{bmatrix} u_A \\ u_B \\ u_C \end{bmatrix} = \begin{bmatrix} R_s & 0 & 0 \\ 0 & R_s & 0 \\ 0 & 0 & R_s \end{bmatrix} \begin{bmatrix} i_A \\ i_B \\ i_C \end{bmatrix} + p \begin{bmatrix} \psi_A \\ \psi_B \\ \psi_C \end{bmatrix}
\tag{2-1}
$$

式中　　　　　p——微分算子，等价于 d/dt；

u_A、u_B、u_C——定子相电压瞬时值；

i_A、i_B、i_C——定子相电流瞬时值；

ψ_A、ψ_B、ψ_C——定子绕组全磁通瞬时值；

R_s——定子相电阻。

类似地，转子绕组进行绕组折算（折算到定子侧）后，基于旋转轴线 a、b、c 的电压方程为

$$\begin{bmatrix} u_a \\ u_b \\ u_c \end{bmatrix} = \begin{bmatrix} R_r & 0 & 0 \\ 0 & R_r & 0 \\ 0 & 0 & R_r \end{bmatrix} \begin{bmatrix} i_a \\ i_b \\ i_c \end{bmatrix} + p \begin{bmatrix} \psi_a \\ \psi_b \\ \psi_c \end{bmatrix} \tag{2-2}$$

式中　u_a、u_b、u_c——转子相电压瞬时值；

i_a、i_b、i_c——转子相电流瞬时值；

ψ_a、ψ_b、ψ_c——转子绕组全磁通瞬时值；

R_r——转子相电阻。

上述各物理量均已折算（仅进行绕组折算）到定子侧，为表述方便，本书后续内容均省略表示折算的上角标"′"。

由式(2-1) 和式(2-2) 可知双馈电机电压方程为

$$\begin{bmatrix} u_A \\ u_B \\ u_C \\ u_a \\ u_b \\ u_c \end{bmatrix} = \begin{bmatrix} R_s & 0 & 0 & 0 & 0 & 0 \\ 0 & R_s & 0 & 0 & 0 & 0 \\ 0 & 0 & R_s & 0 & 0 & 0 \\ 0 & 0 & 0 & R_r & 0 & 0 \\ 0 & 0 & 0 & 0 & R_r & 0 \\ 0 & 0 & 0 & 0 & 0 & R_r \end{bmatrix} \begin{bmatrix} i_A \\ i_B \\ i_C \\ i_a \\ i_b \\ i_c \end{bmatrix} + p \begin{bmatrix} \psi_A \\ \psi_B \\ \psi_C \\ \psi_a \\ \psi_b \\ \psi_c \end{bmatrix} \tag{2-3}$$

也可表示为

$$\boldsymbol{u} = \boldsymbol{R}\boldsymbol{i} + p\boldsymbol{\psi} \tag{2-3a}$$

2. 磁链方程

如图 2-3 所示，定子 A 相绕组中的磁链由 A 相电流产生的自感磁链 ψ_{AA}（包括 A 相互感磁链 ψ_{Am} 和漏感磁链 $\psi_{\sigma 1}$）和 B、C、a、b、c 相电流产生的互感磁链（包括 ψ_{AB}、ψ_{AC}、ψ_{Aa}、ψ_{Ab}、ψ_{Ac}）组成，即有

$$\psi_{AA} = \psi_{Am} + \psi_{\sigma 1} \tag{2-4}$$

$$\psi_A = \psi_{AA} + \psi_{AB} + \psi_{AC} + \psi_{Aa} + \psi_{Ab} + \psi_{Ac} \tag{2-5}$$

类似地，可以得到双馈电机各相定转子磁链如下：

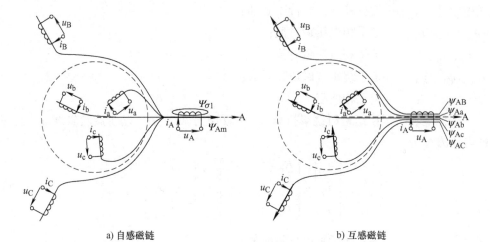

a) 自感磁链   b) 互感磁链

图 2-3   双馈电机定子 A 相绕组磁链分布⊖

$$\begin{bmatrix} \psi_A \\ \psi_B \\ \psi_C \\ \psi_a \\ \psi_b \\ \psi_c \end{bmatrix} = \begin{bmatrix} \psi_{AA} + \psi_{AB} + \psi_{AC} + \psi_{Aa} + \psi_{Ab} + \psi_{Ac} \\ \psi_{BA} + \psi_{BB} + \psi_{BC} + \psi_{Ba} + \psi_{Bb} + \psi_{Bc} \\ \psi_{CA} + \psi_{CB} + \psi_{CC} + \psi_{Ca} + \psi_{Cb} + \psi_{Cc} \\ \psi_{aA} + \psi_{aB} + \psi_{aC} + \psi_{aa} + \psi_{ab} + \psi_{ac} \\ \psi_{bA} + \psi_{bB} + \psi_{bC} + \psi_{ba} + \psi_{bb} + \psi_{bc} \\ \psi_{cA} + \psi_{cB} + \psi_{cC} + \psi_{ca} + \psi_{cb} + \psi_{cc} \end{bmatrix}$$

$$= \begin{bmatrix} L_{AA} & L_{AB} & L_{AC} & L_{Aa} & L_{Ab} & L_{Ac} \\ L_{BA} & L_{BB} & L_{BC} & L_{Ba} & L_{Bb} & L_{Bc} \\ L_{CA} & L_{CB} & L_{CC} & L_{Ca} & L_{Cb} & L_{Cc} \\ L_{aA} & L_{aB} & L_{aC} & L_{aa} & L_{ab} & L_{ac} \\ L_{bA} & L_{bB} & L_{bC} & L_{ba} & L_{bb} & L_{bc} \\ L_{cA} & L_{cB} & L_{cC} & L_{ca} & L_{cb} & L_{cc} \end{bmatrix} \begin{bmatrix} i_A \\ i_B \\ i_C \\ i_a \\ i_b \\ i_c \end{bmatrix} \qquad (2\text{-}6)$$

式中 L_{AA}、L_{BB}、L_{CC}、L_{aa}、L_{bb}、L_{cc}——各对应绕组自感, 其余各电感参数为各
　　　　　　　　　　　　　　　　　　　　　　绕组间的互感;

　　　　　i_A、i_B、i_C、i_a、i_b、i_c——各绕组相电流。

　　由式(2-4) 可知, 各绕组中电流在自身中产生的自感由两部分组成: 一是穿
过气隙与其他相交链的互感部分 (见图 2-3a 中的 ψ_{Am}), 二是只与绕组自身交链的
漏感部分 (见图 2-3a 中的 $\psi_{\sigma1}$), 前者是主要的。定子各相漏磁通所对应的电感称

⊖　此图为示意图, 只表示磁链交链情况, 并不表示磁链真实的空间分布。

为定子漏感 $L_{\sigma 1}$，由于绕组的对称性，各定子绕组漏感均相等；同样，转子各相漏磁通对应的电感为转子漏感 $L_{\sigma 2}$。定子绕组在其自身产生的互感磁通所对应的电感称为定子互感 L_{m1}，转子绕组在其自身产生的互感磁通所对应的电感称为转子互感 L_{m2}。由于折算后定转子绕组匝数相等，且各绕组间互感磁通通过气隙，磁阻相同，因此有

$$L_{m1} = L_{m2} = L_m \tag{2-7}$$

进一步，由式（2-4）可知：

$$\psi_{AA} = L_{AA} i_A = \psi_{Am} + \psi_{\sigma 1} = L_m i_A + L_{\sigma 1} i_A \Rightarrow L_{AA} = L_m + L_{\sigma 1} \tag{2-8}$$

由于定转子绕组各相对称，因此有

$$\begin{cases} L_{AA} = L_{BB} = L_{CC} = L_m + L_{\sigma 1} \\ L_{aa} = L_{bb} = L_{cc} = L_m + L_{\sigma 2} \end{cases} \tag{2-9}$$

绕组间互感可分为两类：

1）定子三相绕组彼此间和转子三相绕组彼此间的相对位置是固定的，因此此类互感为常值。

2）定子绕组与转子绕组相互间的相对位置是变化的，因此定转子绕组间的互感是转子相对于定子角位置 θ_r 的函数。

对于第一类互感，即定子各相间互感和转子各相间互感，定子或转子三相绕组轴线彼此间位置角为 $\pm 120°$ 电角度，在假定气隙磁通为正弦分布的情况下，互感值应为 $L_m \cos 120° = L_m \cos(-120°) = -L_m/2$，即有

$$\begin{cases} L_{AB} = L_{BC} = L_{CA} = L_{BA} = L_{CB} = L_{AC} = -L_m/2 \\ L_{ab} = L_{bc} = L_{ca} = L_{ba} = L_{cb} = L_{ac} = -L_m/2 \end{cases} \tag{2-10}$$

对于第二类互感，即定转子绕组间的互感，由于相互间位置的变化（见图 2-2 和图 2-3），可以表示为

$$\begin{cases} L_{Aa} = L_{aA} = L_{Bb} = L_{bB} = L_{Cc} = L_{cC} = L_m \cos \theta_r \\ L_{Ab} = L_{bA} = L_{Bc} = L_{cB} = L_{Ca} = L_{aC} = L_m \cos(\theta_r + 120°) \\ L_{Ac} = L_{cA} = L_{Ba} = L_{aB} = L_{Cb} = L_{bC} = L_m \cos(\theta_r - 120°) \end{cases} \tag{2-11}$$

将式（2-7）~式（2-11）代入式（2-6），可得磁链方程的进一步表达为

$$\begin{bmatrix} \boldsymbol{\psi}_s \\ \boldsymbol{\psi}_r \end{bmatrix} = \boldsymbol{L}_{\theta r} \begin{bmatrix} \boldsymbol{i}_s \\ \boldsymbol{i}_r \end{bmatrix} = \begin{bmatrix} \boldsymbol{L}_{ss} & \boldsymbol{L}_{sr}(\theta_r) \\ \boldsymbol{L}_{rs}(\theta_r) & \boldsymbol{L}_{rr} \end{bmatrix} \begin{bmatrix} \boldsymbol{i}_s \\ \boldsymbol{i}_r \end{bmatrix} \tag{2-12}$$

式中　$\boldsymbol{\psi}_s = \begin{bmatrix} \psi_A & \psi_B & \psi_C \end{bmatrix}^T$；

$\boldsymbol{\psi}_r = \begin{bmatrix} \psi_a & \psi_b & \psi_c \end{bmatrix}^T$；

$\boldsymbol{i}_s = \begin{bmatrix} i_A & i_B & i_C \end{bmatrix}^T$；

$\boldsymbol{i}_r = \begin{bmatrix} i_a & i_b & i_c \end{bmatrix}^T$。

且

$$L_{ss} = \begin{bmatrix} L_m + L_{\sigma 1} & -L_m/2 & -L_m/2 \\ -L_m/2 & L_m + L_{\sigma 1} & -L_m/2 \\ -L_m/2 & -L_m/2 & L_m + L_{\sigma 1} \end{bmatrix} \tag{2-12a}$$

$$L_{rr} = \begin{bmatrix} L_m + L_{\sigma 2} & -L_m/2 & -L_m/2 \\ -L_m/2 & L_m + L_{\sigma 2} & -L_m/2 \\ -L_m/2 & -L_m/2 & L_m + L_{\sigma 2} \end{bmatrix} \tag{2-12b}$$

$$L_{rs}(\theta_r) = L_m \begin{bmatrix} \cos\theta_r & \cos(\theta_r - 120°) & \cos(\theta_r + 120°) \\ \cos(\theta_r + 120°) & \cos\theta_r & \cos(\theta_r - 120°) \\ \cos(\theta_r - 120°) & \cos(\theta_r + 120°) & \cos\theta_r \end{bmatrix} \tag{2-12c}$$

$$L_{sr}(\theta_r) = L_{rs}(\theta_r)^T \tag{2-12d}$$

3. 转矩方程和运动方程

双馈电机电磁转矩可以由磁共能相对于机械角位置的变化率计算得到：

$$\begin{aligned} T_e = n_p L_m \big[& (i_A i_a + i_B i_b + i_C i_c)\sin\theta_r + \\ & (i_A i_b + i_B i_c + i_C i_a)\sin(\theta_r + 120°) + \\ & (i_A i_c + i_B i_a + i_C i_b)\sin(\theta_r - 120°) \big] \end{aligned} \tag{2-13}$$

由此可知系统运动方程为

$$T_e = T_L + \frac{J}{n_p}\frac{d\omega_r}{dt} \tag{2-14}$$

式中　T_L——负载转矩；

　　　　ω_r——转子电角度；

　　　　J——负载转动惯量。

综上，式(2-3)、式(2-6)、式(2-13) 和式(2-14) 即为双馈电机在 ABC 坐标系下的数学模型。

为简化数学模型，一般需要对上述双馈电机数学模型进行坐标变换，将其转换到两维正交静止坐标系（αβ 坐标系）和两相正交同步旋转坐标系（dq 坐标系）下，各坐标系间的关系如图 2-4 所示。

为使磁动势 F_m 的变化在各坐标系中保持一致（具有相同的幅值和位置）且变换前后功率相同⊖，得到如下坐标变换公式：

$$C_{3s/2s} = \sqrt{\frac{2}{3}} \begin{bmatrix} 1 & -\dfrac{1}{2} & -\dfrac{1}{2} \\ 0 & \dfrac{\sqrt{3}}{2} & -\dfrac{\sqrt{3}}{2} \end{bmatrix} \tag{2-15a}$$

⊖ 此处也可以保持变换前后幅值不变，但得到的坐标变换公式会与本书给出的坐标变换公式具有不同的系数，如无特殊说明，本书中坐标变换公式统一采用等功率变换。

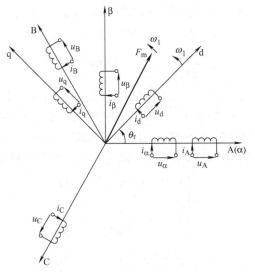

图 2-4　ABC 坐标系、αβ 坐标系和 dq 坐标系的关系⊖

$$C_{2s/3s} = \sqrt{\frac{2}{3}} \begin{bmatrix} 1 & 0 \\ -\dfrac{1}{2} & \dfrac{\sqrt{3}}{2} \\ -\dfrac{1}{2} & -\dfrac{\sqrt{3}}{2} \end{bmatrix} \tag{2-15b}$$

$$C_{2s/2r} = \begin{bmatrix} \cos\theta_r & \sin\theta_r \\ -\sin\theta_r & \cos\theta_r \end{bmatrix} \tag{2-15c}$$

$$C_{2r/2s} = \begin{bmatrix} \cos\theta_r & -\sin\theta_r \\ \sin\theta_r & \cos\theta_r \end{bmatrix} \tag{2-15d}$$

对式(2-2)、式(2-6) 和式(2-13) 施加式(2-15a) 所示的坐标变换，可以得到 αβ 坐标系下双馈电机的电压方程、磁链方程和转矩方程分别为

$$\begin{cases} u_s^\alpha = R_s i_s^\alpha + p\psi_s^\alpha \\ u_s^\beta = R_s i_s^\beta + p\psi_s^\beta \\ u_r^\alpha = R_r i_r^\alpha + p\psi_r^\alpha + \omega_r \psi_r^\beta \\ u_r^\beta = R_r i_r^\beta + p\psi_r^\beta - \omega_r \psi_r^\alpha \end{cases} \tag{2-16}$$

$$\begin{cases} \psi_s^\alpha = L_s i_s^\alpha + L_M i_r^\alpha \\ \psi_s^\beta = L_s i_s^\beta + L_M i_r^\beta \\ \psi_r^\alpha = L_r i_r^\alpha + L_M i_s^\alpha \\ \psi_r^\beta = L_r i_r^\beta + L_M i_s^\beta \end{cases} \tag{2-17}$$

⊖　理论上，dq 坐标系的旋转速度 ω 可任意选取，这里标注 3ω = ω₁（电网同步角频率），是以本书后续分析中经常使用的同步旋转坐标系为例，dq 坐标系旋转角度的选取并不影响式(2-15) 系列的表述形式。

$$
\begin{aligned}
T_e &= n_p L_M (i_s^\beta i_r^\alpha - i_s^\alpha i_r^\beta) = n_p (\psi_s^\beta i_s^\alpha - \psi_s^\alpha i_s^\beta) \\
&= n_p (L_M/L_r)(i_s^\beta \psi_r^\alpha - i_s^\alpha \psi_r^\beta) = n_p (\psi_s^\beta i_r^\alpha - \psi_s^\alpha i_r^\beta) \\
&= n_p \frac{L_M}{\sigma L_s L_r}(\psi_s^\beta \psi_r^\alpha - \psi_s^\alpha \psi_r^\beta)
\end{aligned} \tag{2-18}
$$

其中，$L_M = 1.5 L_m$；$L_s = 1.5 L_m + L_{\sigma1}$；$L_r = 1.5 L_m + L_{\sigma2}$；$\sigma = 1 - (L_M^2/L_s L_r)$。这里，式(2-16)~式(2-18)和式(2-14)即为双馈电机在 $\alpha\beta$ 坐标系下的数学模型。

类似地，通过对式(2-16)~式(2-18)施加式(2-15c)所示的坐标变换，可以得到 dq 坐标系下双馈电机的电压方程、磁链方程和转矩方程分别为

$$
\begin{cases}
u_s^d = R_s i_s^d + p\psi_s^d - \omega_1 \psi_s^q \\
u_s^q = R_s i_s^q + p\psi_s^q + \omega_1 \psi_s^d \\
u_r^d = R_r i_r^d + p\psi_r^d - \omega_{sl} \psi_r^q \\
u_r^q = R_r i_r^q + p\psi_r^q + \omega_{sl} \psi_r^d
\end{cases} \tag{2-19}
$$

$$
\begin{cases}
\psi_s^d = L_s i_s^d + L_M i_r^d \\
\psi_s^q = L_s i_s^q + L_M i_r^q \\
\psi_r^d = L_r i_r^d + L_M i_s^d \\
\psi_r^q = L_r i_r^q + L_M i_s^q
\end{cases} \tag{2-20}
$$

$$
\begin{aligned}
T_e &= n_p L_M (i_s^q i_r^d - i_s^d i_r^q) = n_p (\psi_s^q i_s^d - \psi_s^d i_s^q) \\
&= n_p (L_M/L_r)(i_s^q \psi_r^d - i_s^d \psi_r^q) = n_p (\psi_s^q i_r^d - \psi_s^d i_r^q) \\
&= n_p \frac{L_M}{\sigma L_s L_r}(\psi_s^q \psi_r^d - \psi_s^d \psi_r^q)
\end{aligned} \tag{2-21}
$$

其中，$\omega_{sl} = \omega_1 - \omega_r$ 为转差转速。

式(2-19)~式(2-21)和式(2-14)即为双馈电机在同步 dq 坐标系下的数学模型。

此时，电机定子功率可以表示为

$$
\begin{cases}
P_s = u_s^d i_s^d + u_s^q i_s^q \\
Q_s = u_s^q i_s^d - u_s^d i_s^q
\end{cases} \tag{2-22}
$$

式中　P_s、Q_s——电机定子注入到电网中的有功功率和无功功率。

2.2　网侧变换器数学模型

网侧变换器的典型结构如图 2-1 所示。一般地，为简化建模过程，可忽略网侧滤波器中电容的影响，将其等效为电感滤波器。简化后的网侧变换器主电路结构如图 2-5 所示。

图 2-5 中，e_{ga}、e_{gb} 和 e_{gc} 分别表示电网 a 相、b 相和 c 相相电压，i_{ga}、i_{gb} 和 i_{gc} 分别表示网侧 a 相、b 相和 c 相相电流，L_{ga}、L_{gb} 和 L_{gc} 分别表示网侧三相滤波电

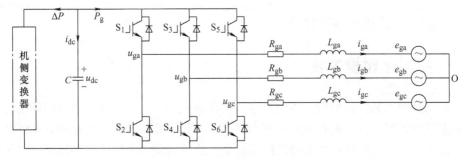

图 2-5　网侧变换器主电路结构

感，R_{ga}、R_{gb} 和 R_{gc} 分别表示网侧三相滤波电感及线路的等效电阻，u_{ga}、u_{gb} 和 u_{gc} 分别表示网侧变换器输出的 a 相、b 相和 c 相等效相电压，即网侧变换器经 PWM 后输出相电压的基波成分，C 表示直流母线电容，u_{dc} 和 i_{dc} 分别表示直流母线电压和直流母线充电电流。

在三相静止坐标系下，网侧变换器交流侧的数学模型可以表述为

$$\begin{cases} u_{ga} = R_{ga}i_{ga} + L_{ga}pi_{ga} + e_{ga} \\ u_{gb} = R_{gb}i_{gb} + L_{gb}pi_{gb} + e_{gb} \\ u_{gc} = R_{gc}i_{gc} + L_{gc}pi_{gc} + e_{gc} \end{cases} \tag{2-23}$$

理想条件下，认为系统三相对称，即 $L_{ga} = L_{gb} = L_{gc}$，且 $R_{ga} = R_{gb} = R_{gc}$，则经同步旋转坐标变换后，得到式（2-23）在同步旋转坐标系中的表达形式如下：

$$\begin{cases} u_g^d = R_g i_g^d + L_g pi_g^d - \omega_1 L_g i_g^q + e_g^d \\ u_g^q = R_g i_g^q + L_g pi_g^q + \omega_1 L_g i_g^d + e_g^q \end{cases} \tag{2-24}$$

式中　u_g^d、u_g^q——网侧变换器输出等效电压的 d 轴和 q 轴分量；

i_g^d、i_g^q——网侧电流的 d 轴和 q 轴分量；

e_g^d、e_g^q——电网电压的 d 轴和 q 轴分量；

R_g——网侧 d 轴和 q 轴等效电阻；

L_g——网侧 d 轴和 q 轴等效电感；

ω_1——电网电压同步角频率。

此时，网侧变换器注入电网的有功功率和无功功率可以表述为

$$\begin{cases} P_g = e_g^d i_g^d + e_g^q i_g^q \\ Q_g = e_g^q i_g^d - e_g^d i_g^q \end{cases} \tag{2-25}$$

式中　P_g、Q_g——网侧变换器注入到电网中的有功功率和无功功率。

根据功率平衡原理，理想条件下注入直流母线电容的有功功率应等于网侧变换器从电网中吸收的有功功率与直流侧负载消耗功率之差，则网侧变换器直流母线的数学模型为

$$u_{dc}i_{dc} = Cu_{dc}pu_{dc} = -P_g - \Delta P \tag{2-26}$$

式中 ΔP——直流侧负载消耗的功率。

2.3 图形化建模方法

系统模型是其特性分析、算法设计、仿真研究等工作的基础。传统的建模方法是根据系统各组成部分的物理规律列出其数学方程，然后再按照特定的方式将这些方程排列起来以表示系统各部分之间的联系，由此得到该系统的数学模型。这种数学化建模方法在研究较为简单的系统方面已显示出其卓越的能力，大量已完成的工作表明在各种不同情况下它都能作为分析和研究系统的得力工具和手段。这种方法不论是在定性分析还是在定量计算上都体现出了优势。然而，如果系统非常庞大，而且其结构也十分复杂时，单纯利用其数学模型对系统进行研究并进而得出其控制方法将会变得非常困难，也不利于计算机仿真系统的搭建。从而有学者提出图形化建模方法作为数学化建模方法的补充。

2.3.1 概述

目前应用得最为广泛的一种图形化建模方法是键合图（Bond Graph，BG），它最早是由美国学者 Paynter 于 20 世纪 60 年代提出的，后来在 70 年代得到了进一步的发展和完善。键合图可以表示物理系统各部分之间的能量流动情况。两个子系统之间的能量交换用能量键来表示，如图 2-6 所示，其中能量键由一个代表能量流动方向的半箭头（Half Arrow）表示。

图 2-6 中，e 代表力变量（effort），f 代表流变量（flow），而子系统间交换的瞬时能量可以用两者的乘积来表示。

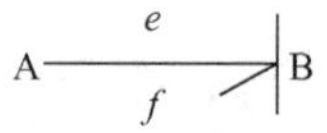

图 2-6 键合图的基本表示方法

键合图有三种类型的元件：三个被动元件分别表示消耗能量（R）或储存能量（I，C）；两个主动元件（Se，Sf）表示能量的来源；四个连接元件（0，1，TF，GY）把主动和被动元件按照系统的结构连接起来。

在键合图中一般是在半箭头的端部用一条竖线来表示因果关系，如图 2-6 所示。它表示元件 A 向元件 B 施加力变量，同时元件 B 向元件 A 返回流变量，因此代表因果关系的竖线靠近元件 B 侧。该因果关系由元件之间的相互作用来决定，而不受能量流动方向的影响。这种独立性使得既可以选择积分性的因果关系，又可以选择微分性的因果关系，而这完全是由系统本身的结构决定的。值得注意的是，在建模的过程中总是优先考虑积分性的因果关系，尽管它并不是强制性的唯一选择。

键合图最突出的特点是它最接近于实际系统的拓扑结构，模型中的元件与系统相应的组成部分一一对应。同时它还能够清晰地表示系统内能量流动的方向。然而，由于微分性因果关系的存在，使得无法从键合图直接推导系统的控制方法，而且也难以直接利用它对系统进行仿真研究。

在键合图的基础上又发展出了多种图形化的系统建模方法，如能量指向图（Power-Oriented Graphs，POG）、能流图（Power Flow Diagram，PFD）和能量拼图（Energetic Puzzles，EP）等。

能量指向图是由意大利学者 Zanasi 在 1996 年提出的，它的特点是用两种基本元件来代替传统的传递函数。这两个基本元件如图 2-7 所示，左边的是连接模块（connection），表示能量的转换；右边的是转化模块（elaboration），表示存储或消耗能量。数量有限的表示元件使得这种方法应用起来相对容易。该方法最大的特点是其基本元件对应于系统相应组成部分的传递函数，这使得它能够更好地与实际物理系统相对

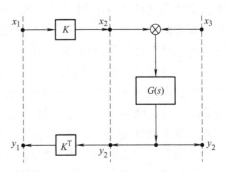

图 2-7　能量指向图的基本表示方法

应，因此能更好地表示系统各组成部分之间能量的流动情况。和键合图一样，其因果关系既可以是积分性的也可以是微分性的，这由系统数学模型来决定。该方法的一大不足之处在于它不能在结构上显示系统内部的耦合关系，因此不能清晰表示原系统的结构。

能流图是 2004 年由德国学者 Schonfeld 提出用来研究系统能量流动及其能量转换效率的一种方法。和能量指向图不同，能流图定义了自身特有的表示能量来源、转换、储存和消耗以及不同元件耦合关系的图形符号，因此它和键合图一样能最大限度地保持系统的物理结构。其典型的表示方法如图 2-8 所示。

图 2-8 从左至右依次为能量来源、能量转换和能量储存环节。和键合图不同的是，能流图的因果关系只能是积分性的，因此可以直接利用它对系统进行仿真研究。其最大的优点在于可以利用它方便地计算出整个系统的效率，这是因为在系统建模的过程中特别考虑了表示能量消耗的环节。

能量拼图是 21 世纪初由法国图卢兹 Laplace 实验室提出的。这种方法最初用来表示系统能量转换的情况，其元件由特殊的拼图表示，而不同种类的变量由拼图上相应的外加部分来表示，如图 2-9 所示。

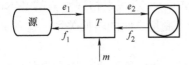

图 2-8　能流图的基本表示方法

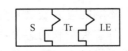

图 2-9　能量拼图的基本表示方法

图 2-9 从左至右依次为能量来源、能量转换和能量储存环节，拼图上伸出来的三角代表输出力变量，而嵌入的方块代表输入流变量。由此可见，类似于键合图，能量拼图也可以清晰地表示系统内能量流动的方向。和能流图一样，能量拼图的因果关系也是积分性的。但同时也可以看出，该表示方法不能显示系统变量的名称，因此无法利用它直接推导系统的控制方法。

尽管上面介绍的图形化建模方法都有其自身独特的图形元件，但其本质都是利用图形化的元件来表示相应子系统的数学模型，从而得到整个系统的统一表达形式，即其图形化模型。相对于传统的数学化建模方法，这种方法在研究风力发电系统或电动汽车之类的由很多子系统组成的既包含机械部分也包含电气部分的复杂系统时能体现出其优势。这是因为它能够得到与系统物理结构相对应的更为直观的综合模型。而且，这类方法能够表示系统变量之间的因果关系，同时也能够表示系统内部能量的流动情况，因此更利于对复杂的大型系统进行定性分析。然而，利用这些方法都不能直接推导出相应的控制策略，因此必须进一步发展新的、更行之有效的基于图形表示的系统建模及控制方法。

本节接下来将着重讨论因果次序图（Causal Ordering Graph，COG）和宏观能量表示法（Energetic Macroscopic Representation，EMR）两种图形化建模方法。

2.3.2　因果次序图

因果次序图是 20 世纪末由法国里尔 L2EP 实验室的 Hautier 教授提出的一种专门用于研究机电能量转换系统的方法。它用图形化的表示方法处理系统内部的信息，是系统分析阶段的逻辑思维转换方法，这得益于对系统不同组成部分之间相互关系及其自身特点的准确描述。因果次序图的基本概念以自然的因果关系为基础，而这种因果关系只能是积分性的，在利用因果次序图对任何能量转换过程进行建模时都必须遵循此原则。这是因为该属性符合基本的物理规律，即任何物体所获得的能量都是随着时间的推移而不断积累起来的。其建模的一般过程是通过连接系统每一部分的图形化模型，最终得到更为综合的系统整体表示方法。该方法最大的优点是可以根据特定的求逆规则从图形化的模型中直接得到相应的控制方法。在推导控制方法的过程中同样也必须遵循积分性的因果关系。

2.3.2.1　因果次序图的基本元件

类似于键合图，因果次序图的变量要么是势能变量（对应于力变量），要么是动能变量（对应于流变量）。而输入输出变量之间的关系是用一个处理器（operator）来表示其物理特征。该处理器是表示系统中一个或一组物理对象的基本图形，用来建立施加影响的输入变量和受其影响的输出变量之间的转换关系。这种关系可以分为两类：静态关系和动态关系。

静态关系是指输出与输入变量之间的关系独立于时间，即不存在自然的因果关系，通常可以用代数表达式来表示：

$$R_{\mathrm{a}} : y(t) = R_{\mathrm{a}}\left[x(t)\right] \qquad (2\text{-}27)$$

　　表示静态关系的处理器如图 2-10 所示，其中的双箭头
表示由外部决定的因果关系具有可逆性。

图 2-10　因果次序图
表示的静态关系

　　它通常用来表示无确定因果关系的系统元件，如电阻这
类的耗散性元件。所有传递到此元件的能量都以热能的形式
消耗，因此其电压和电流表现出的是一种静态关系，可以表
示成以下两种形式：

$$R_{\mathrm{R1}} : u_{\mathrm{R}}(t) = R i_{\mathrm{R}}(t) \qquad (2\text{-}28)$$

$$R_{\mathrm{R2}} : i_{\mathrm{R}}(t) = \frac{1}{R} u_{\mathrm{R}}(t) \qquad (2\text{-}29)$$

图 2-11 是用因果次序图表示的电阻元件，与上面两式分别相对应。

图 2-11　因果次序图表示的电阻元件

　　由上面的分析可知，表示静态关系的处理器中输入和输出变量并不确定，是由
与其直接相连的其他元件所决定的。

　　与之相对的是动态关系，其输入和输出变量是由自身的因果关系决定的，分别
表示原因及其产生的结果。动态关系依赖于时间，通常可以用微分方程来描述：

$$\frac{\mathrm{d}y(t)}{\mathrm{d}t} = ax(t) + b \qquad (2\text{-}30)$$

　　因此其输出变量是输入变量的积分，可以表示为

$$R_{\mathrm{b}} : y(t) = R_{\mathrm{b}}\left[x(t)\right] \qquad (2\text{-}31)$$

　　表示动态关系的处理器如图 2-12 所示，其中单箭头表示其积分性的因果关系
由自身决定，不具有可逆性，而且不受与之相连的其他系统元件的影响。

　　它通常表示可以储存能量的元件，如电感和电容。储存
在该元件中的势能或动能，是由输入到同一元件的与之对偶
的动能或势能变量积分而得到的。

图 2-12　因果次序图
表示的动态关系

　　根据电磁感应定律，电感上的电压降满足：

$$R_{\mathrm{L}} : u_{\mathrm{L}}(t) = \frac{\mathrm{d}\psi(t)}{\mathrm{d}t} = L \frac{\mathrm{d}i_{\mathrm{L}}(t)}{\mathrm{d}t} \qquad (2\text{-}32)$$

　　图 2-13 为用因果次序图表示的电感元件，其输出的电流是输入电压的积分，
这是由电感自身的物理特性所决定的。

　　同样对于电容元件，其流过的电流可以表示为

$$R_{\mathrm{C}} : i_{\mathrm{C}}(t) = \frac{\mathrm{d}Q(t)}{\mathrm{d}t} = C \frac{\mathrm{d}u_{\mathrm{C}}(t)}{\mathrm{d}t} \qquad (2\text{-}33)$$

图 2-14 为用因果次序图表示的电容元件，其输出的电压是输入电流的积分，这也是由电容自身的物理特性所决定的。

图 2-13　因果次序图表示的电感元件　　　　图 2-14　因果次序图表示的电容元件

综上所述，表示动态关系的处理器中输入和输出变量是确定的，这一方面保证了系统本身的物理特性，另一方面更好地解释了由系统特性所决定的自然现象。而且，正是由这些动态元件决定了与其直接相连的静态元件的因果关系。

由此可以得到利用因果次序图进行系统建模的方法。首先按照系统各组成部分自身的物理规律（数学模型）得到其相应的图形化处理器，然后根据动态元件的因果关系决定各处理器的输入和输出变量，最后对应系统的物理结构把相应的图形化元件连接起来即可得到整个系统的因果次序图。由于该方法包含的基本元件只有两类，因此得到的系统模型更为简洁和统一。

2.3.2.2　基于求逆的控制方法

因果次序图最突出的特点是可以根据特定的求逆规则得到系统的基本控制方法。这种求逆的原则可以概括为：在已知系统因果关系的前提下，为了得到需要的输出效果（effect），必须对系统施加合适的输入因子（cause）。

对于一个给定的基本处理器，人们通过对其输入输出关系进行求逆而得到该模型的控制关系。因此该控制器对调了系统的输入变量和输出变量，从而得到了代表其逆过程的模型。同时应该注意的是，在求逆的过程中仍然需要遵循积分性的因果关系。

对于表示静态关系的处理器，由于其输入和输出变量之间的关系不依赖于时间，因此如果模型本身满足一一对应的关系，就可以通过直接求逆运算得到其控制器。静态关系的求逆过程如图 2-15a 所示，其控制器结构和模型处理器类似，都是用双向箭头表示输入输出变量之间的关系。

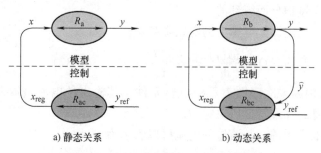

a) 静态关系　　　　　　　　　b) 动态关系

图 2-15　因果次序图表示的控制结构

其中，R_{ac} 表示由模型方程 R_a 求逆得到的控制方程：

$$R_{ac}:x_{reg}(t)=R_{ac}[y_{ref}(t)] \tag{2-34}$$

这样，为了使输出等于参考值 y_{ref}，可以利用上式直接计算得到调节量 x_{reg}。

对于表示动态关系的处理器，则不能如此简单地得到其控制器。这是因为其输入输出关系是积分性的因果关系，直接对其求逆得到的是微分性的关系，这在实际物理系统中是不可实现的。

为了解决此问题，可以利用闭环控制的方法，通过设计调节器 C_{PI} 来尽量减少输出量实际测量值 $\hat{y}$ 与参考值 y_{ref} 之间的误差。这种通过间接求逆得到的控制方程可以表示为

$$R_{bc}:x_{reg}(t)=C_{PI}[y_{ref}(t)-\hat{y}(t)] \tag{2-35}$$

动态关系的求逆过程如图 2-15b 所示，和静态关系不同的是，其控制器用单向箭头来表示，而且需要测量输出量，以此实现闭环控制。

由上面的分析可知，利用因果次序图可以很方便地由系统的数学模型得到其图形化的表示方法，并进而通过求逆得到其控制结构，这是一种行之有效的系统建模及控制方法。然而，当系统组成元件较多，结构也比较复杂时，用该方法得到的系统整体模型将变得非常复杂，而且会失去系统本身结构的可读性。因此，必须在此基础上进一步发展出更为综合的图形化表示方法。

2.3.3 宏观能量表示法

宏观能量表示法是 21 世纪初由法国里尔 L2EP 实验室的 Bouscayrol 教授在研究由多台电机及其变频器组成的复杂机电传动系统时提出的一种图形化建模方法。它是在因果次序图的基础上发展而来的，能够更为综合地表示复杂的机电系统，在保持系统物理结构的前提下突出其功能，因此利用该方法得到的系统模型具有更强的可读性。该方法已经成功应用于混合电动汽车（Hybrid Electric Vehicle，HEV）、硬件在环（Hardware-In-the-Loop，HIL）实时仿真和风力发电系统（Wind Energy Conversion System，WECS）等领域的研究。

2.3.3.1 宏观能量表示法的基本元件

宏观能量表示法和因果次序图一样，其子系统的相互关系也是基于积分性的因果关系。同时，该方法还基于作用（action）与响应（reaction）原则，即认为对子系统的每一个作用都将产生与之相对应的响应结果。对应于不同类型的子系统，宏观能量表示法用三种基本元件分别表示能量来源、转换和储存环节。另外，值得特别注意的是，它还专门用一种耦合元件把不同的能量转换通道连接起来，以便更清晰地表示系统内的能量分配情况。该方法中具体的图形化符号及相应说明参见表 2-1。

表 2-1 宏观能量表示法的元件

元件	符号	意义及说明	实例
能源	x / y	表示能量的来源或接收方 既可以表示动能 也可以表示势能	电源
储能	x_1 y / y x_2	表示储存能量的元件 积分性因果关系	电感、电容、惯性轴
	x_1 x_2 / y_1 y_2 / e_{reg}	表示电能转换的元件 忽略能量损耗	变压器、电力电子变换器
转换	x_1 x_2 / y_1 y_2 / e_{reg}	表示机械能转换的元件 忽略能量损耗	变速箱、齿轮
	x_1 x_2 / y_1 y_2 / e_{reg}	表示机电能量转换的元件 忽略能量损耗	直流电机
耦合	x_2 y_2 x_1 x_3 y_1 y_3	电耦合	串联、并联
	x_2 x_1 y_2 y_1 x_3 y_3	机械耦合	带轮
	x_2 x_1 y_2 y_1 x_3 y_3	机电耦合	电机

由此可见，宏观能量表示法不同于因果次序图，其基本元件表示的是子系统，而因果次序图的元件则用于代替子系统的各数学方程。因此，由宏观能量表示法得到的系统模型能更为综合地表示系统并反映其实际的物理结构，而且还能表示子系统间的相互关系及其能量交换情况。

2.3.3.2 最大化控制框图

宏观能量表示法的另一个突出优点是能够推导出相应系统的最大化控制框图（Maximum Control Structure，MCS）。其推导过程同样也需要遵循和因果次序图一样的基于积分关系的特定求逆规则。因为利用这种求逆规则得到的控制框图中包含最多所需要的控制操作（operation）和测量（measurement）信息，所以被称之为最大化控制框图。在此基础上，可以对它进行必要的简化并对不可测量的变量进行估计，从而得到更实用的控制系统。

系统的最大化控制框图是通过对其子系统依次逐个求逆而得到的。由于表示能量转换的元件只代表静态的关系，因此可以对其直接进行求逆。对于包含调节量（regulation）的转换元件，可以有两种不同形式的控制器：如果控制器输出的是调节量，则输入的作用变量将被作为干扰项而需要尽量减小其影响；反之，如果输出的是作用变量，则调节量将作为需要测量的干扰项。对于系统的储能元件，由于其本身含有积分性的因果关系，因此必须设计闭环控制器对其进行间接求逆。因为它一般包含两个输入的作用变量，所以当其中之一被选作输出变量时，另一个将作为干扰项或补偿项而被测量得到。针对系统的耦合元件，由于它代表系统内能量的分配或聚集，因此也可以直接对其求逆。具体的控制元件的图形化符号及相应说明参见表 2-2。

表 2-2 最大化控制框图的元件

元件	符号	意义及说明
能量转换元件求逆	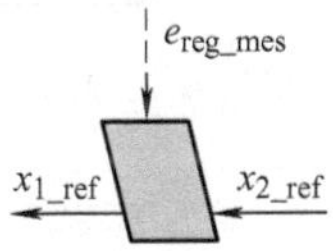	转换元件直接求逆 以 e_{reg} 作为干扰输入量
	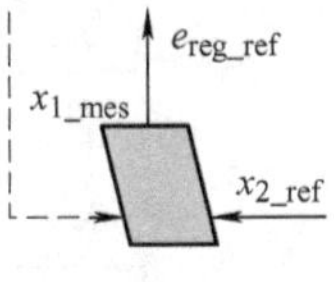	转换元件直接求逆 以 x_1 作为干扰输入量
储能元件求逆	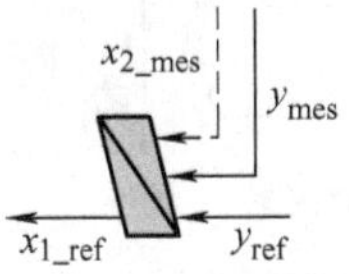	储能元件间接求逆 需要控制器

（续）

元　件	符　　号	意义及说明
耦合元件求逆	x_{1_ref} x_{2_ref} x_{3_ref}	耦合元件直接求逆
控制策略	y_{ref} x_{mes}	确定被控量的参考值

　　由此可见，最大化控制框图对应于每个子系统的能量最优管理。同时，还需要确定整个系统的控制策略，以得到系统需要控制的输出响应量的参考值。

　　综上所述，宏观能量表示法能得到整个系统的综合模型，并能直接推导出其最大化控制框图。但是，在设计控制系统中每个控制器的结构时，还需要借助因果次序图。而设计控制器的具体参数则必须依赖其对应模型的传递函数。因此，对一个机电能量转换系统的建模和控制需要综合利用以上介绍的各种工具，其具体流程如图2-16所示。

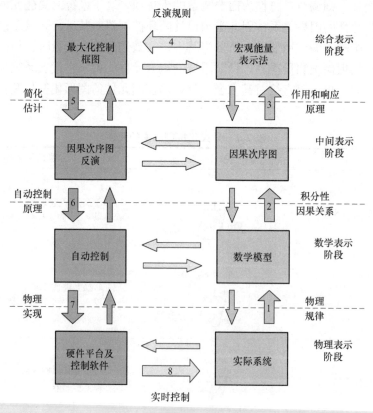

图2-16　系统建模及控制基本流程

2.3.4 风力机图形化建模与控制推导

风力发电系统是将风能转换为电能的装置，它是风能利用的最主要形式。它主要包括将风能转换为机械能的机械部分和把机械能转换为电能的电气部分，是一种典型的机电能量转换系统。其机械部分如图 2-17 所示，是由风力机、传动轴和齿轮箱这三个主要部件组成的。其中风力机是捕获风能的装置，它把风能转换为机械能，而传动轴和齿轮箱这两个机械传动装置将把风力机输出的机械能传递给发电机。

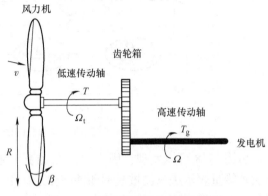

图 2-17 风力发电系统的机械部分

2.3.4.1 风力机的模型

风力机是将风能转换为机械能的装置，其输出功率可以由式(1-1) 来表示。

风力机作用在传动轴上的转矩可以由其输出的机械功率 P 和旋转角速度 Ω_t 来决定：

$$R_1 : T = \frac{P}{\Omega_t} = \frac{1}{2\Omega_t} C_p \rho S v^3 \tag{2-36}$$

其中，风能利用系数 C_p 描述了风力机吸收的机械能占总风能的比例，是叶尖速比 λ 和桨距角 β 的函数。其中叶尖速比 λ 定义为叶片的叶尖线速度与风速之比，用来表示风轮在不同风速下的状态：

$$R_2 : \lambda = \frac{R\Omega_t}{v} \tag{2-37}$$

根据一台实际的 1.5MW 风力发电机的运行状态记录数据，可以拟合出风能利用系数 C_p 的近似表达式：

$$R_3 : C_p(\lambda, \beta) = [0.5 - 0.167(\beta - 2)] \sin\left[\frac{\pi(\lambda + 0.1)}{18.5 - 0.3(\beta - 2)}\right] -$$
$$0.00184(\lambda - 3)(\beta - 2) \tag{2-38}$$

风力机的这种气动特性表明，在同一桨距角下，仅存在一个叶尖速比值使其获得最大的风能利用系数，即对同一风速仅有一个转速点使得风力机捕获的风能最大，该点即为该状态下的最大功率点。将不同风速下的最大功率点连接成线，就可以得到最大功率曲线。另外，随着桨距角的增加，风力机的风能利用系数将减小，这一特性使得在高风速下可以通过增大桨距角来减少风力机所吸收的功率，从而起到保护风力发电系统的作用。

由式(2-36)~式(2-38) 可以得到风力机的因果次序图和宏观能量表示法的表达形式, 如图 2-18 所示。

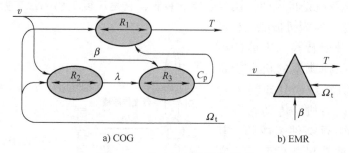

a) COG   b) EMR

图 2-18 风力机的图形化模型

由图 2-18 可以发现, 因果次序图能更清晰地表示模型内部变量之间的关系, 而宏观能量表示法只注重模型和外部相互作用而产生的输入输出变量, 因此用后者得到的系统模型更为紧凑和综合。

2.3.4.2 传动轴的模型

风力发电系统的传动轴包括风力机的低速传动轴和发电机的高速传动轴, 为了简化建模的过程, 可以把高速传动轴折算到低速传动轴侧, 从而得到传动轴系的集中质量块 (mass) 等效模型:

$$R_4 : J\frac{\mathrm{d}\Omega_t}{\mathrm{d}t} = T_t \tag{2-39}$$

式中 T_t——作用在等效传动轴上的总机械转矩。

为了保证折算前后系统输入输出的能量不发生变化, 需要将高速传动轴的相应参数也折算到低速侧, 由此可以得到等效的集中惯量 J 的表达式为

$$J = J_t + \frac{J_g}{G^2} \tag{2-40}$$

式中 J_t、J_g——风力机和发电机的转动惯量;

         G——齿轮箱的变速比。

作用在等效转轴上的总机械转矩 T_t 可以由风力机输出转矩 T、齿轮箱输出转矩 T_g 和等效摩擦转矩 T_{vis} 得到:

$$R_5 : T_t = T - T_g - T_{vis} \tag{2-41}$$

而等效摩擦转矩 T_{vis} 可以表示为

$$R_6 : T_{vis} = f\Omega_t \tag{2-42}$$

式中 f——等效阻尼系数, 可以由式(2-43) 得到:

$$f = f_t + \frac{f_g}{G^2} \tag{2-43}$$

式中 f_t、f_g——低速和高速传动轴的阻尼系数。

由此可以得到等效集中传动轴的因果次序图和宏观能量表示法模型，如图 2-19 所示。

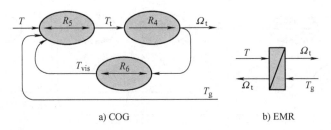

a) COG   b) EMR

图 2-19 等效集中传动轴的图形化模型

2.3.4.3 齿轮箱的模型

由于风轮的转速一般比较低，而发电机正常工作时的转速却比较高，因此通常需要用齿轮箱这种机械升速装置把较低的风力机转速提高到发电机工作所需的较高转速。

如果假设齿轮箱是理想的，忽略其自身的机械损耗，可以认为它是一种典型的机械能量转换单元，其输入输出能量保持不变。因此，在齿轮箱提高转速的同时，其输出的转矩也相应发生改变。

因为齿轮箱表示的是一种静态关系，所以其输入和输出关系由与它直接相连的等效集中传动轴来决定。因此其数学模型可以表示为

$$R_7 : \Omega = G\Omega_t \tag{2-44}$$

$$R_8 : T_g = GT_{em} \tag{2-45}$$

式中 Ω——发电机转速；

T_{em}——发电机的电磁转矩。

由此可以得到用因果次序图和宏观能量表示法表示的齿轮箱模型，如图 2-20 所示。

综上，如果把代表各组成部分的宏观能量表示法元件连接起来，就可以得到整个风力发电系统机械部分的图形化模型，如图 2-21 所示。

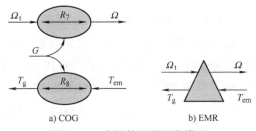

a) COG   b) EMR

图 2-20 齿轮箱的图形化模型

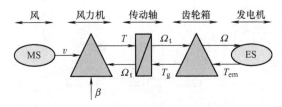

图 2-21 风力机及传动系统的 EMR 模型

同样，能够反映系统内部细节的因果次序图可以表示为图 2-22 所示的形式。

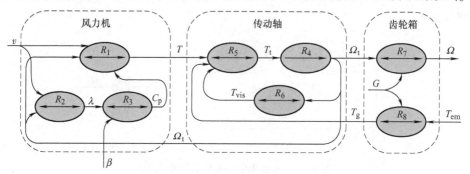

图 2-22　风力机及传动系统的 COG 模型

根据因果次序图，可以方便地还原出相应风力发电系统机械部分的系统结构图，如图 2-23 所示。

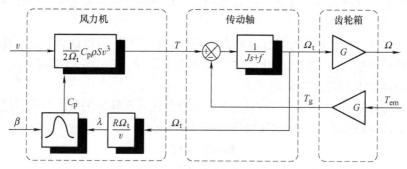

图 2-23　风力机及传动系统的结构图

2.3.4.4　风力机系统的控制策略

以 MPPT 算法为例，风力机对其最大功率点的跟踪，实质上是控制风力机转速跟踪风速变化，达到相应的最优转速。由风力机及传动系统的宏观能量表示法模型，可以方便地推导出其最大化控制框图，如图 2-24 所示。

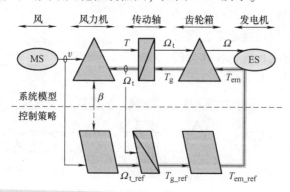

图 2-24　风力机及传动系统的 EMR 和 MCS

由于模型中只有传动轴这一个储能环节，因此相应的控制系统中最多只需要设置一个闭环控制器。假设所有变量都可以测量时，可以通过对风力机转速进行闭环控制来实现其对最大功率点的跟踪。根据传动轴的数学模型式(2-39)~式(2-41)，利用因果次序图的求逆算法，可以得到该转速控制器的表达式：

$$T_{g\_ref} = C_{PI}(\Omega_{t\_ref} - \hat{\Omega}_t) \tag{2-46}$$

式中　T_{g_ref}——所需的转矩参考值；

　　　C_{PI}——转速调节器；

　　　Ω_{t_ref}——风力机转速参考值；

　　　$\hat{\Omega}_t$——风力机转速测量值。

但是实际系统中一般不测量风力机的转速，因此可以利用式(2-44)由发电机转速估计风力机的转速：

$$R_{7c}: \tilde{\Omega}_t = \frac{\hat{\Omega}}{G} \tag{2-47}$$

式中　$\tilde{\Omega}_t$——风力机转速估计值；

　　　$\hat{\Omega}$——发电机转速测量值。

由此可以得到实际可用的风力机转速控制器方程：

$$R_{4c}: T_{g\_ref} = C_{PI}(\Omega_{t\_ref} - \tilde{\Omega}_t) \tag{2-48}$$

风力机转速参考值 Ω_{t_ref} 可以由风力机数学模型式(2-37)直接求逆得到：

$$R_{2c}: \Omega_{t\_ref} = \frac{\lambda_{Cp\_max}\hat{v}}{R} \tag{2-49}$$

式中　$\hat{v}$——风速测量值；

　　　λ_{Cp_max}——实现最大功率跟踪时的叶尖速比值。

由于在区域 2 中桨距角 β 固定为最小值，因此可以根据式(2-38)得到的风能利用系数曲线求得使 C_p 值最大的 λ 值，即为所需的 λ_{Cp_max}。

最后，可以利用式(2-45)由转速控制器输出的参考值 T_{g_ref} 得到实际所需的发电机电磁转矩参考值 T_{em_ref}：

$$R_{8c}: T_{em\_ref} = \frac{T_{g\_ref}}{G} \tag{2-50}$$

由此可以得到由因果次序图表示的系统控制框图细节，如图 2-25 所示。

其相应的系统结构图可以表示为图 2-26。

然而实际上，对风速的准确测量是比较困难的。因此，依赖于风速测量值而得到的风力机转速参考值有可能并不准确。于是有必要研究一种不依赖于测量风速的最大功率点跟踪控制策略。同样，可以利用图 2-24 得到的最大化控制框图进行相应的简化，从而得到新的控制算法。

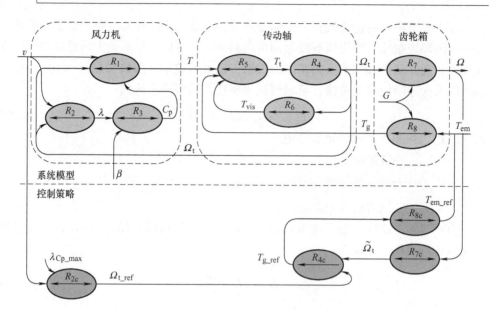

图 2-25　风力机转速闭环控制的 COG

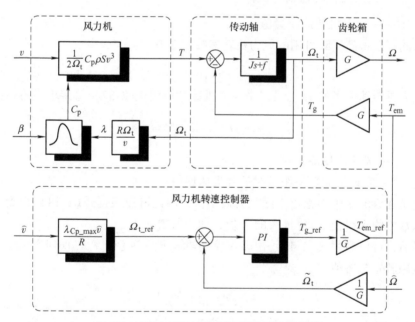

图 2-26　风力机转速闭环控制的系统结构图

假设在一个控制周期内风速的变化并不是很剧烈，由于兆瓦级风力机的转动惯量非常大，可以近似认为在此时间段内风力机的转速并不改变。根据式（2-39）和式（2-41），可以得到

$$J\frac{\mathrm{d}\Omega_{\mathrm{t}}}{\mathrm{d}t} = T - T_{\mathrm{g}} - T_{\mathrm{vis}} = 0 \tag{2-51}$$

因此式（2-39）从微分方程退化为代数方程，传动轴相应的因果关系也由动态关系变为静态关系。如果忽略摩擦转矩 T_{vis}，可以认为

$$R_{5c} : \widetilde{T}_g = \widetilde{T} \tag{2-52}$$

即风力机输出转矩的估计值 $\widetilde{T}$ 与齿轮箱输出转矩估计值 $\widetilde{T}_g$ 相等。由此可以根据式（2-45）得到所需的发电机电磁转矩参考值为

$$R_{8c} : T_{em\_ref} = \frac{\widetilde{T}_g}{G} \tag{2-53}$$

当风力机转速追踪风速变化始终处于最大功率跟踪点时，相应的风能利用系数也应等于其最大值 C_{p_max}。因此可以由式（2-36）得到风力机输出转矩的估计值：

$$R_{1c} : \widetilde{T} = \frac{1}{2\widetilde{\Omega}_t} C_{p\_max} \rho S \widetilde{v}^3 \tag{2-54}$$

其中风力机的转速估计值 $\widetilde{\Omega}_t$ 同样可以由式（2-47）得到，而风速的估计值则可以利用式（2-37）直接求逆得到：

$$R_{2c} : \widetilde{v} = \frac{R\widetilde{\Omega}_t}{\lambda_{Cp\_max}} \tag{2-55}$$

结合以上各式，就可以得到风力机转速开环最大功率点跟踪控制策略，所需要的发电机电磁转矩参考值最终可以表示为

$$T_{em\_ref} = \frac{1}{2\lambda_{Cp\_max}^3 G^3} C_{p\_max} \rho \pi R^5 \widehat{\Omega}^2 \tag{2-56}$$

由以上各式可以得到由因果次序图表示的模型及其控制系统，如图 2-27 所示。

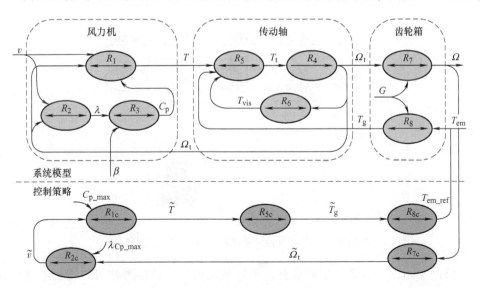

图 2-27　风力机转速开环控制的 COG

其相应的系统结构图可以表示为图 2-28。

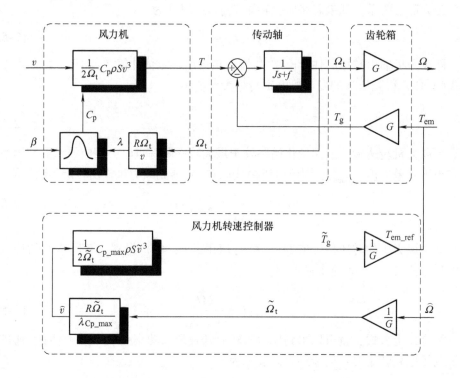

图 2-28　风力机转速开环控制的系统结构图

而经过化简后得到的简化控制框图如图 2-29 所示。

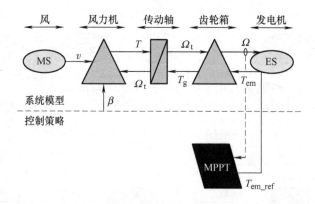

图 2-29　风力机及传动系统的 EMR 和简化控制框图

借助 Matlab 等计算机仿真软件，上述系统模型及控制方法可以得到非常快速的实现。MPPT 控制的仿真结果如图 2-30 所示。

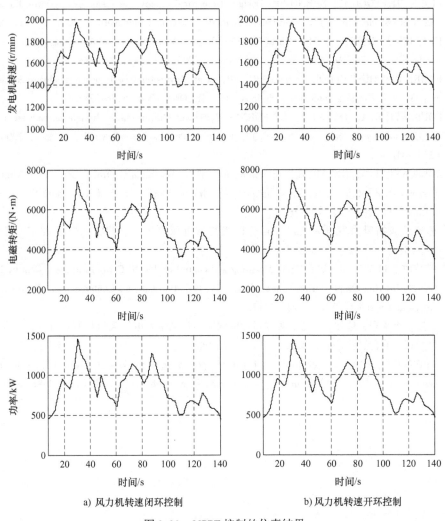

a) 风力机转速闭环控制　　　　　　　　b) 风力机转速开环控制

图 2-30　MPPT 控制的仿真结果

参 考 文 献

[1] 阮毅，陈伯时. 电力拖动自动控制系统——运动控制系统 [M]. 4 版. 北京：机械工业出版社，2010.

[2] 杨耕，罗应立. 电机与运动控制系统 [M]. 2 版. 北京：清华大学出版社，2015.

[3] ZANASI R. Power-oriented graphs for modeling electrical machines [C]. MELECOM'96, 1996：1211-1214.

[4] SCHONFELD R, GEITNER G. Power flow and information flow in motion control systems [C]. EPEPEMC'2004, 2004.

[5] PIQUET H, FOCH H, BERNOT F. Design of electrical energy conversion systems with the aid of characterized elements [J]. International Journal of Electrical Engineering, 2001, 4: 217-235.

[6] HAUTIER J, BARRE P. The Causal Ordering Graph, A tool for system modelling and control law synthesis [J]. Studies in informatics and control, 2003, 13 (4): 265-283.

[7] BARRE P, BOUSCAYROL A, DELARUE P, et al. Inversion-based control of electromechanical systems using causal graphical descriptions [C]. IECON, 2006: 5276-5281.

[8] BOUSCAYROL A, DAVAT B, DE FORNEL B, et al. Multimachine Multiconverter System: application for electromechanical drives [J]. European Physics Journal-Applied Physics, 2000, 10 (2): 131-147.

[9] BOUSCAYROL A, DELARUE P. Simplifications of the Maximum Control Structure of a wind conversion system with an induction generator [J]. International Journal of Renewable Energy Engineering, 2002, 4 (2): 479-485.

[10] 彭凌. 双馈风力发电系统的图形化建模与低电压穿越控制研究 [D]. 北京: 清华大学, 2010.

[11] PENG L, LI Y D, FRANCOIS B. Modeling and control of the DFIG wind turbine system by Using Causal Ordering Graph during voltage dips [C]. 11th International Conference on Electrical Machines and Systems, 2018: 2412-2417.

[12] 彭凌, 李永东, 柴建云, 等. 独立运行的双馈异步轴带发电机矢量控制系统 [J]. 清华大学学报 (自然科学版), 2009, 49 (7): 938-942.

[13] ABDIN E, XU W. Control design and dynamic performance analysis of a wind turbine induction generator unit [J]. IEEE Transactions on Energy Conversion, 2000, 15 (1): 91-96.

第3章 理想电网条件下双馈风电系统的控制策略

本章将在第 2 章基础上，对理想电网条件下双馈风电系统各种控制算法[⊖]（包括矢量控制、直接功率控制以及模型预测控制）进行研究，并对各种控制算法中的相关问题（如场定向方法、磁链观测、MPPT 等）展开讨论。

3.1 双馈风电系统矢量控制策略

矢量控制是一种通过场定向技术简化电机及并网型变换器动态数学模型、实现有功电流和无功电流解耦控制的高性能电机及并网型变换器控制方法，具有动静态特性好、调速范围宽等优点，是目前应用最为广泛的双馈风电系统高性能控制方法。

3.1.1 双馈风力发电机的矢量控制

双馈风力发电机采用矢量控制策略对转子电流的 d、q 轴分量分别进行闭环控制，以实现对发电机有功和无功的解耦调节。常用的矢量控制策略根据定向坐标系的选取，可分为定子磁链定向和定子电压定向两种类型，两种定向系统的空间矢量关系分别如图 3-1a 和 b 所示[⊖]。

在定子磁链定向坐标系下，旋转坐标系的 d 轴与定子磁链矢量重合，此时定子磁链方程式(2-20) 可以简化为

$$\begin{cases} \psi_s^d = L_s i_s^d + L_M i_r^d = \psi_s \\ \psi_s^q = L_s i_s^q + L_M i_r^q = 0 \end{cases} \tag{3-1}$$

⊖ 一般而言，变速恒频风力发电系统的控制分为电机控制系统、桨距控制系统以及主控系统，本书如无特殊指出，则所说的风电控制系统特指其电机控制系统。

⊖ 关于磁链定向和电压定向的关系，有不同的理解，主要有：①认为磁链定向即为 d 轴与磁链矢量重合，电压定向即为 q 轴与电压矢量重合，这种理解是基于磁链矢量和电压矢量真实物理关系的，从而对同一物理系统在两种定向方式下能够获得一致的数学描述；②认为磁链定向即为 d 轴与磁链矢量重合，电压定向即为 d 轴与电压矢量重合，这种理解认为某矢量定向即 d 轴与某矢量重合，从定向本身的定义上统一两种定向方式，在这种理解下同一物理系统在两种定向方式下获得的数学模型是不一致的，如在磁链定向下 q 轴电流为有功电流，则电压定向下 d 轴电流为有功电流。上述两种理解无对错之分，并不影响被定向物理系统的物理关系和物理行为。为避免歧义，本书在后续建立模型和推导算法的过程中，会直接指明 dq 轴电压/磁链的分布情况。

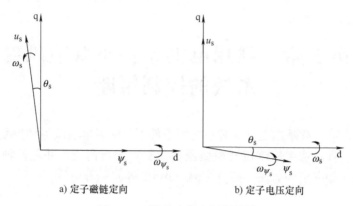

a) 定子磁链定向   b) 定子电压定向

图 3-1　双馈发电机空间矢量图

将式(3-1)代入双馈电机电压方程式(2-19)中，有

$$
\begin{cases}
u_s^d = R_s i_s^d + p\psi_s^d \\
u_s^q = R_s i_s^q + \omega_{\psi_s}\psi_s^q \\
u_r^d = R_r i_r^d + p\psi_r^d - (\omega_{\psi_s} - \omega_r)\psi_r^q \\
u_r^q = R_r i_r^q + p\psi_r^q + (\omega_{\psi_s} - \omega_r)\psi_r^d
\end{cases}
\tag{3-2}
$$

由于采用定子磁链定向，dq 坐标系旋转角速度与定子磁链的角频率 ω_{ψ_s} 相一致。稳态时，定子磁链的频率与电网频率相一致，但在暂态过程中，两者将会出现偏差。设定子电压矢量领先定向坐标系 q 轴的角度为 θ_s，可得到定子电压方程为

$$
\begin{cases}
u_s^d = -U_s\sin\theta_s \\
u_s^q = U_s\cos\theta_s
\end{cases}
\tag{3-3}
$$

由式(3-2)中定子 q 轴电压可得到定向坐标系的旋转速度为

$$
\omega_{dq} = \omega_{\psi_s} = (u_s^q - R_s i_s^q)/\psi_s^q
\tag{3-4}
$$

旋转坐标系的运动方程为

$$
p\theta_s = \omega_s - \omega_{\psi_s}
\tag{3-5}
$$

式(3-1)~式(3-5)组成了定子磁链定向 dq 坐标系下双馈发电机的四阶电磁动态模型，将式(3-1)代入双馈发电机的电磁转矩方程和无功功率方程，可得到

$$
T_e = -n_p L_M \psi_s i_r^q / L_s
\tag{3-6}
$$

$$
Q_s = \omega_{\psi_s}\psi_s(\psi_s - L_M i_r^d)/L_s
\tag{3-7}
$$

由式(3-6)、式(3-7)可知，若保持定子磁链幅值和角频率恒定，则转子电流 q 轴分量与发电机电磁转矩呈线性关系，而转子电流 d 轴分量与发电机无功功率呈线性关系，通过调节转子电流 d、q 分量可实现对双馈发电机电磁转矩和无功功率

的解耦控制。

可以看出，采用定子磁链定向可实现双馈发电机的完全解耦控制，但这是以定子磁链幅值和相位的准确观测为前提的，为此需要设计复杂的磁链观测算法。定子磁链观测有多种方法，其中以采用忽略定子电阻的电压模型进行观测的方法最为常用，本节后续会讨论相关内容。

与定子磁链相比，定子电压的相位信息更容易准确获得，因此可以采用定子电压定向方式，取旋转坐标系的 q 轴与定子电压矢量重合，得到

$$\begin{cases} u_s^d = 0 \\ u_s^q = U_s \end{cases} \tag{3-8}$$

由于并网后定子电压与电网电压一致，因此正常运行时定子电压定向旋转坐标系的旋转速度恒等于电网角频率[⊖]。

$$\omega_{dq} = \omega_s = \omega_1 \tag{3-9}$$

此时双馈发电机电磁转矩和无功功率为

$$T_e = -n_p L_M (\psi_s^d i_r^q - \psi_s^q i_r^d)/L_s \tag{3-10}$$

$$Q_s = U_s i_s^d = U_s (\psi_s^d - L_M i_r^d)/L_s \tag{3-11}$$

其中定子磁链为

$$\psi_s^d = (U_s - R_s i_s^q + p\psi_s^q)/\omega_1$$

$$\psi_s^q = (R_s i_s^d + p\psi_s^d)/\omega_1$$

可以看出，电磁转矩和无功功率与转子 d、q 轴电流均有关系，双馈发电机不能实现解耦控制。但是考虑到双馈电机在正常工作时，电网电压稳定，定子磁链波动较小，且定子电阻压降与电网电压相比可以忽略，由此可对式(3-10)、式(3-11)近似求解，得到

$$T_e \approx -n_p L_M \psi_s i_r^q/L_s \tag{3-12}$$

$$Q_s \approx U_s (\psi_s - L_M i_r^d)/L_s \tag{3-13}$$

综上，从解耦控制效果来看，定子磁链定向矢量控制可以实现双馈电机的完全解耦控制，而定子电压定向矢量控制必须依据工程经验做出一定近似后，才能实现对电机电磁转矩和无功功率的解耦控制，当这些假设条件不能被满足，如电网电压波动较大或定子电阻上压降不能被忽略时，有功、无功解耦控制将会失效。

从定向角度观测难度来看，观测定子磁链相位要比观测定子电压相位困难很多，计算量更大，算法更复杂，但是当电网电压出现突变时，特别是对于电网电压很低，甚至为零的特殊工况，定子电压定向控制系统将会失效，而定子磁链与电流相关，不会发生突变，此时控制系统可以采用定子磁链作为定向矢量。

⊖ 基于这一结论，本书后续分析过程中，对于并网运行的双馈电机，有时将不再明确区分 ω_s 和 ω_1，以及定子电压 u_s^{abc} 和电压 e_g^{abc} 等。

从并网过程来看，双馈发电机在并网之前需要进行励磁建压，待定子电压与电网电压同步后方可并网，若采用定子磁链定向矢量控制，则为实现定子电压与电网电压的同步，需要设计定子磁链幅值和相位的控制策略，这与并网后的功率控制是不一样的，由此造成算法复杂，且并网前后的控制策略需要切换。而对于定子电压定向系统，若将定向用的定子电压替换成电网电压，则可以方便地实现并网前定子电压的同步过程，完成并网操作，且并网前后控制策略一致，不需要切换。

因此，定子电压定向适用于正常电网工况下的双馈发电机控制，而定子磁链定向更适合电网异常时的系统分析和控制。

双馈发电机矢量控制对于电磁转矩和无功功率的控制是通过对转子电流的闭环调节完成的。

将式(2-20) 代入式(2-19) 整理得到双馈电机转子绕组电压方程为

$$\begin{cases} u_r^d = R_r i_r^d + \sigma L_r p i_r^d - \omega_{sl}\psi_r^q + \dfrac{L_M}{L_s}p\psi_s^d \\[2mm] u_r^q = R_r i_r^q + \sigma L_r p i_r^q + \omega_{sl}\psi_r^d + \dfrac{L_M}{L_s}p\psi_s^q \end{cases} \tag{3-14}$$

当采用定子电压定向时，$\omega_{dq} = \omega_s = \omega_1$；当采用定子磁链定向时，$\omega_{dq} = \omega_{\psi_s}$。电网电压稳定时，可认为定子磁链的微分项为零，简化后的转子绕组电压方程为

$$\begin{cases} u_r^d = R_r i_r^d + \sigma L_r p i_r^d + E_r^d \\[2mm] u_r^q = R_r i_r^q + \sigma L_r p i_r^q + E_r^q \end{cases} \tag{3-15}$$

其中，$E_r^d = -\omega_{sl}\psi_r^q$、$E_r^q = \omega_{sl}\psi_r^d$ 为转子 d、q 轴电流的交叉耦合项，可将其看作是外界对电机转子绕组的电压扰动。

为减小 E_r^{dq} 对转子电流控制闭环的扰动，可采用加入前馈补偿项 $u_{rc}^{dq} = E_r^{dq}$ 的方法，根据式(3-15) 可得转子电流闭环控制器输出为

$$\begin{cases} u_r^{d*} = C_{ri}^d(i_r^{d*} - i_r^d) + u_{rc}^d \\[2mm] u_r^{q*} = C_{ri}^q(i_r^{q*} - i_r^q) + u_{rc}^q \end{cases} \tag{3-16}$$

式中 C_{ri}^d、C_{ri}^q——转子电流环 d、q 轴 PI 控制器；

i_r^{d*}、i_r^{q*}——转子 d、q 轴电流参考值；

u_r^{d*}、u_r^{q*}——机侧变换器 d、q 轴输出控制电压参考值。

注意：上角标"*"表示当前物理量的参考值，本书后续如无特殊说明，均采用这一表达方法。

由于电磁转矩的准确观测比较困难，因此在双馈风力发电机中通常采用开环控制策略。由式(3-12) 可知，转子电流 q 轴电流与电磁转矩呈线性关系，可以得到

$$i_r^{q*} = -L_s T_e^* / (n_p L_M \psi_s) \tag{3-17}$$

由于采用电动机惯例定义各电量的正方向，双馈电机在做发电运行时，$T_e^* < 0$，对应 $i_r^{q*} > 0$。

由式 (3-13) 可得到定子无功和转子 d 轴电流给定值之间的关系为

$$i_r^{d*} = \psi_s / L_M - Q_s^* L_s / (U_s L_M) = i_{ms} - Q_s^* L_s / (U_s L_M) \qquad (3-18)$$

当双馈发电机单位功率因数运行时，无功功率给定值为 0，得到此时的转子 d 轴电流的给定值为

$$i_r^{d*} = i_{ms} \qquad (3-19)$$

由以上分析可以得到采用定子电压定向矢量控制的双馈发电机系统框图如图 3-2 所示，其中调节器采用 PI 调节器。由控制算法得到的转子电压参考值经过 PWM，驱动转子侧变流器输出，实现对转子电流的控制。

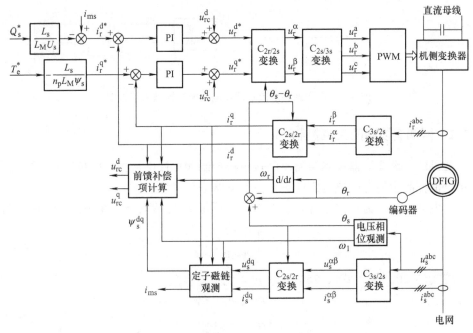

图 3-2　定子电压定向双馈发电机矢量控制系统框图

图 3-3 为采用定子磁链定向矢量控制策略的双馈发电机系统的框图，与图 3-2 不同之处仅在于由于坐标变换的定向角度和旋转角速度的获取方式不一样：定子电压定向系统通过对电网电压进行观测获得定向信息，而定子磁链定向系统通过对定子磁链进行观测获取定向信息。为尽可能获得准确的前馈补偿项，定子电压定向也需要对定子磁链的 d、q 分量进行准确观测，但由于转子电流闭环控制能够对补偿不准确的扰动部分起到抑制作用，因此定子电压定向系统对磁链的观测精度要求不高。

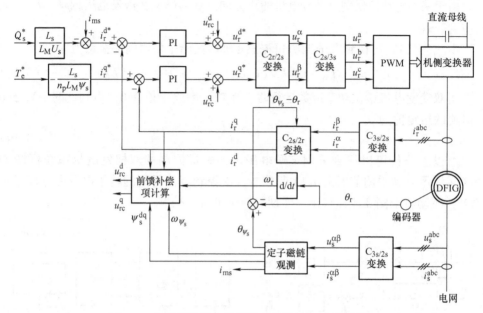

图 3-3　定子磁链定向双馈发电机矢量控制系统框图

3.1.2　网侧变换器的矢量控制

常见的网侧变流器控制策略有间接电流控制和直接电流控制两种，本文主要就直接电流控制中的电网电压定向矢量控制策略进行讨论。

以电网电压作为定向坐标系参考矢量，可得到 dq 旋转坐标系下的电网电压为

$$\begin{cases} e_g^d = E_g \\ e_g^q = 0 \end{cases} \tag{3-20}$$

将式(3-20) 代入式(2-25) 中，可得到

$$\begin{cases} P_g = e_g^d i_g^d \\ Q_g = -e_g^d i_g^q \end{cases} \tag{3-21}$$

此时，交流侧电流 d 轴分量与变换器有功功率成比例，交流侧电流 q 轴分量与变换器无功功率成比例，对 d、q 轴电流分别控制即可实现对网侧变换器有功、无功功率的解耦控制。

由直流母线动态方程式(2-26) 可知，在转子功率不变时，增大网侧变换器输入有功功率向直流母线电容充电，可升高直流母线电压；而减小网侧变换器输入有功功率，为保持能量平衡，直流母线将会放电，对应直流电压下降，因此调节网侧变换器有功功率给定可以实现对直流母线电压的控制。

由同步旋转 dq 坐标系下网侧滤波器的动态方程式(2-24) ，可以得到

$$\begin{cases} u_g^d = R_g i_g^d + L_g p i_g^d + E_g^d \\ u_g^q = R_g i_g^q + L_g p i_g^q + E_g^q \end{cases} \tag{3-22}$$

其中，$E_g^d = -\omega_1 L_g i_g^q + E_g$、$E_g^q = \omega_1 L_g i_g^d$ 为交流侧 d、q 轴电流的交叉耦合项。

由式(3-22) 可以得到网侧电流闭环控制器的输出电压为

$$\begin{cases} u_g^{d*} = C_{gi}^d(i_g^{d*} - i_g^d) + u_{gc}^d \\ u_g^{q*} = C_{gi}^q(i_g^{q*} - i_g^q) + u_{gc}^q \end{cases} \tag{3-23}$$

其中，C_{gi}^d、C_{gi}^q 为网侧电流环 d、q 轴 PI 控制器，i_g^{d*}、i_g^{q*} 为网侧 d、q 轴电流参考值，u_g^{d*}、u_g^{q*} 为网侧变换器 d、q 轴输出控制电压参考值，$u_{gc}^d = E_g^d$、$u_{gc}^q = E_g^q$ 为网侧变换器 d、q 轴输出控制电压的前馈补偿项。

由式(2-26) 得

$$P_g = C u_{dc} p u_{dc} = -u_{dc} i_{dc} - \Delta P \tag{3-24}$$

其中，在背靠背系统中可以估算得到 ΔP，记作 $\Delta \hat{P}$，则直流母线电压环控制器输出为

$$P_g^* = u_{dc} C_{udc}(u_{dc}^* - u_{dc}) - \Delta \hat{P} \tag{3-25}$$

其中，C_{udc} 为直流母线电压环 PI 控制器，P_g^* 为网侧有功功率参考值，其与 i_g^{d*} 的关系由式(3-21) 给出。

由式(3-21)，网侧无功功率参考值与 q 轴网侧电流给定值之间的关系为

$$i_g^{q*} = -Q_g^*/E_g \tag{3-26}$$

由上述分析可得到基于 PI 调节器的电网电压定向网侧变换器矢量控制系统的框图如图 3-4 所示。

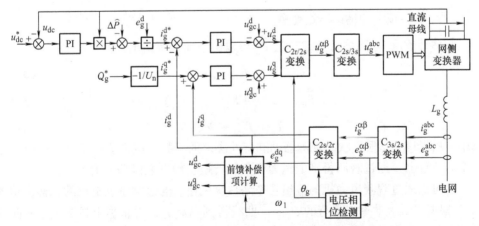

图 3-4　电网电压定向网侧变换器矢量控制系统框图

3.1.3 MPPT 控制

在变速恒频风电系统中，通常需要 MPPT 控制以捕获尽可能多的风能。MPPT 控制可以通过控制风力机系统或者控制发电机系统来实现。风力机系统一般看做发电机控制系统的外环控制，其响应时间比较大，所以大多情况下系统的 MPPT 控制是通过发电机控制系统来实现。MPPT 具体实现主要分以下几种情况：

1）在预先知道风力机的功率特性曲线并且风速可以测量的情况下，可以把风力机的风速-转速和最优功率 P_{opt} 的关系以列表数据的方式预先存储在微控制器芯片中；反馈的实际转速 ω_r 与查表得到的转速指令 ω_r^* 之差经过调节器处理后，获得发电机的转矩电流指令信号 i_r^*。另外，还可以根据风力机的最优功率曲线，通过直接给定发电机的功率或者转子转矩电流进行控制。

2）如果预先知道风力机的功率特性曲线，而风速的测量存在着一定困难或者无法测量，可通过估算风力机输出的转矩或者功率，然后根据风力机特性曲线得到估算风速。

一般地，可以根据电机机械方程，采用标准变量法设计负载转矩观测器如下：

$$p\begin{bmatrix} \widetilde{\omega}_r \\ \widetilde{T}_{aux} \end{bmatrix} = \begin{bmatrix} 0 & 1/J \\ 0 & 0 \end{bmatrix} \begin{bmatrix} \widetilde{\omega}_r \\ \widetilde{T}_{aux} \end{bmatrix} - \begin{bmatrix} p_n i_{ms} L_M^2 / JL_s \\ 0 \end{bmatrix} i_r^q \tag{3-27}$$

$$\begin{bmatrix} \widetilde{\omega}_r \end{bmatrix} = \begin{bmatrix} 1 & 0 \end{bmatrix} \begin{bmatrix} \widetilde{\omega}_r \\ \widetilde{T}_{aux} \end{bmatrix} \tag{3-28}$$

式中 $\widetilde{\omega}_r$ ——预测的发电机转速；

$\widetilde{T}_{aux}$ ——预测的辅助转矩变量。

则估计速度 $\widehat{\omega}_r$ 和估计负载转矩 $\widehat{T}_m$ 可以由下面式子给出：

$$\widehat{\omega}_r = \widetilde{\omega}_r + K_1(\omega_r - \widetilde{\omega}_r) \tag{3-29}$$

$$\widehat{T}_{aux} = \widetilde{T}_{aux} + K_2(\omega_r - \widetilde{\omega}_r) \tag{3-30}$$

$$\widehat{T}_m = \widehat{T}_{aux} + B\omega_r \tag{3-31}$$

其中，K_1 和 K_2 是根据状态观测器动态特性决定的系数。该方法把发电机机组当作一个风速仪器，通过观测得到的风力机负载转矩获得发电机功率指令。

也可以通过观测风力机的输出功率来估算风速。通过测量发电机的总输出功率 P_T 并根据在最大效率点运行的 $P_T - I_c$ 曲线得到电流 I_c，再根据电机的 $I_c - \eta$ 曲线得到对应的效率 η，因此风力机的输出功率 $P_{wt} = P_T/\eta$，根据下面的方程：

$$P_{wt} = \frac{1}{2}\pi\rho C_p(\lambda) R^5 \frac{\Omega_t^3}{\lambda^3} \tag{3-32}$$

解方程式(3-32) 的有效根代入 $\lambda = \dfrac{\Omega_t R}{v}$ 就可以得到风速。这种估算风速的办法不需要对机器参数具有很强的鲁棒性，但是需要迭代计算尖速比，计算量大，其估计风速的准确程度受到预设的 $P_T - I_c$ 曲线以及 $I_c - \eta$ 曲线的影响。

3）如果预先不知道风力功率曲线也无法测量风速的情况下，可通过峰值功率寻优的方法实现 MPPT 控制，该方法不需要预先知道风力机的风速-转速和最优功率的关系，不依靠风力机的参数以及空气的密度，在 $P - \omega$ 曲线上 $dP/d\omega$ 为零的点就是最大功率点，据此可以快速寻找到最优的功率点。为了改善固定速度步长转速波动以及对风速变化响应过慢的缺点，可采用变步长寻优算法，其速度给定的步长由下面的式(3-33) 决定：

$$\mathrm{d}\omega_g = K_{\mathrm{MPPT}}\mathrm{d}P_W/\mathrm{d}\omega_g \tag{3-33}$$

其中，K_{MPPT} 是速度给定的步长系数，可以调整跟踪算法的稳定性，由于发电机的机械时间的因素，速度给定的变化不能过大，一般速度给定的变化要限制在 $\Delta\omega_{\max} = T_{\max}\mathrm{d}T/J$ 的范围之内，其中，$T_{\max}$ 是发电机的最大机械转矩，$\mathrm{d}T$ 是速度环的周期，J 为转动惯量。

3.1.4 双馈电机定子磁链观测

在定子磁链定向的双馈风力发电控制系统中，双馈发电机定子磁链的观测具有非常重要的作用，准确的定子磁链观测将直接关系到系统控制性能。

为了得到准确的磁链信息，早期曾使用过在电机内埋设线圈或敷设磁敏元件的方案，这种直接测量的方法不但工艺复杂，而且会受到电机齿槽的影响。现在的实际系统基本上都是采用计算的方法，即根据检测的电压、电流、转子转速等物理量，利用电机方程，实时计算出磁链的大小。磁链的计算方法通常可以分成两种：一是通过电机磁链方程直接计算，在使用这些方法时，采样误差和电机参数误差都会直接影响磁链估算的精度；二是使用观测器方法构成的闭环辨识，利用电机的状态方程，构造出电机的状态观测器，使用观测器方法可以很好地抑制各种误差，并可以通过调节增益矩阵加快观测器的收敛速度。

目前双馈发电机的定子磁链观测方法主要是开环方法。

第一种方法是采用电流模型的方法。因为双馈电机的定子电流和转子电流都可以直接测量，那么由双馈电机的磁链方程可知：

$$\boldsymbol{\psi}_s = L_s \boldsymbol{i}_s + L_m \boldsymbol{i}_r \tag{3-34}$$

式中 $\boldsymbol{\psi}_s$——定子坐标系下的定子磁链矢量；

i_s、i_r——定、转子电流矢量。

从上述方程可知只需要通过检测定子和转子电流，就可以获得定子磁链。但是这种方法观测定子磁链会受到定子自感以及互感参数准确程度的影响。

第二种方法是采用忽略定子电阻的电压模型的方法。因为定子绕组直接和电网相连接，那么定子电阻上压降和电网电压相比而言很小，可以忽略，则在稳态条件下有下面的方程成立：

$$u_s = j\omega_s \boldsymbol{\psi}_s \tag{3-35}$$

式中　u_s——定子电压矢量。

因此，只需要检测电机定子侧电压就可以计算出双馈电机的定子磁链，这是目前使用得最广泛的方法，但是在电网电压出现波动的情况下，不能很好地观测定子磁链。

第三种方法是采用纯电压模型的方法，即将定子反电动势积分的办法。由双馈电机的电压方程可知：

$$\boldsymbol{\psi}_s = \int (u_s - R_s i_s) \, dt \tag{3-36}$$

使用纯电压模型观测定子磁链方法也比较简单，和上面的电流模型相比较，使用的电机参数少，对参数的鲁棒性高。但是纯电压模型的方法也有其不足之处：由于没有任何矫正机制，导致当电压、电流和定子电阻产生检测误差或计算误差时，将通过积分产生一个漂移，特别是当电网三相电压突然跌落，此时使用纯积分方法观测磁链将产生更加严重的积分漂移问题。如果能消除这些积分漂移量将使定子磁链观测准确。消除直流量最简单的方法就是让积分结果通过一个高通滤波器，如图3-5所示，图中 e_s 是定子反电势矢量。

高通滤波法可以用式子表示如下

$$\boldsymbol{\psi}_s = \frac{u_s - R_s i_s}{s} \frac{\tau s}{1 + \tau s} \tag{3-37}$$

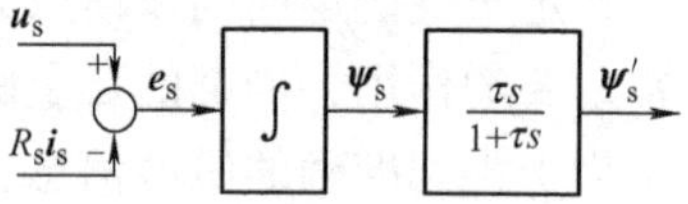

图3-5　高通滤波法观测定子磁链

其中，截止频率 $\omega_c = 1/\tau$，τ 是滤波时间常数。

经过高通滤波器后，积分漂移量基本被消除，系统可以稳定运行。

进一步研究发现，虽然使用高通滤波器有效地消除了积分漂移，但是却带来了观测磁链与实际的磁链相比幅值变小、相位超前的新问题。为了补偿由高通滤波造成的幅值衰减和相位超前，这里采用一种改进电压模型的方法来观测定子磁链，在这种方法中，将积分环节和低通滤波器结合起来进行定子磁链的观测，具体如下：

$$y = \frac{1}{s + \omega_c} x + \frac{\omega_c}{s + \omega_c} z \tag{3-38}$$

式中　y——积分环节的输出；

x——积分环节的输入；

z——补偿信号；

ω_c——截止频率。

从式(3-38)中可以发现 z 分别取 0 或 y 时，改进积分环节可分别视为低通环节和纯积分环节。因此适当地调整补偿量，可以使此改进型积分环节起到介于纯积分环节和一阶惯性环节之间的作用。

在两维正交静止坐标系下采用上述磁链观测器，其结构如图 3-6 所示。

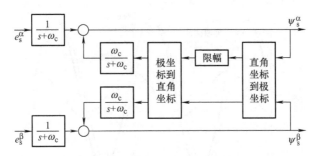

图 3-6　改进电压模型法的结构图

图 3-6 中，e_s^α 和 e_s^β 分别为两维正交静止坐标系轴上的定子反电动势，作为磁链观测器的输入。ψ_s^α、ψ_s^β 作为输出，分别为两维正交静止坐标系轴上的观测磁链。从图中可以看出首先通过高通滤波法得到定子磁链 ψ_{sh}，定子磁链输出通过低通滤波器得到 ψ_{sl}，最后 ψ_{sh} 与 ψ_{sl} 相加得到本周期的定子磁链 $\widehat{\psi_s}$。因此改进电压模型可以用下式表示：

$$\psi_s(n) = \frac{u_s - R_s i_s}{s + \omega_c} + \frac{\omega_c}{s + \omega_c}\psi_s(n-1) \tag{3-39}$$

因为电机的控制周期很短，这种情况下，可以假设 $\psi_s(n) \approx \psi_s(n-1)$，因此有：

$$\psi_s(n) = \frac{u_s - R_s i_s}{s}\frac{s}{s + \omega_c} + \frac{\omega_c}{s + \omega_c}\psi_s(n-1) \approx \psi_s(n)\frac{s + \omega_c}{s + \omega_c} = \psi_s(n)$$

所以，改进电压模型从理论上可以观测到与真实磁链幅值和相位相同的定子磁链，在定子磁链定向的双馈异步风力发电系统中，在电压矢量连续变化的情况下，定子磁链也连续变化，$\psi_s(n) \approx \psi_s(n-1)$ 成立，因此在理论上改进电压模型得到准确的定子磁链。

图 3-7 为采用改进电压模型的矢量合成图，图中，u_s 是定子电压矢量，e_s 是定子反电势矢量，i_s 是定子电流矢量。

图 3-8 是采用改进电压模型方法得到的定子磁链观测值和其真实值比较，图中同时给出了对反电动势采用高通滤波法得到的定子磁链的波形（即改进电压模型方法中低通滤波后的磁链波形）。从图中可以看出，采用高通滤波法观测出来的定子磁链比较接近磁链的真实值，但是磁链的相位有一定的超前，幅值也变小了，而经过闭环反馈补偿以后，磁链的观测值和真实值在相位和幅值上一致。

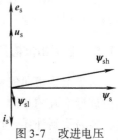

图 3-7　改进电压模型矢量图

图 3-9 是采用改进电压模型方法得到的两相定子磁链观测值和真实值比较图。图中，定子磁链的真实值和观测值之间非常吻合。

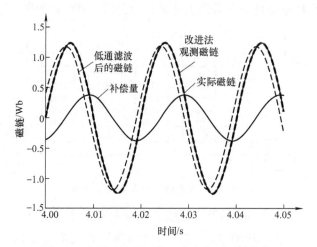

图 3-8   定子磁链观测值、真实值以及补偿值

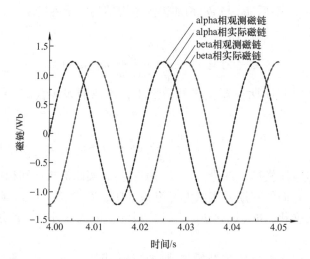

图 3-9   两相定子磁链真实值和观测值

上述仿真结果表明，本节所采用的基于改进电压模型定子磁链的观测方法是可行的，可以准确地观测双馈风力发电机的定子磁链。

3.1.5   电压相位检测

对于电压定向矢量控制系统，为取得良好的控制性能，需要对定向电压矢量的相位进行准确的观测。采用硬件锁相环的办法测量精度高，但是可靠性低，成本高，容易受到外界干扰，为此常常采用软件算法对电压相位进行检测。常用的软件算法有直接计算法和软件锁相环两种。

3.1.5.1　直接计算法

三相电压采用 3/2 变换后，可得到静止 αβ 坐标系下的电压矢量，将其由直角坐标描述改为极坐标系描述，有：

$$U = \sqrt{(u^\alpha)^2 + (u^\beta)^2}$$
$$\angle \boldsymbol{u} = \theta \tag{3-40}$$

其中电压相位为

$$\sin\theta = u^\beta / U$$
$$\cos\theta = u^\alpha / U$$

直接计算法为一种开环观测方法，可准确获得瞬时电压矢量的相位信息，计算量小，不需要设计调节器，但观测结果容易受到电压检测精度和谐波干扰的影响。

3.1.5.2　软件锁相环

为在电网电压受到干扰时准确获得其基波的相位信息，可以采用三相软件锁相环（Phase Lock Loop，PLL）的算法对电压相位进行观测，锁相环观测器的结构如图 3-10 所示。

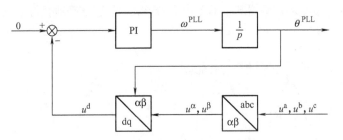

图 3-10　三相软件锁相环结构框图

采用锁相环输出相位进行旋转变换得到的 dq 坐标系与电压矢量的关系如图 3-11 所示，其中电压矢量以固定频率 ω 旋转，而 dq 坐标系以锁相环输出频率 ω^{PLL} 旋转。当 $\theta^{\text{PLL}} < 90°$ 时，$u^\text{d} > 0$，$-u^\text{d}$ 作为锁相环调节器的输入，使得 ω^{PLL} 减小，dq 坐标系旋转变慢，θ^{PLL} 增大；当 $\theta^{\text{PLL}} > 90°$ 时，$u^\text{d} < 0$，ω^{PLL} 增大，θ^{PLL} 减小。最终系统会稳定在 $\theta^{\text{PLL}} = 90°$，此时电压矢量与 q 轴完全重合的，锁相环输出的相位和频率与电压的相位和频率一致。

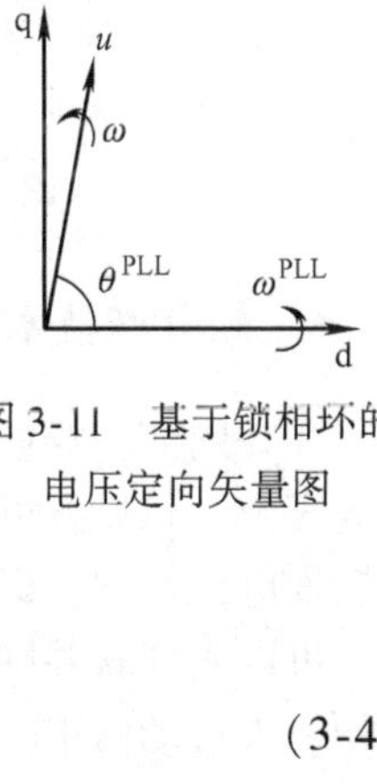

图 3-11　基于锁相环的电压定向矢量图

定义中间变量 x^{PLL}，则三相软件锁相环的二阶动态模型为

$$px^{\text{PLL}} = -u^\text{d}$$
$$p\theta^{\text{PLL}} = \omega - \omega^{\text{PLL}} \tag{3-41}$$

其中锁相环观测到的频率为

$$\omega^{\text{PLL}} = -K_\text{p}^{\text{PLL}} u^\text{d} + K_\text{i}^{\text{PLL}} x^{\text{PLL}}$$

锁相环正常运行时，$\theta^{\mathrm{PLL}} = 90°$，在该工作点对锁相环动态模型进行局部线性化，有

$$p\Delta x^{\mathrm{PLL}} = U\Delta\theta^{\mathrm{PLL}}$$

$$p\Delta\theta^{\mathrm{PLL}} = \Delta\omega - \Delta\omega^{\mathrm{PLL}} \tag{3-42}$$

由式（3-42）可得到三相锁相环小信号模型的传递函数框图如图 3-12 所示，其中 θ' 为锁相环观测到的电压相位，θ 为实际的电压相位。

锁相环相位跟踪闭环传递函数为

$$G^{\mathrm{PLL}} = \frac{\Delta\theta'}{\Delta\theta} = \frac{U(K_{\mathrm{p}}^{\mathrm{PLL}}p + K_{\mathrm{i}}^{\mathrm{PLL}})}{p^2 + U(K_{\mathrm{p}}^{\mathrm{PLL}}p + K_{\mathrm{i}}^{\mathrm{PLL}})} \tag{3-43}$$

锁相环 PI 调节器参数与相位观测动态特性的关系为

$$K_{\mathrm{p}}^{\mathrm{PLL}} = 2\delta/U \tag{3-44}$$

$$K_{\mathrm{I}}^{\mathrm{PLL}} = U_{\mathrm{I}}(K_{\mathrm{p}}^{\mathrm{PLL}})^2/(4\zeta^2) \tag{3-45}$$

采用直接计算法和软件锁相环

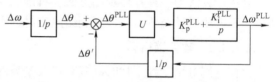

图 3-12　三相软件锁相环传递函数框图

分别对同一个受干扰的电网电压进行相位观测，得到的实验结果如图 3-13 所示，与直接计算法相比，锁相环观测器基本不受扰动的影响，能够准确地获得电压相位信息。

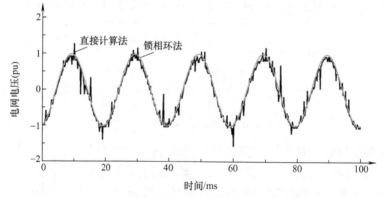

图 3-13　电压检测受干扰时两种相位观测算法效果对比

3.1.6　软并网技术

在并网前，双馈发电机需要控制定子电压与电网电压在幅值、频率、相位、相序等完全一致后方可并网。采用图 3-2 所述电压定向矢量控制策略可以方便地实现双馈发电机并网，但该方法是一种开环算法，仅在电机参数和转子位置检测准确时，可以实现软并网，当电机互感参数和转子位置检测有误时，则存在并网失败的可能。为自动修正存在的误差，需要对定子电压的幅值和相位进行闭环控制。

并网前，定子电流为零，电网电压定向双馈发电机系统的定子电压动态方程为

$$u_{\mathrm{s}}^{\mathrm{d}} = L_{\mathrm{M}}pi_{\mathrm{r}}^{\mathrm{d}} - \omega_1 L_{\mathrm{M}}i_{\mathrm{r}}^{\mathrm{q}} \tag{3-46}$$

$$u_s^q = L_M p i_r^q + \omega_1 L_M i_r^d \tag{3-47}$$

稳态时，若 $u_s^q = E_g$ 且 $u_s^d = 0$，则表示定子电压与电网电压实现同步，系统满足并网条件，此时转子电流稳态值 $i_r^q = 0$，$i_r^d = E_g/(\omega_1 L_M)$。可见并网前只要令 $i_r^{q*} = 0$，$i_r^{d*} = i_{ms}$ 就可以控制双馈发电机满足并网条件。但是由于计算 i_{ms} 时需要用到电机互感，若该参数不准，并网前定子电压幅值将与电网电压不一致，此时强行并网会引起很大的电流冲击。

由式（3-47）可知，稳态时定子电压的幅值与 i_r^{d*} 呈线性关系，因此对 i_r^{d*} 进行补偿就可以消除由参数 L_M 不准造成的定子电压幅值控制误差，据此可设计定子电压幅值闭环控制的框图如图 3-14 所示。

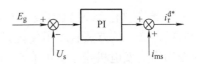

图 3-14　定子电压幅值闭环控制框图

对定子电压的相位控制又赖于转子位置检测的准确性。双馈电机转子位置一般是从增量式光电编码器获得的，转子的绝对位置 θ_r 等于编码器初始位置 θ_{r0} 与从增量式编码器获得的位置增量 $\Delta\theta_r$ 的叠加，但是由于编码器初始位置不易获得，造成定子电压的相位并网条件有可能无法得到满足。为此可以设计如图 3-15 所示的转子位置角补偿器，将电网电压与定子电压的相位差作为回馈信号，用于对转子位置角初始值误差进行补偿。补偿结果与从增量式编码器获得的转子位置增量 $\Delta\theta_r$ 相加后，得到真实的转子绝对位置信息。

定子电压相位闭环控制算法需要同时对定子电压和电网电压的相位进行检测。但是在并网前，转子侧变流器输出 PWM 电压谐波在电机互感和转子漏感之间分压，定子电压的谐波成分较大，图 3-16 为实际检测到的并网前的定子

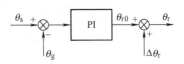

图 3-15　定子电压相位闭环控制框图

电压。可以看出，此时的定子电压含有开关频率的谐波成分，要获得其准确的相位信息，只能采用软件锁相环算法。

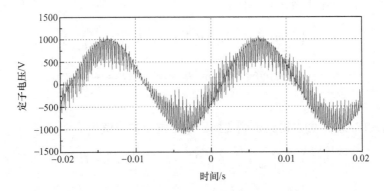

图 3-16　并网前定子电压波形

在定子电压幅值、相位闭环控制达到稳态后，就可以将双馈发电机并入电网。并网后，定子相位闭环控制器将不再工作，其输出作为常数补偿转子位置检测；定子电压闭环控制可以继续工作，通过控制风力发电机输出的无功功率来调节机端电压，实现对电网电压的无功支撑。

3.2 双馈发电机直接功率控制策略

本节将讨论双馈风力发电机的定子侧直接功率控制（Direct Power Control，DPC）方法。该方法省去了传统矢量控制方法中的电流内环，通过单闭环结构直接对双馈风力发电机定子侧的有功和无功功率进行控制，具有控制器数量少、控制结构简单、动态响应快等特点。

3.2.1 基于 PI-SVM 的定子侧功率直接闭环控制

在定子电压定向的同步旋转坐标系中，在忽略定子电阻的情况下，则有

$$
\begin{cases}
\psi_s^d = 0 \\
\psi_s^q = -u_s^d / \omega_1 = -e_g^d / \omega_1
\end{cases} \tag{3-48}
$$

将式(3-8)、式(3-9) 和式(3-48) 代入式(2-19)、式(2-20) 和式(2-22)，整理得到

$$
\begin{cases}
u_r^d = -\dfrac{L_s(R_r + \sigma L_r p)}{L_M} i_s^d + \dfrac{\omega_{sl} \sigma L_s L_r}{L_M} i_s^q - \dfrac{\omega_{sl} L_r}{\omega_1 L_M} e_g^d \\[3mm]
u_r^q = -\dfrac{\omega_{sl} \sigma L_s L_r}{L_M} i_s^d - \dfrac{L_s(R_r + \sigma L_r p)}{L_M} i_s^q + \dfrac{R_r}{\omega_1 L_M} e_g^d
\end{cases} \tag{3-49}
$$

双馈电机定子侧功率可以表述为

$$
\begin{cases}
P_s = u_s^d i_s^d + u_s^q i_s^q = e_g^d i_s^d \\
Q_s = u_s^q i_s^d - u_s^d i_s^q = -e_g^d i_s^q
\end{cases} \tag{3-50}
$$

由式(3-49) 和式(3-50) 可知

$$
\begin{cases}
u_r^d = m(R_r + \sigma L_r p) P_s + m \omega_{sl} \sigma L_r Q_s - \dfrac{\omega_{sl} L_r}{\omega_1 L_M} e_g^d \\[3mm]
u_r^q = m \omega_{sl} \sigma L_r P_s - m(R_r + \sigma L_r p) Q_s + \dfrac{R_r}{\omega_1 L_M} e_g^d
\end{cases} \tag{3-51}
$$

其中，$m = -L_s u_g / L_M$。

根据式(3-51) 可以得到机侧变换器输出电压参考值为

$$
\begin{cases}
u_r^{d*} = \left(K_{p\_sp}^d + \dfrac{K_{i\_sp}^d}{p} \right)(P_s^* - P_s) + m \omega_{sl} \sigma L_r Q_s + u_{rc}^d \\[3mm]
u_r^{q*} = \left(K_{p\_sp}^q + \dfrac{K_{i\_sp}^q}{p} \right)(Q_s^* - Q_s) + m \omega_{sl} \sigma L_r P_s + u_{rc}^q
\end{cases} \tag{3-52}
$$

其中，$K_{\mathrm{p\_sp}}^{\mathrm{d}}$ 和 $K_{\mathrm{i\_sp}}^{\mathrm{d}}$ 分别为有功功率环 PI 控制器比例和积分系数，$K_{\mathrm{p\_sp}}^{\mathrm{q}}$ 和 $K_{\mathrm{i\_sp}}^{\mathrm{q}}$ 分别为无功功率环 PI 控制器比例和积分系数，$u_{\mathrm{rc}}^{\mathrm{d}} = -\omega_{\mathrm{s1}} L_{\mathrm{r}} e_{\mathrm{g}}^{\mathrm{d}} / \omega_1 L_{\mathrm{M}}$ 和 $u_{\mathrm{rc}}^{\mathrm{q}} = R_{\mathrm{r}} e_{\mathrm{g}}^{\mathrm{d}} / \omega_1 L_{\mathrm{M}}$ 分别为有功和无功控制器的前置补偿量。

由式(3-52) 可知，双馈风力发电机定子侧直接功率控制框图如图 3-17 所示。得益于 PI 控制器和 PWM 技术的使用，该直接功率控制方法具有开关频率固定的优点。

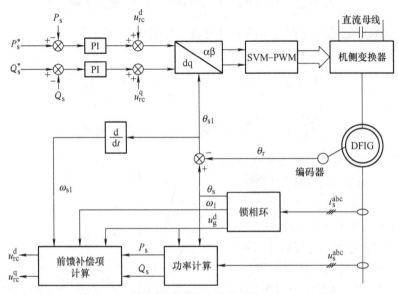

图 3-17　双馈风力发电机定子侧直接功率控制框图

3.2.2　基于滞环控制器-开关状态表的定子侧直接功率控制

双馈风力发电机在转子坐标系 α_{r}-β_{r} 中等效电路图如图 3-18 所示。

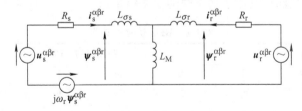

图 3-18　转子坐标系下双馈电机等效电路图

由图 3-18 可知，转子坐标系下双馈电机中部分电磁关系可以表述为

$$\boldsymbol{u}_{\mathrm{s}}^{\alpha\beta\mathrm{r}} = R_{\mathrm{s}} \boldsymbol{i}_{\mathrm{s}}^{\alpha\beta\mathrm{r}} + p\boldsymbol{\psi}_{\mathrm{s}}^{\alpha\beta\mathrm{r}} + \mathrm{j}\omega_{\mathrm{r}}\boldsymbol{\psi}_{\mathrm{s}}^{\alpha\beta\mathrm{r}} \tag{3-53}$$

$$\boldsymbol{\psi}_{\mathrm{s}}^{\alpha\beta\mathrm{r}} = L_{\mathrm{s}} \boldsymbol{i}_{\mathrm{s}}^{\alpha\beta\mathrm{r}} + L_{\mathrm{M}}\boldsymbol{i}_{\mathrm{r}}^{\alpha\beta\mathrm{r}} \tag{3-54}$$

$$\boldsymbol{\psi}_{\mathrm{r}}^{\alpha\beta\mathrm{r}} = L_{\mathrm{r}} \boldsymbol{i}_{\mathrm{r}}^{\alpha\beta\mathrm{r}} + L_{\mathrm{M}}\boldsymbol{i}_{\mathrm{s}}^{\alpha\beta\mathrm{r}} \tag{3-55}$$

$$S_{\mathrm{s}} = P_{\mathrm{s}} + \mathrm{j}Q_{\mathrm{s}} = \boldsymbol{u}_{\mathrm{s}}^{\alpha\beta\mathrm{r}} \left(\boldsymbol{i}_{\mathrm{s}}^{\alpha\beta\mathrm{r}} \right)^* \tag{3-56}$$

对于并网运行的双馈风力发电机，其定子电压即为电网电压。设电网电压恒定且忽略定子电阻，由式(3-53)～式(3-56)整理得

$$\begin{cases} P_s = -\dfrac{L_M}{\sigma L_s L_r}\omega_s \mid \boldsymbol{\psi}_s^{\alpha\beta r} \mid \ \mid \boldsymbol{\psi}_r^{\alpha\beta r} \mid \cos\theta \\[3mm] Q_s = \dfrac{L_M}{\sigma L_s L_r}\omega_s \mid \boldsymbol{\psi}_s^{\alpha\beta r} \mid \left(\dfrac{L_r}{L_M}\mid \boldsymbol{\psi}_s^{\alpha\beta r} \mid - \mid \boldsymbol{\psi}_r^{\alpha\beta r} \mid \sin\theta\right) \end{cases} \tag{3-57}$$

其中，θ 为转子磁链与电网电压的矢量夹角，如图 3-19 所示。

对式(3-57)两边对时间求导，可得

$$\begin{cases} \dfrac{\mathrm{d}P_s}{\mathrm{d}t} = -\dfrac{L_M}{\sigma L_s L_r}\omega_s \mid \boldsymbol{\psi}_s^{\alpha\beta r} \mid \dfrac{\mathrm{d}}{\mathrm{d}t}(\mid \boldsymbol{\psi}_r^{\alpha\beta r} \mid \cos\theta) \\[3mm] \dfrac{\mathrm{d}Q_s}{\mathrm{d}t} = -\dfrac{L_M}{\sigma L_s L_r}\omega_s \mid \boldsymbol{\psi}_s^{\alpha\beta r} \mid \dfrac{\mathrm{d}}{\mathrm{d}t}(\mid \boldsymbol{\psi}_r^{\alpha\beta r} \mid \sin\theta) \end{cases} \tag{3-58}$$

由式(3-58)可知，在每个控制周期内，定子有功功率和无功功率的变化量可以通过 $\mid \boldsymbol{\psi}_r^{\alpha\beta r} \mid \cos\theta$ 和 $\mid \boldsymbol{\psi}_r^{\alpha\beta r} \mid \sin\theta$ 两个量分别控制。

由图 3-19 可知，忽略转子电阻时，转子磁链的变化可以表示为

$$\Delta\boldsymbol{\psi}_r^{\alpha\beta r} \approx \boldsymbol{u}_s^{\alpha\beta r} T_s \tag{3-59}$$

上式表明，在每一个控制周期中，DPC（直接功率控制）算法可以通过在开关表（见表 3-1）中选取合适的电压矢量来控制转子磁链矢量的变化量，进而控制定子功率跟随功率给定值。

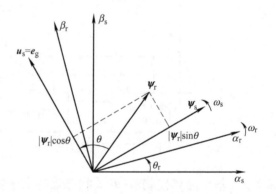

图 3-19　定子电压、定子磁链和转子磁链矢量

表 3-1　DPC 优化开关表

滞环比较器输出		定子磁链所在扇区					
ΔP_s	ΔQ_s	I	II	III	IV	V	VI
1	1	u_5	u_4	u_6	u_2	u_3	u_1
1	0	u_4	u_6	u_2	u_3	u_1	u_5
1	−1	u_6	u_2	u_3	u_1	u_5	u_4
0	1	u_1	u_5	u_4	u_6	u_2	u_3
0	0	u_7/u_0	u_7/u_0	u_7/u_0	u_7/u_0	u_7/u_0	u_7/u_0
0	−1	u_2	u_3	u_1	u_5	u_4	u_6
−1	1	u_1	u_3	u_4	u_6	u_2	u_3
−1	0	u_3	u_1	u_5	u_4	u_6	u_2
−1	−1	u_2	u_3	u_1	u_5	u_4	u_6

DPC 算法通常采用滞环控制器，这种方法主要的问题是开关频率不恒定，这将导致功率损耗难以估算、滤波器设计难度增大等问题。为此，各种改进的具有恒定开关频率的 DPC 算法也相继被提出。相比于矢量控制，DPC 不需要电流内环、旋转坐标变换和特殊的调制方法，能够显著降低算法复杂性及其对系统参数的依赖性。已有工作表明，DPC 还具有稳态特性好，动态响应快等优点。

3.2.3 双馈风力发电机的直接虚功率控制

传统 DPC 算法无法用于双馈电机的并网控制，因为在并网前，定子侧始终没有功率输出，进而使得 DPC 算法无法构成闭环，从而失去作用。目前普遍采用的解决方案是，在双馈电机并网前再添加一套基于矢量控制的方法，用于控制电机电压与电网电压同步，并在电机并网后，再将算法切换到 DPC 模式下。这种方案由于再次引入矢量控制，背离了 DPC 算法的初衷，增加了算法的复杂度，并且需要在两套完全不同的算法间切换，如何实现平滑过渡也是需要考虑的问题。涉及统一采用 DPC 方式对电机并网前后进行控制的文献较少，且并网前后控制器要产生较大变化。

本节通过引入虚功率（Virtual Power）的概念，扩展了功率的定义，使得传统的 DPC 方法在并网前仍然可以正常工作，采用统一的 DPC 方式对电机并网前和并网后进行控制。这种被称为基于直接虚功率控制（Direct Virtual Power Control，DVPC）的并网方法，具有如下特点：

1）控制器结构简单，不需要 PI 控制器和旋转坐标变换；

2）与传统的双馈系统 DPC 方法共享同一个开关表，算法改动量小，只需在并网前修改功率反馈的定义，即可借助传统 DPC 方法实现并网；

3）并网前后控制器主结构保持不变。

3.2.3.1 虚功率的定义

为了使得传统 DPC 算法在并网前仍然可以形成有效的闭环，需要构建一个量来替代并网前定子侧功率恒为零的真实功率，这个被构建的量即为本节所定义的虚功率，它只在并网前被定义和使用，并充分而非必要地满足下述四个设定：

1）虚功率和真实功率具有相同的量纲。由于构建的虚功率是用于在控制结构中替代定子侧真实功率反馈的，那么认为它和真实功率具有同样的量纲，于是，与式(3-56)类似，虚功率可以被定义为

$$S_{sv} = P_{sv} + jQ_{sv} = \boldsymbol{u}_{sv}^{\alpha\beta r}(\boldsymbol{i}_{sv}^{\alpha\beta r})^* \tag{3-60}$$

2）虚功率包含电网电压矢量的信息。由于构建的虚功率是用于定子电压与电网电压同步控制的，那么这个量中应该包含着电网电压矢量的幅值和相位信息，可以认为

$$u_{sv}^{\alpha\beta r} = Me_g^{\alpha\beta r}(M \in F \text{ 且 } M \neq 0) \tag{3-61}$$

数学上 F 表示复数域，M 为复数域内的任意非零复数。

3）虚功率是转子电压的可控量。在双馈电机中，算法可以直接控制的量就是机侧变换器的输出电压，任何量只有是转子电压的可控量，才能为机侧变换器的算法所控制。满足设定 1）和 2）的条件下，为了满足设定 3），要求虚电流为转子电压的可控量。在电机并网前，是转子电压的可控量且具有电流量纲的，只有转子电流，因此认为有

$$I_{sv}^{\alpha\beta r} = NI_r^{\alpha\beta r}(N \in F \text{ 且 } N \neq 0) \tag{3-62}$$

N 为复数域 F 内的任意非零复数。

4）在一个控制周期内，对虚功率和真实功率而言，相同的转子磁链变化量引起相同的功率变化量。由前面分析可知，传统 DPC 的本质是：在每个控制周期中，在开关表中选择合适的开关状态，控制转子输出电压，基于伏秒积原理控制转子磁链变化量，进而控制功率的变化量。因此，本设定保证了基于同一个开关表的传统 DPC 算法对虚功率和真实功率具有相同的控制能力和控制效果。

将式(3-61)和式(3-62)代入式(3-60)，且并网前转子磁链只由转子电流激磁产生，则有

$$\begin{cases} P_{sv} = \dfrac{MN}{L_r} \mid e_g^{\alpha\beta r} \mid \mid \psi_r^{\alpha\beta r} \mid \cos\theta \\ Q_{sv} = \dfrac{MN}{L_r} \mid e_g^{\alpha\beta r} \mid \mid \psi_r^{\alpha\beta r} \mid \sin\theta \end{cases} \tag{3-63}$$

对式(3-63)两边求导，则有

$$\begin{cases} \dfrac{dP_{sv}}{dt} = \dfrac{MN}{L_r} \mid e_g^{\alpha\beta r} \mid \dfrac{d}{dt}(\mid \psi_r^{\alpha\beta r} \mid \cos\theta) \\ \dfrac{dQ_{sv}}{dt} = \dfrac{MN}{L_r} \mid e_g^{\alpha\beta r} \mid \dfrac{d}{dt}(\mid \psi_r^{\alpha\beta r} \mid \sin\theta) \end{cases} \tag{3-64}$$

为满足设定 4），即要求

$$\frac{dP_{sv}}{dt} = \frac{dP_s}{dt} \qquad \frac{dQ_{sv}}{dt} = \frac{dQ_s}{dt} \tag{3-65}$$

由式(3-58)、式(3-64)和式(3-65)可知

$$MN = -\frac{L_M}{\sigma L_s} \tag{3-66}$$

式(3-66)中只对 M 和 N 的乘积做出限定，并未对 M 和 N 各自的数值做出限定，由式(3-63)可知，M 和 N 各自的取值并不影响虚功率定义式的表述⊖，考虑到方便性和简洁性，不妨取

⊖ 这意味着 M 和 N 可以有多种取值方式，本文只讨论其中一种。

$$M = 1 \qquad N = -\frac{L_M}{\sigma L_s} \qquad\qquad (3\text{-}67)$$

从上述虚功率的定义和推导过程可以看出，本节给出了构造虚功率的一般性思路和过程，这种构造方法是充分而非必要的，虚功率作为一个人为构造的数学量，其表述也不是唯一的。本节给出了它的一种简洁而有效的表述，由式(3-60)、式(3-61)、式(3-62)和式(3-67)定义。

3.2.3.2 直接虚功率控制并网方法

在双馈电机并网前，需要控制电机定子电压和电网电压在相位和幅值上保持一致。而在电机并网之前，由于图 3-18 中定子侧开路，因此转子磁链完全由转子电流励磁产生，则电机中的矢量关系如图 3-20 所示。

并网前，定子磁链也完全由转子电流励磁产生，因此有

$$u_s^{\alpha\beta r} = j\omega_r \psi_s^{\alpha\beta r} = j\omega_s L_M I_r^{\alpha\beta r} = -j\omega_s \sigma L_s I_{sv}^{\alpha\beta r} \qquad (3\text{-}68)$$

由式(3-68)可知，定子电压滞后定子虚电流 $\pi/2$ 矢量角，为使得定子电压和电网电压同相位，即要求定子虚电流超前电网电压 $\pi/2$（即图 3-20 中 $\theta = \pi/2$），此时由式(3-63)知，此时定子侧虚有功功率为零。在直接虚功率控制算法中，虚有功可以通过设定其给定值来控制，即有

$$P_{sv}^* = 0 \qquad (3\text{-}69)$$

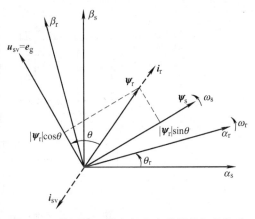

图 3-20　并网前双馈电机中电磁量的矢量关系

为使得定子电压和电网电压幅值相同，则需要控制虚无功为适当值。在式(3-68)中，令定子电压等于电网电压，求得定子虚电流，代入本节虚无功功率的定义中，则此时虚无功为

$$Q_{sv} = -\frac{1}{\sigma\omega_s L_s} |e_g^{\alpha\beta r}|^2 \qquad (3\text{-}70)$$

式(3-70)即为定子电压和电网电压幅值同步所需的定子侧虚无功。

由上述分析可以发现，在并网控制的过程中，虚有功功率主要影响电压相位同步，虚无功功率主要影响电压幅值同步。其相互关系是：当虚有功大于 0 时，定子电压相位滞后于电网电压，反之定子电压相位超前于电网电压；当虚无功大于式(3-70)给出值时，定子电压幅值小于电网电压幅值，反之定子电压幅值大于电网电压幅值。

为避免并网前后不同的功率反馈计算方式给原有 DPC 算法带来额外干扰，本文采用图 3-21 所示的功率观测器，其中在虚无功功率的反馈通路上添加了一个补偿量，这样，式(3-70)可以通过设定无功功率给定值为零来获得，即

$$Q_{sv}^* = 0 \qquad (3-71)$$

综上，直接虚功率控制策略如图3-22所示。可见，用于并网的直接虚功率控制和传统 DPC 算法使用同一个开关表，并网前后控制器的主要结构保持不变，只需要改变功率反馈和功率给定值。但这种切换并不会影响控制系统的性能，因为在切换前后虚功率反馈和真实功率反馈以及它们的给定均为零。

由虚功率概念的引入及直接虚功率控制的推导过程可知，本节所提直接虚功率控制方法广泛适用于已有的双馈发电机定子侧直接功率控制方法（如3.2.1节中基于PI-SVM的定子侧功率直接闭环控制等）。

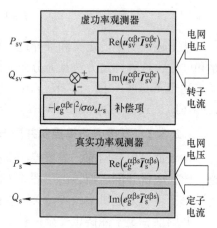

图 3-21　扩展的功率观测器

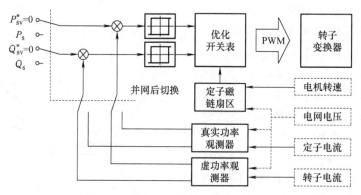

图 3-22　直接虚功率控制并网策略框图

综上，本节对双馈风力发电机的直接功率控制相关方法进行了介绍，值得指出的是，类似的直接功率控制方法中，因为省去了转子电流内环，因此对转子电流的控制能力较为有限，在一定程度上限制了其在需要高质量转子电流场合的应用，在使用时也要注意处理可能出现的转子过电流问题。

3.3　双馈风电系统模型预测控制策略

模型预测控制（Model Predictive Control，MPC）是一种利用系统模型对系统未来有限时间域内的状态进行预判而确定其当前控制动作的控制方式，它是一种非线性、最优化的控制方法，是预测控制的重要分支，具有动静态控制性能好、参数鲁棒性强、易于调试等优点，并能够对系统多种控制目标实现统一优化。

典型的 MPC 系统包括预测模型、滚动优化、反馈校正等主要环节，其控制框图如图 3-23 所示。

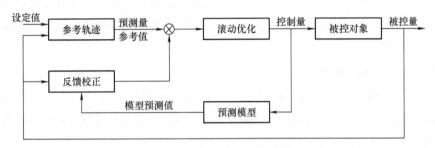

图 3-23　模型预测控制框图

在每一个当前时刻，由预测模型对未来某段时域内的被控量输出进行预测，这些预测值应是当前采样量、当前控制量和当前被控量的函数，这些预测值将被送入反馈校正环节；在反馈校正环节中，根据系统最新实测数据对来自预测模型的预测值序列进行修正，修正后的结果被送入滚动优化环节；同时被送入滚动优化环节的还有被控量及其设定值经参考轨迹后得到的预测量参考值；在滚动优化环节，系统将根据某个性能评价函数来确定当前和未来控制量的大小，这些控制量的作用是使未来输出的预测值序列按照性能评价函数的限制、以最优的方式达到其参考值，且在得到的控制量中，只有当前控制量被输出而真实作用到被控对象上，以上就是模型预测控制的基本思想。

本节将 MPC 方法引入到双馈风电系统中，并将其与空间矢量脉宽调制（Space Vector Pulse Width Modulation，SVPWM）结合，讨论了正常电网条件下双馈风电系统的 MPC 控制策略，并对其并网方法进行了研究。

3.3.1　网侧变换器模型预测控制

网侧变换器的控制目标是维持直流母线电压稳定和网侧单位功率因数运行。这里仍然采用直流母线电压外环-交流侧电流内环的传统控制结构，分别针对交流侧电流环和直流母线电压环的 MPC 算法进行推导。

3.3.1.1　网侧变换器控制的基本原理

采用电网电压定向的方式，得到此时同步坐标系下电网电压 q 轴分量为

$$e_g^q = 0 \tag{3-72}$$

将式（3-72）代入式（2-25），可得

$$\begin{cases} P_g = e_g^q i_g^q \\ Q_g = -e_g^d i_g^q \end{cases} \tag{3-73}$$

式（2-24）表明，通过对网侧变换器输出电压 d 轴和 q 轴分量的调节，可以实现对网侧变换器网侧电流 d 轴和 q 轴分量的控制，而式（3-73）表明，对网侧电流 d 轴和 q 轴分量分别控制即可实现网侧变换器注入电网有功功率和无功功率的解耦

控制，这就是网侧变换器交流侧电流环的基本原理。

式(2-26) 表明，通过对变换器注入电网有功功率的控制，可以对直流母线进行放电或充电，从而实现对直流母线电压的控制，这就是网侧变换器直流母线电压环的基本原理。

3.3.1.2 网侧电流环

设网侧变换器的开关周期为 T_s（本书认为系统的开关周期、采样周期和电流环控制周期是一致的），采用前向欧拉法对式(2-24) 进行离散化[⊖]，可以得到网侧变换器交流侧电流的离散表达式为

$$\begin{cases} i_g^d(k+1 \mid k) = a_g i_g^d(k) + b_g i_g^q(k) - c_g e_g^d(k) + c_g u_g^d(k) \\ i_g^q(k+1 \mid k) = a_g i_g^q(k) - b_g i_g^d(k) - c_g e_g^q(k) + c_g u_g^q(k) \end{cases} \tag{3-74}$$

其中，$k \in N$，表示其对应物理量为 kT_s 时刻的数值，参数 $a_g = 1 - R_g T_s / L_g$、$b_g = \omega_1 T_s$、$c_g = T_s / L_g$，$i_g^d(k)$ 和 $i_g^q(k)$ 分别表示 kT_s 时刻交流侧电流 d 轴和 q 轴分量，$e_g^d(k)$ 和 $e_g^q(k)$ 分别表示 kT_s 时刻电网电压的 d 轴和 q 轴分量，$u_g^d(k)$ 和 $u_g^q(k)$ 分别表示 kT_s 时刻网侧变换器输出电压的 d 轴和 q 轴分量，$i_g^d(k+1 \mid k)$ 和 $i_g^q(k+1 \mid k)$ 分别表示在 kT_s 时刻对 $(k+1)T_s$ 时刻交流侧电流 d 轴和 q 轴分量的预测值。上式表明，在任意采样时刻 kT_s，只要知道当前采样时刻的交流侧电流、电网电压、变换器输出电压，就可以对 $(k+1)T_s$ 时刻的交流侧电流进行预测。

目前，双馈风电系统普遍采用各种基于数字式处理器的全数字化控制系统，这种数字化的控制系统将在控制环节中引入采样周期级别的控制延时。以数字信号处理器（Digital Signal Processor，DSP）为例，其由调制算法得到 PWM 模块比较寄存器的数值及其有效更新 PWM 占空比之间的时序关系如图 3-24 所示。

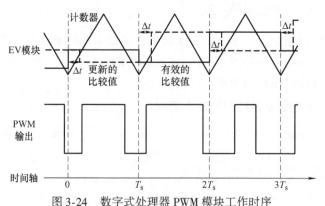

图 3-24　数字式处理器 PWM 模块工作时序

⊖ 这里也可采用其他方法来获得其离散化表达式，如后向欧拉法、梯形法等，此处为推导的简便性，采用前向欧拉法对公式进行离散化处理。

图 3-24 中，在 T_s 时刻，数字芯片获得系统需要的采样值，然后根据控制算法得到变换器输出的控制电压，再经由调制算法得到 PWM 模块比较寄存器的数值，在 $T_s + \Delta t$ 时刻完成上述过程，并更新 PWM 模块比较寄存器的数值；但此时 PWM 模块输出波形的占空比不会立刻发生变化，而要等到下一个采样时刻 $2T_s$ 时，才按照 $T_s + \Delta t$ 时刻更新的比较寄存器数值更新 PWM 输出波形的占空比。显然，从控制算法产生所需的控制电压到这个控制电压真实地作用到被控对象上，存在着大约一个采样周期的延时，这是由数字式控制芯片的工作原理决定的。由于这个延时和式（3-74）对电流预测的步长较为接近，因此不应简单地忽略，而需要在预测的过程中将其考虑在内。

可以采用过采样或改变计算时序等方式来降低数字控制系统延时对控制性能带来的影响，但增加了系统采样频率，减少数字芯片中控制算法的可运行时间，为大规模系统的实现带来压力，且这种方式无法在理论上完全抵消数字式芯片延时对系统带来的影响。本节采用一种两步预测的方式，在不改变系统采样频率的情况下，可以在理论上完全抵消数字控制系统延时对预测结果的影响，为此，需要对预测公式（3-74）进行修正。

在任意采样时刻 kT_s，考虑到上述数字控制系统延时效应，真实作用到被控对象上的变换器控制电压应为 $u_g^{dq}(k-1)$，故式（3-74）可修改为

$$
\begin{cases}
i_g^d(k+1 \mid k) = a_g i_g^d(k) + b_g i_g^q(k) - c_g e_g^d(k) + c_g u_g^d(k-1) \\
i_g^q(k+1 \mid k) = a_g i_g^q(k) - b_g i_g^d(k) - c_g e_g^q(k) + c_g u_g^q(k-1)
\end{cases}
\tag{3-75}
$$

以式（3-75）的电流预测结果为基础，进一步对 $(k+2)T_s$ 时刻的电流进行预测，可以得到

$$
\begin{cases}
i_g^d(k+2 \mid k) = a_g i_g^d(k+1 \mid k) + b_g i_g^q(k+1 \mid k) - c_g e_g^d(k+1) + c_g u_g^d(k) \\
i_g^q(k+2 \mid k) = a_g i_g^q(k+1 \mid k) - b_g i_g^d(k+1 \mid k) - c_g e_g^q(k+1) + c_g u_g^q(k)
\end{cases}
\tag{3-76}
$$

其中，$e_g^d(k+1)$ 和 $e_g^q(k+1)$ 表示 $(k+1)T_s$ 时刻电网电压的 d 轴和 q 轴分量，在理想电网条件下，可以认为 $e_g^d(k+1) = e_g^d(k)$ 和 $e_g^q(k+1) = e_g^q(k)$。式（3-76）表明，kT_s 时刻控制算法给出的控制电压将对 $(k+2)T_s$ 时刻的电流预测结果产生作用，通过式（3-75）和式（3-76）的两步预测，交流侧电流的预测过程与控制系统实际的工作过程保持一致，完全抵消控制芯片延时造成的影响。为了后续推导的方便，进一步将式（3-76）写为变换器输出电压增量的形式，如式（3-77）所示。

$$
\begin{cases}
i_g^d(k+2 \mid k) = a_g i_g^d(k+1 \mid k) + b_g i_g^q(k+1 \mid k) - \\
\qquad\qquad c_g e_g^d(k+1) + c_g u_g^d(k-1) + c_g \Delta u_g^d(k) \\
i_g^q(k+2 \mid k) = a_g i_g^q(k+1 \mid k) - b_g i_g^d(k+1 \mid k) - \\
\qquad\qquad c_g e_g^q(k+1) + c_g u_g^q(k-1) + c_g \Delta u_g^q(k)
\end{cases}
\tag{3-77}
$$

至此，可以得到交流侧电流的预测模型如式（3-75）和式（3-77）所示。明显地，

这个电流预测模型是一个开环模型，它预测的准确性将受到系统参数准确性、时变性、杂散参数等诸多因素的影响，为了降低上述非理想因素对电流预测模型的影响，需要在这个预测模型中引入反馈校正项，由此得到交流侧电流的闭环预测模型，如式(3-78)和式(3-79)所示。

$$
\begin{cases}
i_{\mathrm{gm}}^{\mathrm{d}}(k+1|k) = a_g i_g^{\mathrm{d}}(k) + b_g i_g^{\mathrm{q}}(k) - c_g e_g^{\mathrm{d}}(k) + c_g u_g^{\mathrm{d}}(k-1) + x_g^{\mathrm{d}}(k) \\
i_{\mathrm{gm}}^{\mathrm{q}}(k+1|k) = a_g i_g^{\mathrm{q}}(k) - b_g i_g^{\mathrm{d}}(k) - c_g e_g^{\mathrm{q}}(k) + c_g u_g^{\mathrm{q}}(k-1) + x_g^{\mathrm{q}}(k)
\end{cases}
\tag{3-78}
$$

$$
\begin{cases}
i_{\mathrm{gm}}^{\mathrm{d}}(k+2|k) = a_g i_{\mathrm{gm}}^{\mathrm{d}}(k+1|k) + b_g i_{\mathrm{gm}}^{\mathrm{q}}(k+1|k) - c_g e_g^{\mathrm{d}}(k+1) + \\
\qquad\qquad\quad c_g u_g^{\mathrm{d}}(k-1) + c_g \Delta u_g^{\mathrm{d}}(k) + x_g^{\mathrm{d}}(k) \\
i_{\mathrm{gm}}^{\mathrm{q}}(k+2|k) = a_g i_{\mathrm{gm}}^{\mathrm{q}}(k+1|k) - b_g i_{\mathrm{gm}}^{\mathrm{d}}(k+1|k) - c_g e_g^{\mathrm{q}}(k+1) + \\
\qquad\qquad\quad c_g u_g^{\mathrm{q}}(k-1) + c_g \Delta u_g^{\mathrm{q}}(k) + x_g^{\mathrm{q}}(k)
\end{cases}
\tag{3-79}
$$

其中，$x_g^{\mathrm{d}}(k)$ 和 $x_g^{\mathrm{q}}(k)$ 即为交流侧电流在 kT_{s} 时刻的反馈校正项，它包含了 $(k-1)T_{\mathrm{s}}$ 时刻对 kT_{s} 时刻电流的预测值与 kT_{s} 时刻电流真实采样值间的误差信息，其表达式为

$$
\begin{cases}
x_g^{\mathrm{d}}(k) = f_g^{\mathrm{d}}\left[i_g^{\mathrm{d}}(k) - i_{\mathrm{gm}}^{\mathrm{d}}(k|k-1) \right] \\
x_g^{\mathrm{q}}(k) = f_g^{\mathrm{q}}\left[i_g^{\mathrm{q}}(k) - i_{\mathrm{gm}}^{\mathrm{q}}(k|k-1) \right]
\end{cases}
\tag{3-80}
$$

式中 f_g^{d}、f_g^{q}——交流侧电流 d 轴和 q 轴分量的反馈校正系数。

为了对交流侧电流进行优化控制，需要给出表征其性能指标的评价函数。这里，交流侧电流环的控制目标是电流值跟随参考值，且变换器输出电压的变化量不要过大，为此，可以给出交流侧电流环的评价函数为

$$
J_g(k) = \lambda_g^{\mathrm{d}}\left[i_g^{\mathrm{d}*}(k) - i_{\mathrm{gm}}^{\mathrm{d}}(k+2|k) \right]^2 + \lambda_g^{\mathrm{q}}\left[i_g^{\mathrm{q}*}(k) - i_{\mathrm{gm}}^{\mathrm{q}}(k+2|k) \right]^2 + \\
\varepsilon_g^{\mathrm{d}}\left[\Delta u_g^{\mathrm{d}}(k) \right]^2 + \varepsilon_g^{\mathrm{q}}\left[\Delta u_g^{\mathrm{q}}(k) \right]^2
\tag{3-81}
$$

式中 $i_g^{\mathrm{d}*}(k)$、$i_g^{\mathrm{q}*}(k)$ ——交流侧电流 d 轴和 q 轴分量的参考值；

λ_g^{d}、λ_g^{q}——交流侧电流 d 轴和 q 轴分量误差的权重系数；

$\varepsilon_g^{\mathrm{d}}$、$\varepsilon_g^{\mathrm{q}}$——控制电压增量 d 轴和 q 轴分量的权重系数。

由评价函数式(3-81)可知，在完全不考虑变换器输出电压增量大小及其输出电压能力等情况下，交流侧电流以最快的速度跟随参考值，但电流值和参考值间仍然会有两个采样周期的延时，由前面分析可知，这是由数字控制芯片引入的。在任意采样时刻 kT_{s}，为了获得最优的变换器控制电压增量，只需获得使评价函数 $J_g(k)$ 最小的控制电压增量，将式(3-79)代入式(3-81)，经由优化求解，可得 kT_{s} 时刻网侧变换器输出电压最优增量如式(3-82)所示。其中 $\Delta u_g^{\mathrm{d}*}(k)$ 和 $\Delta u_g^{\mathrm{q}*}(k)$ 分别表示 kT_{s} 采样时刻控制算法给出的控制电压最优增量。则在任意采样时刻 kT_{s}，控制算法均可根据式(3-78)、式(3-80)和式(3-82)，获得当前时刻控制电压的最优增量，则当前最优控制电压 $u_g^{\mathrm{d}*}(k)$ 和 $u_g^{\mathrm{q}*}(k)$ 分别为 $u_g^{\mathrm{d}*}(k) =$

$u_g^d(k-1) + \Delta u_g^{d*}(k)$ 和 $u_g^{q*}(k) = u_g^q(k-1) + \Delta u_g^{q*}(k)$。

$$\begin{cases} \Delta u_g^{d*}(k) = \dfrac{c_g \lambda_g^d}{c_g^2 \lambda_g^d + \varepsilon_g^d} \big[i_g^{d*}(k) - a_g i_{gm}^d(k+1|k) - b_g i_{gm}^q(k+1|k) \big] + \\ \qquad\qquad c_g e_g^d(k+1) - c_g u_g^d(k-1) - x_g^d(k) \\ \Delta u_g^{q*}(k) = \dfrac{c_g \lambda_g^q}{c_g^2 \lambda_g^q + \varepsilon_g^q} \big[i_g^{q*}(k) - a_g i_{gm}^q(k+1|k) + b_g i_{gm}^q(k+1|k) \big] + \\ \qquad\qquad c_g e_g^q(k+1) - c_g u_g^q(k-1) - x_g^q(k) \end{cases} \tag{3-82}$$

这里需要指出的是，为了对优化求解过程进行简化，上述对评价函数式(3-81)优化求解过程中并未对控制电压增量进行任何限制。而实际系统中，变换器输出的控制电压受到直流母线电压和调制方法等因素的制约，是具有一定范围的，当算法给出的控制电压超过了这个范围时，系统将发生超调，因此，需要添加一个限幅环节对变换器输出电压进行限幅。综上，可以得到带有限幅环节的网侧变换器交流侧电流环的控制流程如图 3-25 所示。

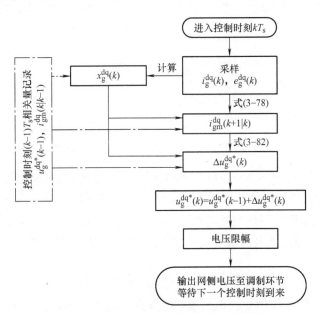

图 3-25　网侧变换器电流环 MPC 流程图

3.3.1.3　直流母线电压环

在双闭环控制结构中，通常要求外环带宽低于内环带宽，因此，直流母线电压环的带宽不能够高于交流侧电流环。由 3.3.1.2 节可知，交流侧电流环的控制周期为 T_s，取直流母线电压环的控制周期 T_{dc}（$T_{dc} = rT_s$，r 通常取 5 ~ 15 之间的自然数），此时，可忽略数字式控制芯片延时效应对直流母线电压环的影响。

在式(2-26)中，忽略外部干扰 ΔP 的影响，同样采用前向欧拉法对其进行离

散化, 可以得到直流母线电压的开环预测模型为

$$u_{dc}^2(m+1|m) = u_{dc}^2(m) - h\overline{P}_g(m-1) - h\Delta\overline{P}_g(m) \tag{3-83}$$

其中, $m = k/r$ 且 $m \in N$, 参数 $h = 2T_{dc}/C$; $u_{dc}(m+1|m)$ 表示 mT_{dc} 时刻对 $(m+1)T_{dc}$ 时刻直流母线电压的预测值; $u_{dc}(m)$ 表示 mT_{dc} 时刻直流母线电压的采样值; $\overline{P}_g(m-1)$ 表示 $(m-1)T_{dc} \sim mT_{dc}$ 时间内网侧变换器注入到电网的平均有功功率; $\Delta\overline{P}_g(m)$ 表示 $mT_{dc} \sim (m+1)T_{dc}$ 时刻网侧变换器应注入电网平均有功功率的增量。

将式(3-73) 中的交流侧电流用一个电流环控制周期内的平均电流 ($\overline{i_g^d}$) 来替代, 可以得到在电流环控制周期 T_s 内变换器注入电网的有功功率为

$$P_s(k) = e_g^d(k)\overline{i_g^d}(k) = e_g^d(k)\frac{i_g^d(k) + i_g^d(k+1)}{2} \tag{3-84}$$

根据式(3-83) 中对 m 的定义, 可以知道直流母线电压环和交流侧电流环间控制周期的时序关系如图 3-26 所示。

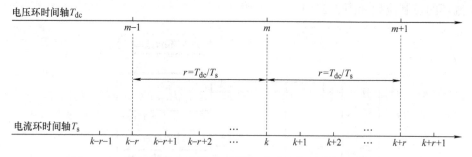

图 3-26　直流母线电压环和交流侧电流环间控制周期的时序关系

由图 3-26 可知, 在 $(m-1)T_{dc}$ 时刻和 mT_{dc} 时刻之间, 直流母线电压环经历了一个控制周期, 而交流侧电流环经历了 $r = T_{dc}/T_s$ 个控制周期, 因此, 在电压环的计算中, 网侧变换器注入电网的平均有功功率 $\overline{P}_g(m-1)$ 取为 $(k-r)T_s$, $(k-r+1)T_s$, $\cdots$, $(k-1)T_s$ 各时刻间注入电网有功功率的平均值, 由式(3-84) 得

$$\overline{P}_g(m-1) = \frac{1}{r}\sum_{j=k-r}^{k-1} P_g(j) \tag{3-85}$$

为了降低控制系统中非理想因素对电压预测结果的影响, 在开环预测模型中引入反馈校正项, 得到直流母线电压的闭环预测模型为

$$u_{dcm}^2(m+1|m) = u_{dc}^2(m) - h\overline{P}_g(m-1) - h\Delta\overline{P}_g(m) + y_{dc}(m) \tag{3-86}$$

其中, $y_{dc}(m)$ 即为直流母线电压在 mT_{dc} 时刻的反馈校正项, 它包含了 $(m-1)T_{dc}$ 时刻对 mT_{dc} 时刻直流母线电压的预测值与 mT_{dc} 时刻直流母线电压真实值间的误差信息, 数学表达是为

$$y_{dc}(m) = l_{dc}[u_{dc}^2(m) - u_{dcm}^2(m-1|m)] \tag{3-87}$$

其中, l_{dc} 为直流母线电压反馈校正系数。

为了对直流母线电压进行优化控制，需要给出表征其性能指标的评价函数。这里，直流母线电压环的控制目标是电压值跟随参考值，且变换器注入电网有功功率的变化量不要过大，为此，可以给出直流母线电压环的评价函数为

$$W_g(m) = \lambda_{dc}[u_{dc}^{*2}(m) - u_{dcm}^2(m+1|m)]^2 + \varepsilon_{dc}[\Delta \overline{P}_g(m)]^2 \qquad (3\text{-}88)$$

式中　$u_{dc}^*(m)$——直流母线电压的参考值；

　　　λ_{dc}——直流母线电压平方值误差的权重系数；

　　　ε_{dc}——算法给出的注入电网平均有功功率增量的权重系数。

在任意采样时刻 mT_{dc}，为了获得变换器注入电网平均有功功率的最优增量，只需获得使评价函数 $W_g(m)$ 最小的平均有功功率增量，将式(3-86)代入式(3-88)，经由优化求解，可得 $mT_{dc} \sim (m+1)T_{dc}$ 间网侧变换器注入电网平均有功功率的最优增量为

$$\Delta \overline{P}_g^*(m) = -\frac{h\lambda_{dc}}{h^2\lambda_{dc} + \varepsilon_{dc}}[u_{dc}^{*2}(m) - u_{dc}^2(m) + h\overline{P}_g(m-1) - y_{dc}(m)] \qquad (3\text{-}89)$$

其中，$\Delta \overline{P}_g^*(m)$ 表示 mT_{dc} 时刻算法给出的变换器注入电网平均有功功率最优增量。则在任意采样时刻 mT_{dc}，控制算法均可根据式(3-87)和式(3-89)，获得当前时刻变换器注入电网平均有功功率的最优增量，通过对最优增量的累加，获得当前变换器注入电网的最优平均有功功率 $\overline{P}_g^*(m)$。认为在未来 T_{dc} 时间内，电压外环给出的有功功率参考值稳定，根据图 3-26 中电流环和电压环的时序关系，电流环在 kT_s，$(k+1)T_s$，$\cdots$，$(k+r-1)T_s$ 时刻得到的有功功率参考值均为 $\overline{P}_g^*(m)$，即有

$$P_g^*(k) = \overline{P}_g^*(m) \qquad k \in [rm, rm+r-1) \qquad (3\text{-}90)$$

由式(3-73)可将功率参考值转换为电流参考值，以便作为交流侧电流内环的输入，整理得到转换接口函数为

$$\begin{cases} i_g^{d*}(k) = \dfrac{P_g^*(k)}{e_g^d(k)} \\[3mm] i_g^{q*}(k) = \dfrac{-Q_g^*(k)}{e_g^d(k)} \end{cases} \qquad (3\text{-}91)$$

为了对优化求解过程进行简化，上述对评价函数式(3-89)优化求解时并未对变换器注入电网有功功率增量进行任何限制。而实际系统中，变换器注入电网有功功率受到网侧变换器容量的制约，是具有一定范围的，为保证系统在安全工作范围内，需要添加限幅环节对电流环的参考值进行限幅，从而得到直流母线电压环的控制流程如图 3-27 所示。

由 3.3.1.1 节和 3.3.1.2 节可知，在网侧变流器的控制策略中，直流母线电压外环和交流侧电流内环的控制周期并不相同：直流母线电压环每间隔 $T_{dc} = rT_s$ 执行一次控制动作，更新网侧有功功率参考值，经转换接口函数后，得到交流侧 d 轴电流参考值，这个参考值被锁存起来，直至下一次直流母线电压环运行时再次更

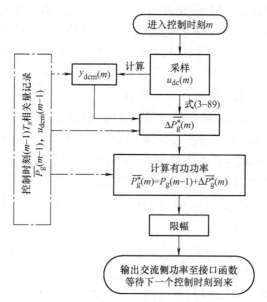

图 3-27　直流母线电压环 MPC 流程图

新；而交流侧电流环每间隔 T_s 执行一次控制动作，获得电流参考值并完成相关运算，更新 PWM 占空比。综上，网侧变换器完整的双闭环控制框图如图 3-28 所示。

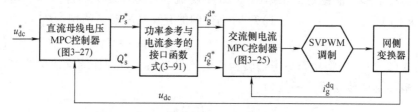

图 3-28　网侧变换器 MPC 双闭环控制框图

3.3.2　双馈风力发电机模型预测控制

在 DFIG 并网运行时，转子侧变换器的控制目标是实现 DFIG 定子侧有功和无功功率的解耦控制，这里仍采用定子功率外环–转子电流内环的控制结构，分别针对转子电流环和定子功率环的 MPC 算法进行推导。

3.3.2.1　转子电流环

与网侧变换器交流侧电流环推导过程类似，采用前向欧拉法对式（2-19）进行离散化，同时考虑数字式控制芯片的延时效应，可以得到带有反馈校正项的转子电流两步预测模型为

$$\begin{cases} i_{\mathrm{rm}}^{\mathrm{d}}(k+1|k) = a_r i_r^{\mathrm{d}}(k) + b_r i_r^{\mathrm{q}}(k) - c_r e_g^{\mathrm{d}}(k) + d_r u_r^{\mathrm{d}}(k-1) + x_r^{\mathrm{d}}(k) \\ i_{\mathrm{rm}}^{\mathrm{q}}(k+1|k) = a_r i_r^{\mathrm{q}}(k) - b_r i_r^{\mathrm{d}}(k) + d_r u_r^{\mathrm{q}}(k-1) + x_r^{\mathrm{q}}(k) \end{cases}$$

$$(3\text{-}92)$$

$$\begin{cases} i_{rm}^d(k+2|k) = a_r i_{rm}^d(k+1|k) + b_r i_{rm}^q(k+1|k) - c_r e_g^d(k) + \\ \qquad\qquad d_r u_r^d(k-1) + d_r \Delta u_r^d(k) + x_r^d(k) \\ i_{rm}^q(k+2|k) = a_r i_{rm}^q(k+1|k) - b_r i_{rm}^d(k+1|k) + \\ \qquad\qquad d_r u_r^q(k-1) + d_r \Delta u_r^q(k) + x_r^q(k) \end{cases} \tag{3-93}$$

其中，$k \in N$；参数 $a_r = 1 - R_r T_s/L_r$，$b_r = \omega_{sl} T_s$，$c_r = \omega_{sl} L_m T_s/(\omega_s \sigma L_s L_r)$，$d_r = T_s/L_r$；$i_{rm}^d(k+1|k)$ 和 $i_{rm}^q(k+1|k)$ 分别表示在 kT_s 时刻对 $(k+1)T_s$ 时刻转子电流 d 轴和 q 轴分量的预测值；$i_{rm}^d(k+2|k)$ 和 $i_{rm}^q(k+2|k)$ 分别表示在 kT_s 时刻对 $(k+2)T_s$ 时刻转子电流 d 轴和 q 轴分量的预测值；$i_r^d(k)$ 和 $i_r^q(k)$ 分别表示在 kT_s 时刻转子电流采样值的 d 轴和 q 轴分量；$u_r^d(k-1)$ 和 $u_r^q(k-1)$ 分别表示在 $(k-1)T_s$ 时刻转子电流环给出的控制电压 d 轴和 q 轴分量；$\Delta u_r^d(k)$ 和 $\Delta u_r^q(k)$ 分别表示在 kT_s 时刻转子电流环给出的控制电压 d 轴和 q 轴增量；$x_r^d(k)$ 和 $x_r^q(k)$ 分别表示在 kT_s 时刻转子电流 d 轴和 q 轴分量的反馈校正项，它包含了 $(k-1)T_s$ 时刻对 kT_s 时刻电流的预测值与 kT_s 时刻电流真实采样值间的误差信息，数学表达式为

$$\begin{cases} x_r^d(k) = f_r^d [i_r^d(k) - i_{rm}^d(k|k-1)] \\ x_r^q(k) = f_r^q [i_r^q(k) - i_{rm}^q(k|k-1)] \end{cases} \tag{3-94}$$

式中　f_r^d 和 f_r^q——转子电流反馈校正系数。

为了对转子电流进行优化控制，需要给出表征其性能指标的评价函数。转子电流环的控制目标是电流值跟随参考值，且变换器输出电压的变化量不要过大，为此，可以给出转子电流环的评价函数：

$$J_r(k) = \lambda_r^d [i_r^{d*}(k) - i_{rm}^d(k+2|k)]^2 + \lambda_r^q [i_r^{q*}(k) - i_{rm}^q(k+2|k)]^2 + \varepsilon_r^d [\Delta u_r^d(k)]^2 + \varepsilon_r^q [\Delta u_r^q(k)]^2 \tag{3-95}$$

其中，$i_r^{d*}(k)$ 和 $i_r^{q*}(k)$ 分别表示转子电流 d 轴和 q 轴分量的参考值，λ_r^d 和 λ_r^q 分别表示转子电流 d 轴和 q 轴分量误差的权重系数，ε_r^d 和 ε_r^q 分别表示控制器输出电压增量 d 轴和 q 轴分量的权重系数。

在任意采样时刻 kT_s，为了获得最优的变换器输出电压增量，只需获得使评价函数 $J_r(k)$ 最小的电压增量值，将式(3-93) 代入式(3-95)，经优化求解方法，可得 kT_s 时刻机侧变换器输出电压最优增量为

$$\begin{cases} \Delta u_r^{d*}(k) = \dfrac{d_r \lambda_r^d}{d_r^2 \lambda_r^d + \varepsilon_r^d} [i_r^{d*}(k) - a_r i_{rm}^d(k+1|k) - b_r i_{rm}^q(k+1|k) + \\ \qquad\qquad c_r e_g^d(k) - d_r u_r^d(k-1) - x_r^d(k)] \\ \Delta u_r^{q*}(k) = \dfrac{d_r \lambda_r^q}{d_r^2 \lambda_r^q + \varepsilon_r^q} [i_r^{q*}(k) - a_r i_{rm}^q(k+1|k) + b_r i_{rm}^d(k+1|k) - \\ \qquad\qquad d_r u_r^q(k-1) - x_r^q(k)] \end{cases} \tag{3-96}$$

其中，$\Delta u_r^{d*}(k)$ 和 $\Delta u_r^{q*}(k)$ 分别表示 kT_s 采样时刻电流环给出的控制电压最优增量。则在任意采样时刻 kT_s，控制算法均可根据式(3-92)、式(3-94) 和式(3-96)，获得当前时刻控制电压的最优增量，则当前最优控制电压 $u_r^{d*}(k)$ 和 $u_r^{q*}(k)$ 分别为 $u_r^{d*}(k)=u_r^d(k-1)+\Delta u_r^{d*}(k)$ 和 $u_r^{q*}(k)=u_r^q(k-1)+\Delta u_r^{q*}(k)$。

在实际系统中，为避免转子侧变换器发生超调，同样需要对其输出电压的给定进行限幅，带有限幅环节的转子侧变换器转子电流控制流程图如图 3-29 所示。

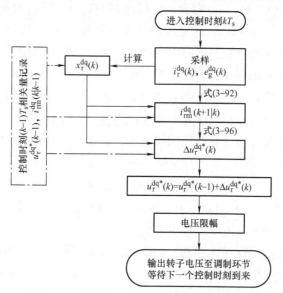

图 3-29　转子侧变换器电流环 MPC 流程图

3.3.2.2　定子功率环

由式(2-22) 可知，在电网电压条件一定的情况下，定子功率完全由定子电流决定，因此，对定子电流的闭环控制即是对定子功率的闭环控制。为便于推导，本节首先推导了定子电流闭环的方法，在此基础上，实现定子功率环。

定子电流环作为转子电流环的外环，取其控制周期为 T_p（$T_p=zT_s$，z 通常取 $5\sim15$ 之间的自然数），此时，可忽略数字式控制芯片的延时效应。

DFIG 并网运行时，定子与电网直接相连，认为定子电压即为电网电压，在电压定向条件下

$$\begin{cases} u_s^d = e_g^d \\ u_s^q = e_g^q = 0 \end{cases} \tag{3-97}$$

将式(3-97) 代入式(2-19) 中的定子电压方程，忽略定子电阻，在稳态条件下可以得到

$$\begin{cases} \varphi_s^d = 0 \\ \varphi_s^q = -\dfrac{e_g^d}{\omega_s} = \varphi_m \end{cases} \tag{3-98}$$

将式(3-98) 代入式(2-20) 得到定子电流及转子磁链的表达式分别为

$$\begin{cases} i_s^d = -\dfrac{L_M}{L_s} i_r^d \\[2mm] i_s^q = \dfrac{\varphi_m - L_M i_r^q}{L_s} \end{cases} \tag{3-99}$$

将式(3-99) 进行离散化表述，并添加反馈校正项，可以得到定子电流的预测模型为

$$\begin{cases} i_{sm}^d(n+1|n) = i_s^d(n) - \dfrac{L_M}{L_s}\Delta i_r^d(n) + y_s^d(n) \\[2mm] i_{sm}^q(n+1|n) = i_s^q(n) - \dfrac{L_M}{L_s}\Delta i_r^q(n) + y_s^q(n) \end{cases} \tag{3-100}$$

其中，$n=k/z$ 且 $n \in N$；$i_{sm}^d(n+1|n)$ 和 $i_{sm}^q(n+1|n)$ 分别表示 nT_p 时刻对 $(n+1)T_p$ 时刻定子电流 d 轴和 q 轴分量的预测值；$i_s^d(n)$ 和 $i_s^q(n)$ 分别表示 nT_p 时刻定子电流采样值的 d 轴和 q 轴分量；$\Delta i_r^d(n)$ 和 $\Delta i_r^q(n)$ 分别表示 nT_p 时刻转子电流 d 轴和 q 轴分量的增量；$y_s^d(n)$ 和 $y_s^q(n)$ 分别表示 nT_p 时刻定子电流 d 轴和 q 轴分量的反馈校正项，它们包含了 $(n-1)T_p$ 时刻对 nT_p 时刻定子电流的预测值与 nT_p 时刻定子电流真实值之间的误差信息，数学表达式为

$$\begin{cases} y_s^d(n) = l_s^d[i_s^d(n) - i_{sm}^d(n|n-1)] \\[2mm] y_s^q(n) = l_s^q[i_s^q(n) - i_{sm}^q(n|n-1)] \end{cases} \tag{3-101}$$

其中，l_s^d 和 l_s^q 为定子电流反馈校正系数。

定子电流环的控制目标是定子电流值跟随参考值，且转子电流变化量不要过大，为此，可以给出定子电流环的评价函数为

$$W_s(n) = \lambda_s^d[i_s^{d*}(n) - i_{sm}^d(n+1|n)]^2 + \lambda_s^q[i_s^{q*}(n) - i_{sm}^q(n+1|n)]^2 + \varepsilon_s^d[\Delta i_r^d(n)]^2 + \varepsilon_s^q[\Delta i_r^q(n)]^2 \tag{3-102}$$

其中，λ_s^d 和 λ_s^q 分别表示定子电流 d 轴和 q 轴分量误差的权重系数，ε_s^d 和 ε_s^q 分别表示转子电流 d 轴和 q 轴增量的权重系数。

在任意采样时刻 nT_p，为了获得转子电流的最优增量，只需获得使评价函数 $W_s(n)$ 最小的转子电流增量。将式(3-100) 代入式(3-102)，经优化求解，可得 nT_p 时刻转子电流的最优增量为

$$\begin{cases} \Delta i_r^{d*}(n) = \dfrac{-L_M L_s \lambda_s^d}{L_M^2 \lambda_s^d + L_s^2 \varepsilon_s^d}[i_s^{d*}(n) - i_s^d(n) - y_s^d(n)] \\[2mm] \Delta i_r^{q*}(n) = \dfrac{-L_M L_s \lambda_s^d}{L_M^2 \lambda_s^d + L_s^2 \varepsilon_s^d}[i_s^{q*}(n) - i_s^q(n) - y_s^q(n)] \end{cases} \tag{3-103}$$

其中，$\Delta i_r^{d*}(n)$ 和 $\Delta i_r^{q*}(n)$ 分别表示 nT_p 时刻定子电流外环给出的转子电流最优

增量。通过对最优增量的累加，获得当前最优的转子电流 $i_r^{d*}(n)$ 和 $i_r^{q*}(n)$。认为在未来 T_p 时间内，定子电流外环给出的转子电流参考值稳定，根据定子电流环和转子电流环的时序关系，转子电流环在 $kT_s,(k+1)T_s,\cdots,(k+z-1)T_s$ 时刻获得的转子电流参考值均为 $i_r^{d*}(n)$ 和 $i_r^{q*}(n)$，即有

$$\begin{cases} i_r^{d*}(k) = i_r^{d*}(n) \\ i_r^{q*}(k) = i_r^{q*}(n) \end{cases} \quad k \in [zn, zn+z-1] \tag{3-104}$$

通过式（2-22）将定子功率参考值转换为定子电流参考值，得到其转换接口函数为

$$\begin{cases} i_s^{d*} = \dfrac{P_s^*}{e_g^d} \\[3mm] i_s^{q*} = -\dfrac{Q_s^*}{e_g^d} \end{cases} \tag{3-105}$$

为了对优化求解过程进行简化，上述对评价函数式（3-102）优化求解时并未对转子电流增量进行任何限制。而实际系统中，转子电流增量受到机侧变换器耐流能力等因素的制约，是具有一定范围的，为保证系统在安全工作范围内，需要添加限幅环节对电流环的参考值进行限幅，从而得到定子功率环的控制流程如图 3-30 所示。

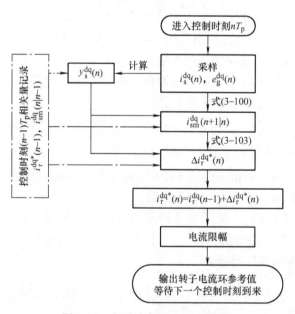

图 3-30　定子功率环 MPC 流程图

由 3.3.2.1 节和本节可知，在机侧变换器的控制策略中，定子功率外环和转子电流内环的控制周期并不相同：功率环每间隔 $T_p = zT_s$ 执行一次控制动作，更新转

子电流参考值，这个参考值被锁存起来，直至下一次功率环运行时再次更新；而转子电流环每间隔 T_s 执行一次控制动作，获得电流参考值并完成相关运算，更新 PWM 占空比。综上，转子侧变换器完整的双闭环控制框图如图 3-31 所示。

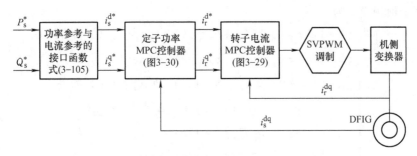

图 3-31　转子侧变换器 MPC 双闭环控制框图

3.3.3　基于模型预测控制的软并网方法

在 DFIG 系统并网前，需控制其定子电压与电网电压在幅值、相位和频率上保持一致，以减少定子侧开关闭合瞬间造成的电流冲击，实现软并网。

3.3.3.1　定子电压控制的基本原理

在定子侧并网开关闭合前，DFIG 定子侧开路，其电流恒为 0，即

$$i_s^d = i_s^q \equiv 0 \tag{3-106}$$

将式（3-106）代入式（2-20），整理得到

$$\begin{cases} \psi_s^d = L_M i_r^d \\ \psi_s^q = L_M i_r^q \\ \psi_r^d = L_r i_r^d \\ \psi_r^q = L_r i_r^q \end{cases} \tag{3-107}$$

将式（3-107）中的转子磁链代入式（2-19）中的转子电压方程，整理得

$$\begin{cases} u_r^d = R_r i_r^d + L_r p i_r^d - \omega_{sl} L_r i_r^q \\ u_r^q = R_r i_r^q + L_r p i_r^q + \omega_{sl} L_r i_r^d \end{cases} \tag{3-108}$$

将式（3-107）中的定子磁链代入式（2-19）中的定子电压方程，且忽略定子磁链暂态变化，则有

$$\begin{cases} u_s^d = -\omega_s L_M i_r^q \\ u_s^q = \omega_s L_M i_r^d \end{cases} \tag{3-109}$$

式（3-109）表明并网前 DFIG 定子电压可以由转子电流控制，而式（3-108）表明 DFIG 转子电流又可以通过机侧变换器输出电压进行控制，这就是定子电压同步控制中定子电压外环–转子电流内环结构的基本原理。

3.3.3.2 转子电流环

与网侧变换器交流侧电流环推导过程类似，采用前向欧拉法对式（3-108）进行离散化，同时考虑数字式控制芯片的延时效应，可以得到带有反馈校正项的转子电流两步预测模型为

$$
\begin{cases}
i_{rm0}^{d}(k+1|k) = a_{r0} i_r^d(k) + b_{r0} i_r^q(k) + c_{r0} u_r^d(k-1) + x_{r0}^d(k) \\
i_{rm0}^{q}(k+1|k) = a_{r0} i_r^q(k) - b_{r0} i_r^d(k) + c_{r0} u_r^q(k-1) + x_{r0}^q(k)
\end{cases}
\tag{3-110}
$$

$$
\begin{cases}
\begin{aligned}
i_{rm0}^{d}(k+2|k) = {} & a_{r0} i_{rm0}^d(k+1|k) + b_{r0} i_{rm0}^q(k+1|k) + \\
& c_{r0} u_r^d(k-1) + c_{r0} \Delta u_r^d(k) + x_{r0}^d(k)
\end{aligned} \\
\begin{aligned}
i_{rm0}^{q}(k+2|k) = {} & a_{r0} i_{rm0}^q(k+1|k) - b_{r0} i_{rm0}^d(k+1|k) + \\
& c_{r0} u_r^q(k-1) + c_{r0} \Delta u_r^q(k) + x_{r0}^q(k)
\end{aligned}
\end{cases}
\tag{3-111}
$$

其中，$k \in N$；参数 $a_{r0} = 1 - R_r T_s / L_r$，$b_{r0} = \omega_{sl} T_s$，$c_{r0} = T_s / L_r$；$i_{rm0}^d(k+1|k)$ 和 $i_{rm0}^q(k+1|k)$ 分别表示在 kT_s 时刻对 $(k+1)T_s$ 时刻转子电流 d 轴和 q 轴分量的预测值；$i_{rm0}^d(k+2|k)$ 和 $i_{rm0}^q(k+2|k)$ 分别表示在 kT_s 时刻对 $(k+2)T_s$ 时刻转子电流 d 轴和 q 轴分量的预测值；$i_r^d(k)$ 和 $i_r^q(k)$ 分别表示在 kT_s 时刻转子电流采样值的 d 轴和 q 轴分量；$u_r^d(k-1)$ 和 $u_r^q(k-1)$ 分别表示在 $(k-1)T_s$ 时刻转子控制器给出的控制电压 d 轴和 q 轴分量；$\Delta u_r^d(k)$ 和 $\Delta u_r^q(k)$ 分别表示在 kT_s 时刻转子控制器给出的控制电压 d 轴和 q 轴增量；$x_{r0}^d(k)$ 和 $x_{r0}^q(k)$ 分别表示在 kT_s 时刻转子电流 d 轴和 q 轴分量的反馈校正项，它包含了 $(k-1)T_s$ 时刻对 kT_s 时刻电流的预测值与 kT_s 时刻电流真实采样值之间的误差信息，数学表达式为

$$
\begin{cases}
x_{r0}^d(k) = f_{r0}^d \left[i_r^d(k) - i_{rm0}^d(k|k-1) \right] \\
x_{r0}^q(k) = f_{r0}^q \left[i_r^q(k) - i_{rm0}^q(k|k-1) \right]
\end{cases}
\tag{3-112}
$$

其中，f_{r0}^d 和 f_{r0}^q 为转子电流反馈校正系数。

为了对转子电流进行优化控制，需要给出表征其性能指标的评价函数。转子电流环的控制目标是电流值跟随参考值，且变换器输出电压的变化量不要过大，为此，可以给出转子电流环的评价函数为

$$
\begin{aligned}
J_{r0}(k) = {} & \lambda_{r0}^d \left[i_r^{d*}(k) - i_{rm0}^d(k+2|k) \right]^2 + \lambda_{r0}^q \left[i_r^{q*}(k) - i_{rm0}^q(k+2|k) \right]^2 + \\
& \varepsilon_{r0}^d \left[\Delta u_r^d(k) \right]^2 + \varepsilon_{r0}^q \left[\Delta u_r^q(k) \right]^2
\end{aligned}
\tag{3-113}
$$

其中，$i_r^{d*}(k)$ 和 $i_r^{q*}(k)$ 分别表示转子电流 d 轴和 q 轴分量的参考值；λ_{r0}^d 和 λ_{r0}^q 分别表示转子电流 d 轴和 q 轴分量误差的权重系数；ε_{r0}^d 和 ε_{r0}^q 分别表示控制器输出电压增量 d 轴和 q 轴分量的权重系数。

在任意采样时刻 kT_s，为了获得最优的变换器输出电压增量，只需获得使评价函数 $J_{r0}(k)$ 最小的电压增量值，将式（3-111）代入式（3-113），经优化求解，可得 kT_s 时刻机侧变换器输出电压最优增量为

$$
\begin{cases}
\Delta u_{\mathrm{r}}^{\mathrm{d}*}(k) = \dfrac{c_{\mathrm{r}0}\lambda_{\mathrm{r}0}^{\mathrm{d}}}{c_{\mathrm{r}0}^{2}\lambda_{\mathrm{r}0}^{\mathrm{d}}+\varepsilon_{\mathrm{r}0}^{\mathrm{d}}}\big[\,i_{\mathrm{r}}^{\mathrm{d}*}(k)-a_{\mathrm{r}0}i_{\mathrm{rm}0}^{\mathrm{d}}(k+1|k)-b_{\mathrm{r}0}i_{\mathrm{rm}0}^{\mathrm{q}}(k+1|k)-\\
\qquad\qquad c_{\mathrm{r}0}u_{\mathrm{r}}^{\mathrm{d}}(k-1)-x_{\mathrm{r}0}^{\mathrm{d}}(k)\,\big]\\[4pt]
\Delta u_{\mathrm{r}}^{\mathrm{q}*}(k) = \dfrac{c_{\mathrm{r}0}\lambda_{\mathrm{r}0}^{\mathrm{q}}}{c_{\mathrm{r}0}^{2}\lambda_{\mathrm{r}0}^{\mathrm{q}}+\varepsilon_{\mathrm{r}0}^{\mathrm{q}}}\big[\,i_{\mathrm{r}}^{\mathrm{q}*}(k)-a_{\mathrm{r}0}i_{\mathrm{rm}0}^{\mathrm{q}}(k+1|k)+b_{\mathrm{r}0}i_{\mathrm{rm}0}^{\mathrm{d}}(k+1|k)-\\
\qquad\qquad c_{\mathrm{r}0}u_{\mathrm{r}}^{\mathrm{q}}(k-1)-x_{\mathrm{r}0}^{\mathrm{q}}(k)\,\big]
\end{cases}
\tag{3-114}
$$

其中，$\Delta u_{\mathrm{r}}^{\mathrm{d}*}(k)$ 和 $\Delta u_{\mathrm{r}}^{\mathrm{q}*}(k)$ 分别表示 kT_{s} 采样时刻控制算法给出的变换器输出电压最优增量。则在任意采样时刻 kT_{s}，控制算法均可根据式(3-110)、式(3-112)和式(3-114)，获得当前时刻变换器输出电压的最优增量。通过对最优增量的累积，即可得到当前变换器最优输出电压 $u_{\mathrm{r}}^{\mathrm{d}*}(k)$ 和 $u_{\mathrm{r}}^{\mathrm{q}*}(k)$。

在实际系统中，为避免转子侧变换器发生超调，同样需要对其输出电压进行限幅，带有限幅环节的转子侧变换器转子电流环控制流程图如图 3-32 所示。

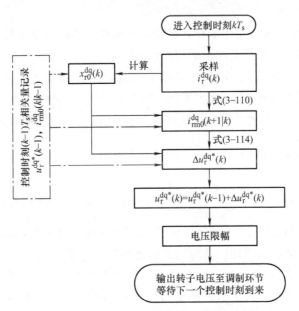

图 3-32　转子侧变换器软并网算法电流环 MPC 流程图

3.3.3.3　定子电压环

作为转子电流环的外环，取其控制周期为 $T_{\mathrm{st}}(T_{\mathrm{st}}=z_{0}T_{\mathrm{s}}$，$z_{0}$ 通常取 $5\sim15$ 之间的自然数)，此时，可忽略数字式控制芯片的延时效应。

将式(3-109)进行离散化表述，并添加反馈校正项，得到定子电压的预测模型为

$$
\begin{cases}
u_{\mathrm{sm}}^{\mathrm{d}}(j+1|j) = -\omega_{\mathrm{s}}L_{\mathrm{m}}i_{\mathrm{r}}^{\mathrm{q}}(j)-\omega_{\mathrm{s}}L_{\mathrm{m}}\Delta i_{\mathrm{r}}^{\mathrm{q}}(j)+y_{\mathrm{st}}^{\mathrm{d}}(j)\\
u_{\mathrm{sm}}^{\mathrm{q}}(j+1|j) = \omega_{\mathrm{s}}L_{\mathrm{m}}i_{\mathrm{r}}^{\mathrm{d}}(j)+\omega_{\mathrm{s}}L_{\mathrm{m}}\Delta i_{\mathrm{r}}^{\mathrm{d}}(j)+y_{\mathrm{st}}^{\mathrm{q}}(j)
\end{cases}
\tag{3-115}
$$

其中，$j = k/z_0$ 且 $j \in N$；$u_{sm}^d(j+1|j)$ 和 $u_{sm}^q(j+1|j)$ 分别表示 jT_{st} 时刻对 $(j+1)T_{st}$ 时刻定子电压 d 轴和 q 轴分量的预测值；$i_r^d(j)$ 和 $i_r^q(j)$ 分别表示 jT_{st} 时刻转子电流采样值的 d 轴和 q 轴分量；$\Delta i_r^d(j)$ 和 $\Delta i_r^q(j)$ 分别表示 jT_{st} 时刻转子电流 d 轴和 q 轴分量的增量；$y_{st}^d(j)$ 和 $y_{st}^q(j)$ 分别表示 jT_{st} 时刻转子电流 d 轴和 q 轴分量的反馈校正项，它们包含了 $(j-1)T_{st}$ 时刻对 jT_{st} 时刻定子电压的预测值与 jT_{st} 时刻定子电压真实值之间的误差信息，数学表达式为

$$\begin{cases} y_{st}^d(j) = l_{st}^d \left[u_s^d(j) - u_{sm}^d(j|j-1) \right] \\ y_{st}^q(j) = l_{st}^q \left[u_s^q(j) - u_{sm}^q(j|j-1) \right] \end{cases} \tag{3-116}$$

其中，l_{st}^d 和 l_{st}^q 为定子电压反馈校正系数。

定子电压环的控制目标是定子电压值跟随参考值（即电网电压），且转子电流变化量不要过大，为此，可以给出定子电压环的评价函数为

$$\begin{aligned} W_{st}(j) = {} & \lambda_{st}^d \left[e_g^d(j) - u_{sm}^d(j+1|j) \right]^2 + \lambda_{st}^q \left[e_g^q(j) - u_{sm}^q(j+1|j) \right]^2 + \\ & \varepsilon_{st}^d \left[\Delta i_r^d(j) \right]^2 + \varepsilon_{st}^q \left[\Delta i_r^q(j) \right]^2 \end{aligned} \tag{3-117}$$

其中，λ_{st}^d 和 λ_{st}^q 分别表示定子电压 d 轴和 q 轴分量误差的权重系数，ε_{st}^d 和 ε_{st}^q 分别表示转子电流 d 轴和 q 轴分量增量的权重系数。

在任意采样时刻 jT_{st}，为了获得转子电流的最优增量，只需获得使评价函数 $W_{st}(j)$ 最小的转子电流增量。本节采用电网电压定向，即 $e_g^q(j) = 0$，此时将式(3-115)代入式(3-117)，经优化求解，可得 jT_{st} 时刻转子电流的最优增量为

$$\begin{cases} \Delta i_r^{d*}(j) = \dfrac{-\omega_s L_M \lambda_{st}^q}{\omega_s^2 L_M^2 \lambda_{st}^q + \varepsilon_{st}^d} \left[\omega_s L_M i_r^d(j) + y_{st}^q(j) \right] \\[4mm] \Delta i_r^{q*}(j) = \dfrac{-\omega_s L_M \lambda_{st}^d}{\omega_s^2 L_M^2 \lambda_{st}^d + \varepsilon_{st}^q} \left[e_g^d(j) + \omega_s L_M i_r^q(j) - y_{st}^d(j) \right] \end{cases} \tag{3-118}$$

其中，$\Delta i_r^{d*}(j)$ 和 $\Delta i_r^{q*}(j)$ 分别表示 jT_{st} 时刻定子电压外环给出的转子电流最优增量。通过对最优增量的累加，获得当前最优的转子电流 $i_r^{d*}(j)$ 和 $i_r^{q*}(j)$。认为在未来 T_{st} 时间内，定子电压外环给出的转子电流参考值稳定，根据定子电压环和转子电流环的时序关系，转子电流环在 kT_s，$(k+1)T_s$，$\cdots$，$(k+z_0-1)T_s$ 时刻获得的转子电流参考值均为 $i_r^{d*}(j)$ 和 $i_r^{q*}(j)$，即有

$$\begin{cases} i_r^{d*}(k) = i_r^{d*}(j) \\ i_r^{q*}(k) = i_r^{q*}(j) \end{cases} \qquad k \in [z_0 j, z_0 j + z_0 - 1] \tag{3-119}$$

综上，可以得到定子电压外环的流程图及整个软并网算法的控制框图分别如图 3-33 和图 3-34 所示。

在定子电压同步控制中，电压同步效果依赖于转子位置检测的准确性。通常地，双馈电机转子位置由增量式光电编码器获得，转子绝对位置 θ_r 由编码器初始位置 θ_{r0} 和增量式光电编码器的位置增量 $\Delta\theta_r$ 叠加得到。在实际系统中，由于光电编

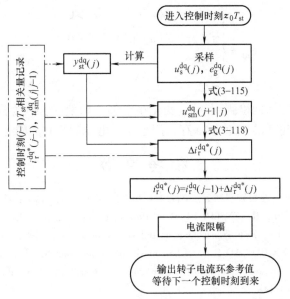

图 3-33　转子侧变换器软并网算法定子电压外环 MPC 流程图

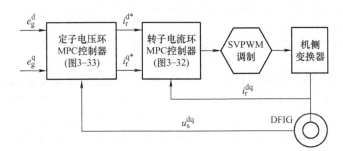

图 3-34　转子侧变换器软并网算法控制框图

码器对轴偏差等问题，其初始位置角 θ_{r0} 不易获得。为此，本节提供了一种自动检测光电编码器初始位置角的方法。该方法首先假定编码器的位置增量即为其转子绝对位置，将 0 和 $i_{r\_test}^{q*}$ 分别作为转子电流 d 轴和 q 轴分量的参考值输入到图 3-34 的转子电流环中，并将其定子电压环开环，其中 $i_{r\_test}^{q*}$ 为小于电机额定转子电流的某一电流值，然后检测电机定子电压 u_s^{dq}，此时，电机中转子电流和定子电压之间的矢量关系如图 3-35 所示。

可知，此时转子初始位置角可以由定子电压的 d 轴和 q 轴分量计算得到

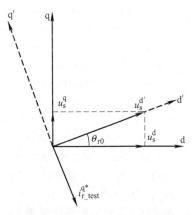

图 3-35　忽略编码器初始位置角后转子电流和定子电压的矢量关系

$$\theta_{r0} = \begin{cases} \arctan(u_s^q/u_s^d) & u_s^d > 0 \\ \pi + \arctan(u_s^q/u_s^d) & u_s^d < 0 \\ -\pi/2 & u_s^d = 0, u_s^q < 0 \\ \pi/2 & u_s^d = 0, u_s^q > 0 \end{cases} \qquad (3\text{-}120)$$

当连续一段时间内检测到的 θ_{r0} 变化小于某一阈值时，认为检测完成，检测算法不再工作，检测到的 θ_{r0} 值被保存，用于定子电压同步和并网运行控制。

参 考 文 献

[1] 苑国锋. 大容量变速恒频双馈异步风力发电机系统实现 [D]. 北京：清华大学，2006.

[2] BHOWMIK S, SPEE R, ENSLIN J H R. Performance optimization for doubly fed wind power generation systems [J]. IEEE Transactions on Industry Applications, 1999, 35 (4)：949-958.

[3] JIA Y Q, YANG Z Q, GAO B G. A new maximum power point tracking control scheme for wind generation [C]. International Conference on Power System Technology. Proceedings, PowerCon' 2002, 2002：144-148.

[4] HOPFENSPERGER B, ATKINSON D J, LAKIN R A. Stator flux oriented control of a doubly fed induction machine with and without position encoder [J]. IEE Proceedings Electric Power Applications, 2000, 147 (4)：241-250.

[5] 郑艳文. 双馈异步风力发电系统的并网运行特性与控制策略研究 [D]. 北京：清华大学，2009.

[6] MUSTAFA KAYIKC, JOVICA V. MILANOVIC. Reactive Power Control Strategies for DFIG-Based Plants [J]. IEEE Transactions on Energy Conversion, 2007, 22 (2)：389-396.

[7] ZHENG Y W, LI YONGDONG. Stability analysis of doubly-fed wind power generation system based on phase-locked loop. International Conference on Electrical Machines and Systems, 2008：2251-2254.

[8] HU J. New integration algorithms for estimating motor flux over a wide speed range. Power Electronics Specialists Conference [C]. PESC'97, 1997：1075-1081.

[9] XU L, CARTWRIGHT P. Direct active and reactive power control of DFIG for wind energy generation [J]. IEEE Trans on Energy Conversion, 2006, 21 (3)：750-758.

[10] TAZIL M, KUMAR V, BANSAL R C, et al. Three-phase double fed induction generators：an overview [J]. IET Electric Power Application, 2010, 4 (2)：75-89.

[11] TAPIA G, SANTAMARIA G, TELLERIA M, et al. Methodology for smooth connection of doubly fed induction generators to the grid [J]. IEEE Trans on Energy Conversion, 2009, 24 (4)：959-971.

[12] 马宏伟，许烈，李永东. 基于直接虚功率控制的双馈风电系统并网方法 [J]. 中国电机工程学报，2013, 33 (3)：99-106.

[13] 王剑，李永东. 电流环时序方法在 PWM 整流器中的应用 [J]. 清华大学学报（自然科学版），2009, 49 (10)：1-4.

[14] 马宏伟. 双馈风电系统模型预测控制与电网故障不间断运行研究 [D]. 北京：清华大学，2013.

第4章　非理想电网条件下双馈风电系统的运行特性

风电机组多建于风力资源丰富的地区，这些地区多较为偏远，远离主电网，网架结构脆弱，且周围用电环境复杂，其电网经常发生电压抖动、电压跌落以及电网电压不对称等情况，同时，电网短路、接地等故障，也将引起各种电网电压故障，从而对风力发电机及整个风电系统产生严重影响。

在双馈风力发电系统中，双馈电机的定子通过并网开关与电网直接相连，使得系统对于电网电压故障变得非常敏感。当电网电压发生故障时，会在双馈系统中引入激烈的电磁过程，进而造成系统过电流、过电压、功率脉动、机械脉动以及发热不均等一系列问题，从而降低系统使用寿命，甚至对系统硬件造成永久性破坏。

本章将首先对电网故障类型进行分类讨论，然后分别分析电网对称故障及不对称故障条件下双馈发电机和网侧变换器的运行特性，并在此基础上进一步讨论电网故障对 DFIG 风电系统运行特性的影响，最后介绍了现代风电系统并网规范。

4.1　电网故障的类型

风电系统所面对的电网故障主要指电网电压跌落⊖，包括对称跌落和不对称跌落两种情况⊖。

对于对称的电网电压跌落，通常可以用两个参数加以描述，即电压跌落深度和电压跌落持续时间。其中，电压跌落深度为电压跌落时故障电网电压幅值与电压跌落前正常电网电压幅值的比值，用于表示电压跌落的剧烈程度；电压跌落持续时间则是从电网电压幅值跌落至正常值90%开始至其再次恢复至正常值90%为止所经历的时间。

对于不对称的电网电压跌落，各相电压跌落深度不尽相同，且故障过程中还可能伴随着相位变化，即使同一故障点产生的同一类型电压跌落经输电线路中不同变

⊖ 电压跌落是指电网电压幅值突然下降至额定情况的 10% ~ 90% 并持续 0.5 个工频周期到几秒钟的现象。

⊖ 约 60% 的电压跌落来自于雷击所引起的绝缘子闪络和线路对地放电，还有一部分电压跌落主要来自于输电线路故障，包括三相短路、单相接地、两相接地和相间短路，其中三相短路造成的电压跌落是对称的，另外三种线路故障造成的电压跌落是不对称的，而后三者在实际系统故障中占据着主要部分。

压器连接方式传输到风场公共耦合点或发电机机端时产生的电压故障类型也可能发生变化，因此，不对称电网电压跌落的情况更加复杂，难以只用电压跌落深度和电压跌落持续时间两个参数进行表述。为此，可采用电压空间矢量表示法对电网电压故障进行了分类，在假设输电线路阻抗的正序分量、负序分量和零序分量相等的前提下，根据系统故障种类和变压器绕组连接方式，电网电压故障被划分为表 4-1 的 7 种类型，其中，E 表示跌落前正常电网相电压幅值，U 表示跌落后故障电网相电压幅值。

表 4-1　电网电压故障的七种类型

故障类型	电压空间矢量图	电压空间矢量	故障描述
A		$U_a = U$ $U_b = -\dfrac{1}{2}U - j\dfrac{\sqrt{3}}{2}U$ $U_c = -\dfrac{1}{2}U + j\dfrac{\sqrt{3}}{2}U$	三相短路故障：三相电压对称跌落
B		$U_a = U$ $U_b = -\dfrac{1}{2}E - j\dfrac{\sqrt{3}}{2}E$ $U_c = -\dfrac{1}{2}E + j\dfrac{\sqrt{3}}{2}E$	单相接地故障：接地相电压跌落，另外两相电压保持不变
C		$U_a = E$ $U_b = -\dfrac{1}{2}E - j\dfrac{\sqrt{3}}{2}U$ $U_c = -\dfrac{1}{2}E + j\dfrac{\sqrt{3}}{2}U$	相间短路故障：短路两相电压跌落且相位跳变，另外一相电压保持不变 类型 B 故障经一个 Dy 型变压器
D		$U_a = U$ $U_b = -\dfrac{1}{2}U - j\dfrac{\sqrt{3}}{2}E$ $U_c = -\dfrac{1}{2}U + j\dfrac{\sqrt{3}}{2}E$	类型 C 故障经一个 Dy 变压器 类型 B 故障经两个 Dy 变压器

（续）

故障类型	电压空间矢量图	电压空间矢量	故 障 描 述
E		$U_a = E$ $U_b = -\dfrac{1}{2}E - j\dfrac{\sqrt{3}}{2}U$ $U_c = -\dfrac{1}{2}E + j\dfrac{\sqrt{3}}{2}U$	两相接地故障：接地故障两相电压跌落，另外一相电压保持不变
F		$U_a = U$ $U_b = -\dfrac{1}{2}U - j\dfrac{\sqrt{3}}{3}E - j\dfrac{\sqrt{3}}{6}U$ $U_c = -\dfrac{1}{2}U + j\dfrac{\sqrt{3}}{2}E + j\dfrac{\sqrt{3}}{6}U$	类型 E 故障经一个 Dy 变压器
G		$U_a = \dfrac{2}{3}E + \dfrac{1}{3}U$ $U_b = -\dfrac{1}{3}E - \dfrac{1}{6}U - j\dfrac{\sqrt{3}}{2}U$ $U_c = -\dfrac{1}{3}E - \dfrac{1}{6}U + j\dfrac{\sqrt{3}}{2}U$	类型 E 故障经两个 Dy 变压器

这种方法能够非常直观地反映出电网电压故障过程中幅值和相位的变化，它把各种电网电压故障划分为 7 种故障类型，分类方式完整而清晰，有利于对电网故障的进一步分析和讨论。

特别地，目前文献中还普遍采用一种叫作不对称度的参数来定量表述不对称电网电压的不对称程度，其定义是：当电压发生不对称故障时，负序电压分量与正序电压分量的比值为电网电压的不对称度。这一参数在本书后续的讨论中也将被采用。

4.2　电网故障下 DFIG 的运行特性

4.2.1　电网对称跌落条件下 DFIG 的运行特性

在同步旋转坐标系中，取 d 轴和 q 轴分别为实轴和虚轴，则任意电磁矢量可表述为

$$X = X^d + jX^q \tag{4-1}$$

式中　X——任意电磁矢量；

X^d、X^q——该矢量的 d 轴分量和 q 轴分量。

采用相同的表达方式，重写式(2-19)和式(2-20)，则有

$$\begin{cases} \boldsymbol{u}_r = R_r \boldsymbol{i}_r + p\boldsymbol{\psi}_r + j\omega_{sl}\boldsymbol{\psi}_r \\ \boldsymbol{u}_s = R_s \boldsymbol{i}_s + p\boldsymbol{\psi}_s + j\omega_1\boldsymbol{\psi}_s \end{cases} \tag{4-2}$$

$$\begin{cases} \boldsymbol{\psi}_r = L_r \boldsymbol{i}_r + L_M \boldsymbol{i}_s \\ \boldsymbol{\psi}_s = L_M \boldsymbol{i}_r + L_s \boldsymbol{i}_s \end{cases} \tag{4-3}$$

在电网电压发生三相对称跌落故障的过程中，认为跌落和恢复都是以阶跃的形式出现的，则双馈电机定子电压可以表述为

$$\boldsymbol{u}_s = \begin{cases} \boldsymbol{u}_{norm1} = u_{norm} e^{j\omega_1 t + \phi_{norm}} & t < t_{sag} \\ \boldsymbol{u}_{sag} = u_{sag} e^{j\omega_1 t + \phi_{sag}} & t_{sag} \leq t < t_{rec} \\ \boldsymbol{u}_{norm2} = u_{norm} e^{j\omega_1 t + \phi_{rec}} & t \geq t_{rec} \end{cases} \tag{4-4}$$

式中　u_{norm1}、u_{norm}、ϕ_{norm}——跌落前正常电网电压的矢量、幅值和初始相位；

u_{sag}、u_{sag}、ϕ_{sag}——跌落后故障电网电压的矢量、幅值和初始相位；

u_{norm2}、ϕ_{rec}——恢复后正常电网电压的矢量和初始相位；

t_{sag}、t_{rec}——电网电压跌落和恢复的时刻。

为便于讨论，认为定子电压由电网电压决定，且由于电机转速调节较慢，可认为在电网故障过程中电机转速保持不变。双馈电机在电网故障条件下的运行特性，除受到式(4-4)所示电网条件的制约，也受到转子侧变换器所施加控制电压的影响，下面分别根据转子侧变换器的不同控制情况，分析双馈系统在对称电网故障下的运行特性。

4.2.1.1　转子电流矢量恒定时 DFIG 的故障运行特性

将式(4-2)中的定子电压方程和式(4-3)中的定子磁链方程联立，消去定子电流，可以得到

$$p\boldsymbol{\psi}_s = \boldsymbol{u}_s - \left(\frac{R_s}{L_s} + j\omega_1\right)\boldsymbol{\psi}_s + \frac{R_s L_M}{L_s} \boldsymbol{i}_r \tag{4-5}$$

可见，定子磁链将受到 $\boldsymbol{u}_s$ 和 $\boldsymbol{i}_s$ 的同时制约，为获得定子磁链的解析表达式，假设转子变换器具有足够的带宽和控制能力，维持整个低电压过程中转子电流矢量保持不变。则式(4-5)为关于定子磁链的一阶微分方程，当其定子电压为式(4-4)时，定子磁链可表示为强制分量 $\boldsymbol{\psi}_{s\_force}$ 和自由分量 $\boldsymbol{\psi}_{s\_natural}$ 的叠加：

$$\boldsymbol{\psi}_s = \boldsymbol{\psi}_{s\_force} + \boldsymbol{\psi}_{s\_natural} \tag{4-6}$$

其中，$\boldsymbol{\psi}_{s\_force}$ 和 $\boldsymbol{\psi}_{s\_natural}$ 在电网故障前、故障中和恢复后的表达式分别如下：

（1）$t < t_{sag}$ 时，$\boldsymbol{\psi}_{s\_force}$ 为正常电压下定子磁链的稳态值，$\boldsymbol{\psi}_{s\_natural}$ 为 0，即

$$
\begin{cases}
\boldsymbol{\psi}_{\text{s\_force}} = \dfrac{L_s \boldsymbol{u}_{\text{norm}} + R_s L_{\text{M}} \boldsymbol{i}_r}{R_s + j\omega_1 L_s} \\[3mm]
\boldsymbol{\psi}_{\text{s\_natural}} = 0
\end{cases}
\tag{4-7}
$$

（2）$t_{\text{sag}} \leq t < t_{\text{rec}}$ 时，$\boldsymbol{\psi}_{\text{s\_force}}$ 为故障电压下定子磁链的稳态值，$\boldsymbol{\psi}_{\text{s\_natural}}$ 由故障前定子磁链瞬时值和故障后定子磁链的稳态值共同决定：

$$
\begin{cases}
\boldsymbol{\psi}_{\text{s\_force}} = \dfrac{L_s \boldsymbol{u}_{\text{sag}} + R_s L_{\text{M}} \boldsymbol{i}_r}{R_s + j\omega_1 L_s} \\[4mm]
\boldsymbol{\psi}_{\text{s\_natural}} = \dfrac{L_s(\boldsymbol{u}_{\text{norm}} - \boldsymbol{u}_{\text{sag}})}{R_s + j\omega_1 L_s} e^{-j\omega_1(t - t_{\text{sag}})} e^{-(t - t_{\text{sag}})R_s / L_s}
\end{cases}
\tag{4-8}
$$

（3）$t \geq t_{\text{rec}}$ 时，$\boldsymbol{\psi}_{\text{s\_force}}$ 为正常电压下定子磁链的稳态值，$\boldsymbol{\psi}_{\text{s\_natural}}$ 由 $t_{\text{sag}} \leq t < t_{\text{rec}}$ 阶段结束时定子磁链的瞬时值和正常电压下定子磁链的稳态值共同决定：

$$
\begin{cases}
\boldsymbol{\psi}_{\text{s\_force}} = \dfrac{L_s \boldsymbol{u}_{\text{norm}} + R_s L_{\text{M}} \boldsymbol{i}_r}{R_s + j\omega_1 L_s} \\[4mm]
\boldsymbol{\psi}_{\text{s\_natural}} = \dfrac{L_s(\boldsymbol{u}_{\text{sag}} - \boldsymbol{u}_{\text{norm}})\left[1 - e^{-j\omega_1(t_{\text{rec}} - t_{\text{sag}})} e^{\frac{-(t_{\text{rec}} - t_{\text{sag}})R_s}{L_s}}\right]}{R_s + j\omega_1 L_s} e^{-j\omega_1(t - t_{\text{rec}})} e^{\frac{-(t - t_{\text{rec}})R_s}{L_s}}
\end{cases}
\tag{4-9}
$$

由式（4-6）~式（4-9）可知，在电网电压对称跌落和恢复的过程中，双馈电机定子磁链中将出现一个在同步坐标系中保持不变的强制分量，这个强制分量只取决于电网电压矢量，而和故障或恢复时刻无关；同时也将出现一个在同步坐标系中呈现同步频率脉动且逐渐衰减的自由分量，这个自由分量不仅仅和电网电压矢量有关，还和跌落及恢复的时刻有关。

图 4-1 给出了对称电网故障过程中定子磁链在矢量空间中的运动轨迹。当电网电压正常时，定子磁链轨迹位于 a 点（此处忽略定子电阻的影响）；当电压发生对称跌落时，定子磁链轨迹将沿着以 b 为圆心的圆 1 以同步角速度 ω_1 顺时针旋转，其中 b 点即为电压跌落后定子磁链强制分量所在位置，b 点指向位于圆 1 上当前定子磁链所在位置的矢量即为定子磁链自由分量，因此，圆 1 的半径将以时间常数 L_s / R_s 衰减，直至为 0，则定子磁链再次稳定于 b 点；当电网电压恢复时，定子磁链从其当前所处位置开始，沿着以 a 为圆心的圆形

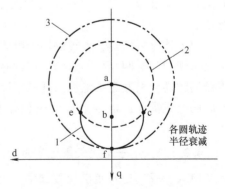

图 4-1　对称电网故障过程中定子磁链在矢量空间中的运动轨迹
（转子电流恒定）

轨迹以同步角速度 ω_1 顺时针旋转，如圆 2 或圆 3 所示，且圆形轨迹的半径也以时间常数 L_s / R_s 衰减，直至磁链再次回到 a 点，系统暂态过程结束，完全恢复到正常

运行状态。明显地，磁链运动轨迹离 a 点越远，其恢复后引入的自由分量幅值就越大，暂态过程就越剧烈，如图中 f 点处故障恢复的磁链过程（圆3）要明显比 c 或 e 点处故障恢复的磁链过程（圆2）要剧烈。

将式(4-6)~式(4-9) 的结果代入到式(4-3) 中，可以得到此时的定子电流为

$$\boldsymbol{i}_s = \boldsymbol{i}_{s\_force} + \boldsymbol{i}_{s\_natural} \tag{4-10}$$

其中

$t < t_{sag}$ 时
$$\begin{cases} \boldsymbol{i}_{s\_force} = \dfrac{\boldsymbol{u}_{norm} - j\omega_1 L_M \boldsymbol{i}_r}{R_s + j\omega_1 L_s} \\ \boldsymbol{i}_{s\_natural} = 0 \end{cases} \tag{4-11}$$

$t_{sag} \leqslant t < t_{rec}$ 时
$$\begin{cases} \boldsymbol{i}_{s\_force} = \dfrac{\boldsymbol{u}_{sag} - j\omega_1 L_M \boldsymbol{i}_r}{R_s + j\omega_1 L_s} \\ \boldsymbol{i}_{s\_natural} = \dfrac{\boldsymbol{u}_{norm} - \boldsymbol{u}_{sag}}{R_s + j\omega_1 L_s} e^{-j\omega_1(t-t_{sag})} e^{-(t-t_{sag})R_s/L_s} \end{cases} \tag{4-12}$$

$t \geqslant t_{rec}$ 时
$$\begin{cases} \boldsymbol{i}_{s\_force} = \dfrac{\boldsymbol{u}_{norm} - j\omega_1 L_M \boldsymbol{i}_r}{R_s + j\omega_1 L_s} \\ \boldsymbol{i}_{s\_natural} = \dfrac{(\boldsymbol{u}_{sag} - \boldsymbol{u}_{norm})\left[1 - e^{-j\omega_1(t_{rec}-t_{sag})} e^{\frac{-(t_{rec}-t_{sag})R_s}{L_s}}\right] e^{-j\omega_1(t-t_{rec})} e^{\frac{-(t-t_{rec})R_s}{L_s}}}{R_s + j\omega_1 L_s} \end{cases} \tag{4-13}$$

由式(4-10)~式(4-13) 可知，在电网电压对称跌落和恢复的过程中，双馈电机定子磁链的动态过程会在电机中引发相似的定子电流动态过程，使定子电流中也出现一个在同步坐标系中保持不变的强制分量和一个在同步坐标系中呈现同步频率脉动且逐渐衰减的自由分量，其中的定子电流自由分量会导致定子电流的激增和脉动。

由上述分析可知，若控制转子电流矢量恒定，在对称电网故障过程中，定子磁链会出现同步电网频率的脉动，这种脉动将逐渐衰减直至定子磁链达到稳态；定子磁链的脉动会引发定子电流出现同频脉动，对电机定子造成一定冲击，而通过定转子间的电磁耦合，也会造成转子侧电压升高，并可能造成转子侧变换器的过压故障。

4.2.1.2 定子电流矢量恒定时 DFIG 的故障运行特性

由式(4-2) 中定子电压方程得

$$p\boldsymbol{\psi}_s = j\omega_1 \boldsymbol{\psi}_s - \boldsymbol{u}_s + R_s \boldsymbol{i}_s \tag{4-14}$$

可见，定子磁链受到 $\boldsymbol{u}_s$ 和 $\boldsymbol{i}_s$ 的同时制约，为获得定子磁链的解析表达式，假设转子变换器具有足够的带宽和控制能力，维持整个低电压过程中定子电流矢量保持不变。则式(4-14) 为关于定子磁链的一阶微分方程，当其定子电压为式(4-4) 时，定子磁链可表示为强制分量 $\boldsymbol{\psi}_{s\_force}$ 和自由分量 $\boldsymbol{\psi}_{s\_natural}$ 的叠加：

$$\boldsymbol{\psi}_s = \boldsymbol{\psi}_{s\_force} + \boldsymbol{\psi}_{s\_natural} \tag{4-15}$$

其中，ψ_{s_force}和$\psi_{s\_natural}$在电网故障前、故障中和恢复后的表达式分别如下：

1）$t < t_{sag}$时，ψ_{s_force}为正常电压下定子磁链的稳态值，$\psi_{s\_natural}$为 0，即

$$\begin{cases} \boldsymbol{\psi}_{s\_force} = \dfrac{\boldsymbol{u}_{norm} - R_s \boldsymbol{i}_s}{j\omega_1} \\ \boldsymbol{\psi}_{s\_natural} = 0 \end{cases} \quad (4\text{-}16)$$

2）$t_{sag} \leqslant t < t_{rec}$时，$\psi_{s\_force}$为故障电压下定子磁链的稳态值，$\psi_{s\_natural}$由故障前定子磁链瞬时值和故障后定子磁链的稳态值共同决定：

$$\begin{cases} \boldsymbol{\psi}_{s\_force} = \dfrac{\boldsymbol{u}_{sag} - R_s \boldsymbol{i}_s}{j\omega_1} \\ \boldsymbol{\psi}_{s\_natural} = \dfrac{\boldsymbol{u}_{norm} - \boldsymbol{u}_{sag}}{j\omega_1} e^{-j\omega_1(t - t_{sag})} \end{cases} \quad (4\text{-}17)$$

3）$t \geqslant t_{rec}$时，ψ_{s_force}为正常电压下定子磁链的稳态值，$\psi_{s\_natural}$由$t_{sag} \leqslant t < t_{rec}$阶段结束时定子磁链的瞬时值和正常电压下定子磁链的稳态值共同决定：

$$\begin{cases} \boldsymbol{\psi}_{s\_force} = \dfrac{\boldsymbol{u}_{norm} - R_s \boldsymbol{i}_s}{j\omega_1} \\ \boldsymbol{\psi}_{s\_natural} = \dfrac{(\boldsymbol{u}_{sag} - \boldsymbol{u}_{norm})\left[1 - e^{-j\omega_1(t_{rec} - t_{sag})}\right]}{j\omega_1} e^{-j\omega_1(t - t_{rec})} \end{cases} \quad (4\text{-}18)$$

由式（4-15）~ 式（4-18）可知，在电网电压对称跌落和恢复的过程中，双馈电机定子磁链中将出现一个在同步坐标系中保持不变的强制分量，这个强制分量只取决于电网电压矢量，而和故障或恢复时刻无关；同时也将出现一个在同步坐标系中呈现同步频率脉动的自由分量，这个自由分量不仅仅和电网电压矢量有关，还和故障及恢复的时刻有关；值得注意的是，不同于 4.2.1.1 节中的情况，此处定子磁链的自由分量将不再衰减，而是持续等幅脉动。

图 4-2 中给出了对称电网故障过程定子磁链在矢量空间中的运动轨迹。在图 4-2 中，定子磁链的矢量空间轨迹与图 4-1 所描述的内容基本一致，只是其中圆 1、2、3 的半径将保持恒定，并不衰减，即一旦电压跌落后，定子磁链的自由分量将持续存在，即使在故障清除后，系统也无法恢复到初始的正常工作状态点 a。上述结果表明，在对称电网故障穿越过程中，强制控制定子电流矢量恒定将不利于电机磁链的恢复。同时，其在恢复过程中引发的磁链暂态剧烈程度仍然与故障恢复的时刻有关，

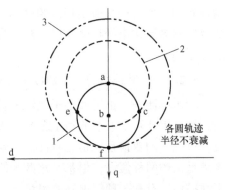

图 4-2 对称电网故障过程中定子磁链在矢量空间中的运动轨迹

（定子电流恒定）

即图 4-2 中 f 点的恢复过程要比 c 点或 e 点更为剧烈。

将式(4-15)~式(4-18)的结果代入式(4-3)中,可以得到此时的转子电流为

$$i_r = i_{r\_force} + i_{r\_natural} \tag{4-19}$$

其中

$t < t_{sag}$ 时

$$\begin{cases} i_{r\_force} = \dfrac{u_{norm} - (R_s + j\omega_1 L_s) i_s}{j\omega_1 L_M} \\ i_{r\_natural} = 0 \end{cases} \tag{4-20}$$

$t_{sag} \leq t < t_{rec}$ 时

$$\begin{cases} i_{r\_force} = \dfrac{u_{sag} - (R_s + j\omega_1 L_s) i_s}{j\omega_1 L_M} \\ i_{r\_natural} = \dfrac{u_{norm} - u_{sag}}{j\omega_1 L_M} e^{-j\omega_1(t - t_{sag})} \end{cases} \tag{4-21}$$

$t \geq t_{rec}$ 时

$$\begin{cases} i_{r\_force} = \dfrac{u_{norm} - (R_s + j\omega_s L_s) i_s}{j\omega_s L_m} \\ i_{r\_natural} = \dfrac{(u_{sag} - u_{norm})\left[1 - e^{-j\omega_s(t_{rec} - t_{sag})}\right]}{j\omega_s L_m} e^{-j\omega_s(t - t_{rec})} \end{cases} \tag{4-22}$$

由式(4-19)~式(4-22)可知,在电网电压对称跌落和恢复的过程中,双馈电机定子磁链的动态过程会在电机中引发相似的转子电流动态过程,使转子电流中也出现一个在同步坐标系中保持不变的强制分量和一个在同步坐标系中呈现同步频率脉动且幅值不衰减的自由分量,其中的转子电流自由分量会导致转子电流的激增和脉动。

由上述分析可知,若控制定子电流矢量恒定,在对称电网故障过程中,定子磁链会出现电网同步频率的脉动,且这种脉动并不衰减,即使在电网故障清除之后,这种脉动也会一直存在,使得系统无法恢复到故障前正常的工作状态。定子磁链的这种脉动,使转子电流出现同频脉动,容易引发转子的过电流故障,也增加了转子侧变换器需要输出的控制电压,从而降低了转子侧变换器的控制范围,是不利于系统控制的。

4.2.1.3 其他情况下 DFIG 的故障运行特性

转子电流矢量恒定和定子电流矢量恒定是目前许多双馈系统控制算法关注的控制目标,因此 4.2.1.1 节和 4.2.1.2 节分别在这两种假设的基础上分析了对称电网故障过程中的双馈系统运行特性。尽管并不是所有双馈系统在电网故障过程中都完全满足上述两种假设,但基于这两种假设,可以获得电网故障过程中电机特性的解析性描述,有利于理解电网故障过程中电机的暂态行为。

当双馈电机的运行状态不满足 4.2.1.1 节和 4.2.1.2 节两种情况中的假设条件时,双馈系统在对称电网故障下的运行特性将更加复杂。当定子电压突变时,定子磁链由于积分效应而无法突变,将会产生自由分量 $\psi_{s\_natural}$,这个自由分量将在电

机中引发一系列剧烈的电磁过程。在定子电流和转子电流均未受到有效控制的情况下，定子磁链的自由分量将同时在定转子电流中产生同步电网频率的脉动分量，从而造成定子和转子侧的过电流；通过定转子之间的电磁耦合，电机转子磁链也将产生和定子磁链对应自由分量 $\psi_{\text{r\_natural}}$，在 abc 静止坐标系中，$\psi_{\text{r\_natural}}$ 表现为一个直流分量，由于双馈发电机正常运行时转速较高，其转子会以较高的相对速度切割 $\psi_{\text{r\_natural}}$，引起转子过电压。

　　由上述分析可知，为实现双馈风电系统对称电网故障下的不间断运行，需要采取相应的措施对系统进行控制和保护。

4.2.2　电网不对称故障下 DFIG 的运行特性

4.2.2.1　对称分量法

　　对称分量法是一种研究不对称电网特性的有效方法，它指出：任何一个不对称的三相正弦功率系统，都可以被表示为三个对称系统——正序分量系统、负序分量系统和零序分量系统——的叠加。

　　由于双馈风电系统多通过星/三角变压器与电网相连，通常不考虑零序分量，此时，对称分量法的一个直观表述如图 4-3 所示。

其中，F 为 αβ 坐标系中任意不对称电磁矢量，它可以被等效为以角速度 ω_1 正向旋转的正序分量 F_+ 和以角速度 ω_1 负向旋转的负序分量 F_- 的矢量合成。正序分量 F_+ 在正向同步旋转坐标系 dq+ 中表现为恒定矢量，而负序分量 F_- 在负向同步旋转坐标系 dq− 中也表现为恒定矢量，分别记作 $F_+^{\text{dq+}}$ 和 $F_-^{\text{dq-}}$，其中上角标 +、− 分别表示当前矢量处于正向同步坐标系和负向同步坐标系，下角标 +、− 分别表示正序和负序分量，以下类似的表示具有同样的意义。

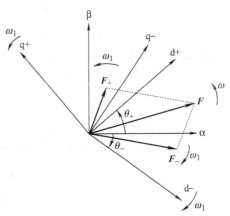

图 4-3　任意电磁矢量的对称分量表示

　　为方便推导，不妨取 dq+ 和 αβ 坐标系间夹角为 $\theta_+ = \omega_1 t$，dq− 和 αβ 坐标系间夹角为 $\theta_- = \omega_1 t$，则 dq+ 和 dq− 坐标系间夹角为 $\theta = \theta_+ + \theta_- = 2\omega_1 t$，由此得电磁矢量 F 在 αβ、dq+ 和 dq− 坐标系之间的转换关系为

$$\begin{cases} F^{\alpha\beta} = F^{\text{dq+}} e^{j\omega_1 t}, & F^{\text{dq+}} = F^{\alpha\beta} e^{-j\omega_1 t} \\ F^{\alpha\beta} = F^{\text{dq-}} e^{-j\omega_1 t}, & F^{\text{dq-}} = F^{\alpha\beta} e^{j\omega_1 t} \\ F^{\text{dq+}} = F^{\text{dq-}} e^{-j2\omega_1 t}, & F^{\text{dq-}} = F^{\text{dq+}} e^{j2\omega_1 t} \end{cases} \tag{4-23}$$

　　则任意电磁矢量在正向同步坐标系中可以被表述为

$$F^{\mathrm{dq}+} = F_+^{\mathrm{dq}+} + F_-^{\mathrm{dq}+} = F_+^{\mathrm{dq}+} + F_-^{\mathrm{dq}-} \mathrm{e}^{-\mathrm{j}2\omega_1 t} \tag{4-24}$$

4.2.2.2 不对称电网故障下 DFIG 的运行特性

下面采用对称分量发对不对称电网故障情况下 DFIG 的运行特性进行分析。

当电网电压发生不对称故障时，在正向同步坐标系中，重写式(2-19)~式(2-22)，得到此时双馈电机的数学模型为

$$\begin{cases} u_{\mathrm{s}}^{\mathrm{d}+} = R_{\mathrm{s}} i_{\mathrm{s}}^{\mathrm{d}+} + p\psi_{\mathrm{s}}^{\mathrm{d}+} - \omega_1 \psi_{\mathrm{s}}^{\mathrm{q}+} \\ u_{\mathrm{s}}^{\mathrm{q}+} = R_{\mathrm{s}} i_{\mathrm{s}}^{\mathrm{q}+} + p\psi_{\mathrm{s}}^{\mathrm{q}+} + \omega_1 \psi_{\mathrm{s}}^{\mathrm{d}+} \\ u_{\mathrm{r}}^{\mathrm{d}+} = R_{\mathrm{r}} i_{\mathrm{r}}^{\mathrm{d}+} + p\psi_{\mathrm{r}}^{\mathrm{d}+} - \omega_{\mathrm{sl}} \psi_{\mathrm{r}}^{\mathrm{q}+} \\ u_{\mathrm{r}}^{\mathrm{q}+} = R_{\mathrm{r}} i_{\mathrm{r}}^{\mathrm{q}+} + p\psi_{\mathrm{r}}^{\mathrm{q}+} + \omega_{\mathrm{sl}} \psi_{\mathrm{r}}^{\mathrm{d}+} \end{cases} \tag{4-25}$$

$$\begin{cases} \psi_{\mathrm{s}}^{\mathrm{d}+} = L_{\mathrm{s}} i_{\mathrm{s}}^{\mathrm{d}+} + L_{\mathrm{M}} i_{\mathrm{r}}^{\mathrm{d}+} \\ \psi_{\mathrm{s}}^{\mathrm{q}+} = L_{\mathrm{s}} i_{\mathrm{s}}^{\mathrm{q}+} + L_{\mathrm{M}} i_{\mathrm{r}}^{\mathrm{q}+} \\ \psi_{\mathrm{r}}^{\mathrm{d}+} = L_{\mathrm{r}} i_{\mathrm{r}}^{\mathrm{d}+} + L_{\mathrm{M}} i_{\mathrm{s}}^{\mathrm{d}+} \\ \psi_{\mathrm{r}}^{\mathrm{q}+} = L_{\mathrm{r}} i_{\mathrm{r}}^{\mathrm{q}+} + L_{\mathrm{M}} i_{\mathrm{s}}^{\mathrm{q}+} \end{cases} \tag{4-26}$$

$$T_{\mathrm{e}} = n_{\mathrm{p}} L_{\mathrm{M}} (i_{\mathrm{s}}^{\mathrm{q}+} i_{\mathrm{r}}^{\mathrm{d}+} - i_{\mathrm{s}}^{\mathrm{d}+} i_{\mathrm{r}}^{\mathrm{q}+}) \tag{4-27}$$

$$\begin{cases} P_{\mathrm{s}} = u_{\mathrm{s}}^{\mathrm{d}+} i_{\mathrm{s}}^{\mathrm{d}+} + u_{\mathrm{s}}^{\mathrm{q}+} i_{\mathrm{s}}^{\mathrm{q}+} \\ Q_{\mathrm{s}} = u_{\mathrm{s}}^{\mathrm{q}+} i_{\mathrm{s}}^{\mathrm{d}+} - u_{\mathrm{s}}^{\mathrm{d}+} i_{\mathrm{s}}^{\mathrm{q}+} \end{cases} \tag{4-28}$$

式(4-25)~式(4-28)即为不对称电网条件下双馈电机的数学模型。当电网电压发生不对称故障时，电网电压负序分量会激发定子磁链中出现负序分量，根据式(4-24)，此时定子电压和定子磁链可以表述为

$$\begin{cases} u_{\mathrm{s}}^{\mathrm{d}+} = u_{\mathrm{s}+}^{\mathrm{d}+} + u_{\mathrm{s}-}^{\mathrm{d}-} \cos(2\omega_1 t) + u_{\mathrm{s}-}^{\mathrm{q}-} \sin(2\omega_1 t) \\ u_{\mathrm{s}}^{\mathrm{q}+} = u_{\mathrm{s}+}^{\mathrm{q}+} + u_{\mathrm{s}-}^{\mathrm{q}-} \cos(2\omega_1 t) + u_{\mathrm{s}-}^{\mathrm{q}-} \sin(2\omega_1 t) \end{cases} \tag{4-29}$$

$$\begin{cases} \psi_{\mathrm{s}}^{\mathrm{d}+} = \psi_{\mathrm{s}+}^{\mathrm{d}+} + \psi_{\mathrm{s}-}^{\mathrm{d}-} \cos(2\omega_1 t) + \psi_{\mathrm{s}-}^{\mathrm{d}-} \sin(2\omega_1 t) \\ \psi_{\mathrm{s}}^{\mathrm{q}+} = \psi_{\mathrm{s}+}^{\mathrm{q}+} + \psi_{\mathrm{s}-}^{\mathrm{q}-} \cos(2\omega_1 t) + \psi_{\mathrm{s}-}^{\mathrm{q}-} \sin(2\omega_1 t) \end{cases} \tag{4-30}$$

图 4-4 给出了几种典型不对称故障下电网电压和定子磁链在矢量空间中的轨迹。由图中可以看出，不同电网故障下电网电压和定子磁链的空间轨迹虽然有所不同，但均由正常电网条件下的圆形变为不对称故障下的椭圆形，这是由于负序分量存在所造成的，这种电压和磁链的畸变使系统的运行状态有别于正常状态。

不对称的电网电压与定子磁链，使定子电流中出现负序分量，并通过定转子间的电磁耦合，使转子电流同样出现负序分量，由此，定子电流和转子电流可以表述为

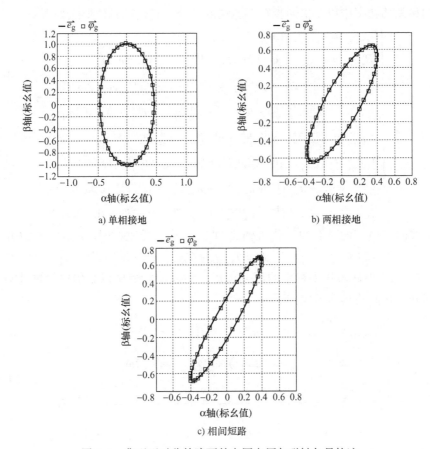

a) 单相接地   b) 两相接地

c) 相间短路

图 4-4 典型不对称故障下的电网电压与磁链矢量轨迹

$$\begin{cases} i_s^{d+} = i_{s+}^{d+} + i_{s-}^{d-}\cos(2\omega_1 t) + i_{s-}^{d-}\sin(2\omega_1 t) \\ i_s^{q+} = i_{s+}^{q+} + i_{s-}^{q-}\cos(2\omega_1 t) + i_{s-}^{q-}\sin(2\omega_1 t) \end{cases} \tag{4-31}$$

$$\begin{cases} i_r^{d+} = i_{r+}^{d+} + i_{r-}^{d-}\cos(2\omega_1 t) + i_{r-}^{d-}\sin(2\omega_1 t) \\ i_r^{q+} = i_{r+}^{q+} + i_{r-}^{q-}\cos(2\omega_1 t) + i_{r-}^{q-}\sin(2\omega_1 t) \end{cases} \tag{4-32}$$

上式表明，此时定转子电流中存在着 2 倍电网频率的负序分量[○]。将式(4-29) 和式(4-31) 代入式(4-28)，整理得

$$\begin{cases} P_s = P_{sconst} + P_{s2\omega_1} \\ Q_s = Q_{sconst} + Q_{s2\omega_1} \end{cases} \tag{4-33}$$

其中，P_{sconst} 和 Q_{sconst} 为定子有功功率和无功功率中稳定的部分，$P_{s2\omega_1}$ 和 $Q_{s2\omega_1}$ 为定

○ 并网运行的双馈电机，在基于定子电压定向的模型中，认为 $\omega_s = \omega_1$，下同。

子有功和无功功率中以 2 倍同步频率脉动的部分，它们的具体形式如下：

$$\begin{cases} P_{\text{sconst}} = u_{s+}^{d+} i_{s+}^{d+} + u_{s+}^{q+} i_{s+}^{q+} + u_{s-}^{d-} i_{s-}^{d-} + u_{s-}^{q-} i_{s-}^{q-} \\ P_{s2\omega_1} = P_{s2\omega_1 \cdot \cos} \cos(2\omega_1 t) + P_{s2\omega_1 \cdot \sin} \sin(2\omega_1 t) \\ \quad = (u_{s+}^{d+} i_{s-}^{d-} + u_{s+}^{q+} i_{s-}^{q-} + u_{s-}^{d-} i_{s+}^{d+} + u_{s-}^{q-} i_{s+}^{q+}) \cos(2\omega_1 t) \\ \qquad + (u_{s+}^{d+} i_{s-}^{q-} - u_{s+}^{q+} i_{s-}^{d-} - u_{s-}^{d-} i_{s+}^{q+} + u_{s-}^{q-} i_{s+}^{d+}) \sin(2\omega_1 t) \end{cases} \tag{4-33a}$$

$$\begin{cases} Q_{\text{sconst}} = u_{s+}^{q+} i_{s+}^{d+} - u_{s+}^{d+} i_{s+}^{q+} + u_{s-}^{q-} i_{s-}^{d-} - u_{s-}^{d-} i_{s-}^{q-} \\ Q_{s2\omega_1} = Q_{s2\omega_1 \cdot \cos} \cos(2\omega_1 t) + Q_{s2\omega_1 \cdot \sin} \sin(2\omega_1 t) \\ \quad = (-u_{s+}^{d+} i_{s-}^{q-} + u_{s+}^{q+} i_{s-}^{d-} - u_{s-}^{d-} i_{s+}^{q+} + u_{s-}^{q-} i_{s+}^{d+}) \cos(2\omega_1 t) \\ \qquad + (u_{s+}^{d+} i_{s-}^{d-} + u_{s+}^{q+} i_{s-}^{q-} - u_{s-}^{d-} i_{s+}^{d+} - u_{s-}^{q-} i_{s+}^{q+}) \sin(2\omega_1 t) \end{cases} \tag{4-33b}$$

将式(4-31) 和式(4-32) 代入到式(4-27) 中，得到此时电机的电磁转矩为

$$T_e = T_{\text{econst}} + T_{e2\omega_1} \tag{4-34}$$

其中，T_{econst} 为电磁转矩中稳定的部分，$T_{e2\omega_1}$ 为电磁转矩中以 2 倍电网同步频率脉动的部分，它们的具体形式如下：

$$\begin{cases} T_{\text{econst}} = \dfrac{n_p}{\omega_1} (u_{s-}^{d-} i_{s-}^{d-} + u_{s-}^{q-} i_{s-}^{q-} - u_{s+}^{d+} i_{s+}^{d+} - u_{s+}^{q+} i_{s+}^{q+}) \\ T_{e2\omega_1} = T_{e2\omega_1 \cdot \cos} \cos(2\omega_1 t) + T_{e2\omega_1 \cdot \sin} \sin(2\omega_1 t) \\ \quad = \dfrac{n_p}{\omega_1} [(u_{s-}^{d-} i_{s+}^{d+} + u_{s-}^{q-} i_{s+}^{q+} - u_{s+}^{d+} i_{s-}^{d-} - u_{s+}^{q+} i_{s-}^{q-}) \cos(2\omega_1 t) \\ \qquad + (u_{s+}^{q+} i_{s-}^{d-} + u_{s-}^{q-} i_{s+}^{d+} - u_{s+}^{d+} i_{s-}^{q-} - u_{s-}^{d-} i_{s+}^{q+}) \sin(2\omega_1 t)] \end{cases} \tag{4-34a}$$

由本节分析可以看出，不对称电网故障对双馈风电系统的影响主要在于电网负序分量的存在，在双馈系统各电磁量中激发出负序分量，这些负序分量会持续存在，直至电网电压恢复正常，从而造成电流、磁链、功率、转矩等出现 2 倍同步频率的脉动，可能造成系统故障停机，甚至造成永久性硬件损伤。为此，有效抑制不对称电网中负序电压分量对系统造成的影响，是双馈风电系统不对称电网故障不间断运行控制的关键。

4.3 电网故障下网侧变换器的运行特性

对称电网故障对网侧变换器的影响较小。对于采用传统的电流内环、直流母线电压外环控制结构的网侧变换器而言，电网对称故障主要是对锁相环产生一个动态扰动进而引发其电流环和电压环的一个暂态过程，因此，锁相环的动态特性对于这个暂态过程的影响较大。动态特性足够好的网侧变换器能够在极短时间内完成这一暂态过程（可能伴随暂态的电流尖峰及直流母线电压波动），并再次进入新的稳定状态，实现对称故障不间断运行，相关控制问题目前已经得到较好的解决。

不对称电网故障对于网侧变换器的影响较大。这是由于不对称的电网电压可能持续存在,从而可能在网侧变换器中产生一个较为持续性的影响,而网侧变换器的传统矢量控制方法是基于理想电网条件建模并推导的,因此理论上不具备克服不对称扰动的能力,这将使得不对称电网故障对于网侧变换器的影响进一步增大。本节接下来将借助 4.2.2 节中的对称分量法,对不对称电网电压下网侧变换器的运行特性进行进一步分析。

当电网电压发生不对称故障时,在正向同步坐标系中,重写式(2-24)和式(2-25),得到此时网侧变换器的数学模型为

$$\begin{cases} u_g^{d+} = R_g i_g^{d+} + L_g p i_g^{d+} - \omega_1 L_g i_g^{q+} + e_g^{d+} \\ u_g^{q+} = R_g i_g^{q+} + L_g p i_g^{q+} + \omega_1 L_g i_g^{d+} + e_g^{q} \end{cases} \tag{4-35}$$

$$\begin{cases} P_g = e_g^{d+} i_g^{d+} + e_g^{q+} i_g^{q+} \\ Q_g = e_g^{q+} i_g^{d+} - e_g^{d+} i_g^{q+} \end{cases} \tag{4-36}$$

式(2-26)、式(4-35)和式(4-36)即为不对称电网条件下网侧变换器的数学模型,根据式(4-24),此时电网电压和网侧电流可以表述为

$$\begin{cases} e_g^{d+} = e_{g+}^{d+} + e_{g-}^{d-} \cos(2\omega_1 t) + e_{g-}^{d-} \sin(2\omega_1 t) \\ e_g^{q+} = e_{g+}^{q+} + e_{g-}^{q-} \cos(2\omega_1 t) + e_{g-}^{q-} \sin(2\omega_1 t) \end{cases} \tag{4-37}$$

$$\begin{cases} i_g^{d+} = i_{g+}^{d+} + i_{g-}^{d-} \cos(2\omega_1 t) + i_{g-}^{d-} \sin(2\omega_1 t) \\ i_g^{q+} = i_{g+}^{q+} + i_{g-}^{q-} \cos(2\omega_1 t) + i_{g-}^{q-} \sin(2\omega_1 t) \end{cases} \tag{4-38}$$

上式表明,此时网侧电流中存在着 2 倍电网频率的负序分量。将式(4-37)和式(4-38)代入式(4-36),整理得

$$\begin{cases} P_g = P_{gconst} + P_{g2\omega_1} \\ Q_g = Q_{gconst} + Q_{g2\omega_1} \end{cases} \tag{4-39}$$

其中, P_{gconst} 和 Q_{gconst} 为网侧有功功率和无功功率中稳定的部分; $P_{g2\omega_1}$ 和 $Q_{g2\omega_1}$ 为网侧有功功率和无功功率中以 2 倍同步频率脉动的部分,它们的具体形式如下:

$$\begin{cases} P_{gconst} = e_{g+}^{d+} i_{g+}^{d+} + e_{g+}^{q+} i_{g+}^{q+} + e_{g-}^{d-} i_{g-}^{d-} + e_{g-}^{q-} i_{g-}^{q-} \\ P_{g2\omega_1} = P_{g2\omega_1 \cdot \cos} \cos(2\omega_1 t) + P_{g2\omega_1 \cdot \sin} \sin(2\omega_1 t) \\ \quad = (e_{g+}^{d+} i_{g-}^{d-} + e_{g+}^{q+} i_{g-}^{q-} + e_{g-}^{d-} i_{g+}^{d+} + e_{g-}^{q-} i_{g+}^{q+}) \cos(2\omega_1 t) + \\ \quad (e_{g+}^{d+} i_{g-}^{q-} - e_{g+}^{q+} i_{g-}^{d-} - e_{g-}^{d-} i_{g+}^{q+} + e_{g-}^{q-} i_{g+}^{d+}) \sin(2\omega_1 t) \end{cases} \tag{4-39a}$$

$$\begin{cases} Q_{gconst} = e_{g+}^{q+} i_{g+}^{d+} - e_{g+}^{d+} i_{g+}^{q+} + e_{g-}^{q-} i_{g-}^{d-} - e_{g-}^{d-} i_{g-}^{q-} \\ Q_{g2\omega_1} = Q_{g2\omega_1 \cdot \cos} \cos(2\omega_1 t) + Q_{g2\omega_1 \cdot \sin} \sin(2\omega_1 t) \\ \quad = (-e_{g+}^{d+} i_{g-}^{q-} + e_{g+}^{q+} i_{g-}^{d-} - e_{g-}^{d-} i_{g+}^{q+} + e_{g-}^{q-} i_{g+}^{d+}) \cos(2\omega_1 t) \\ \quad + (e_{g+}^{d+} i_{g-}^{d-} + e_{g+}^{q+} i_{g-}^{q-} - e_{g-}^{d-} i_{g+}^{d+} - e_{g-}^{q-} i_{g+}^{q+}) \sin(2\omega_1 t) \end{cases} \tag{4-39b}$$

将式(4-39) 中的有功功率表达式代入到式(2-26) 中, 有

$$u_{dc}i_{dc} = Cu_{dc}pu_{dc} = -P_{gconst} - P_{g2\omega_1} - \Delta P \qquad (4\text{-}40)$$

此时, 直流母线电压的扰动量除了来自转子侧的有功功率外, 还有来自网侧的2倍电网同步频率的脉动, 进而导致直流母线电压出现2倍同步频率的脉动。

由上述分析可知, 当电网电压发生不对称故障时, 由于电网电压负序分量的存在, 将导致网侧电流负序分量的出现, 表现为网侧电流出现2倍电网同步频率的脉动, 谐波含量激增, 电流质量恶化; 同时含有正序和负序分量的电网电压与网侧电流相互作用, 导致网侧变换器和电网之间交换的有功功率和无功功率也出现2倍电网同步频率的脉动, 其中脉动的有功功率涌入直流母线, 还将引起直流母线电压出现2倍电网同步频率的脉动, 影响直流母线电容的使用寿命。

4.4 电网故障对 DFIG 风电系统的影响

由4.2节和4.3节分析可知, 由于受双馈风力发电系统自身拓扑结构的限制, 电压跌落对它的影响将非常大。

发电机机端电压跌落会使定子磁链中产生直流分量, 进而造成发电机定子电流迅速增加。通过转子与定子之间的磁场耦合, 快速增加的定子电流会导致转子电流也急剧上升。同时, 由于发电机正常运行时一般转速较高, 这样定子磁链中的直流分量相对于转子而言转差率将很大, 从而会在转子绕组中引起过电压。另外, 由于风力机的转速调节较慢, 在电网故障过程中风力机吸收的风能不会明显减少, 但此时机端电压下降使系统向电网中输送的电能减少, 从而使一部分风能无法及时地输入电网, 这部分风能就滞留在风电系统内部, 或导致直流母线电压升高, 或导致发电机转速激增, 超过其有效工作范围。同时, 定转子磁链和电流中混杂的自由分量, 也会造成电机电磁转矩的脉动, 增加传动轴、齿轮箱和叶片上的机械应力。如果不采取任何措施, 发电机的变换器和风力机的传动轴系将极有可能被损坏。

尤其是当电网电压发生不对称故障时, 由于电网电压负序分量的存在, 将导致双馈电机定子磁链出现负序分量, 进而使电机定子电流出现负序分量, 并经由定转子间的耦合, 使转子电流也出现负序分量, 从而导致电机定转子电流谐波增加, 电流质量恶化, 造成电机发热; 电机和电网、网侧变换器和电网之间的功率交换同样出现2倍电网同步频率的脉动分量, 这些功率脉动分量在定子侧和网侧冲击电网, 在转子侧冲击直流母线电容, 不利于系统长期可靠地运行; 同时, 电机电磁转矩同样出现2倍电网同步频率的脉动分量, 增加了传动轴、齿轮箱、叶轮等的机械冲击和应力, 增加系统损坏概率。

从上面分析可以看出, 为了实现电网故障时的不间断运行, 双馈风力发电系统必须满足以下基本要求:

1) 电网发生故障时, 应避免转子过电流和直流母线过电压对变换器造成

损坏；

2）尽可能减少电网故障时转矩脉动对齿轮箱和传动轴的冲击，防止齿轮箱和风力机发生机械损坏；

3）故障清除后能迅速恢复到故障前的正常运行状态；

4）满足电网的低电压穿越运行规范。

为了实现电网故障过程中对双馈风力发电系统的良好控制和适当保护，一般有两种途径：一种是通过改进控制策略，增强系统对零序和负序分量的控制能力；另外一种是在电网发生故障时增加硬件保护电路，同时配合相应的故障控制策略。由于前一种方法在物理条件上受限于机侧变换器输出电压的能力（通常较为有限），因此多只适用于电压跌落不十分严重的情况，而对深度的电压跌落，则必须配合使用硬件保护电路来实现故障不间断运行。

4.5　现代风电系统并网规范

随着风电在电网中占比不断增加，为保证电力系统安全可靠运行，各国对并网风电系统性能指标做出了明确要求，相关标准均可在各国相关组织官方网站上获得。

我国国标对风电场低电压穿越的要求如图 4-5 所示，即：风电场并网点电压跌至 20% 标称电压时，风电场内的风电机组应保证不脱网连续运行 625ms；风电场并网点电压在发生跌落后 2s 内能够恢复到标称电压的 90% 时，风电场内的风电机组应保证不脱网连续运行；电力系统发生不同类型故障时，若风电场并网点考核电压（见表 4-2）全部在图 4-5 所示电压轮廓线及以上的区域内时，风电机组必须保证不脱网连续运行；对电力系统故障期间没有切出的风电场，其有功功率在故障清除后应快速恢复，自故障清除时刻开始，以至少 10% 额定功率每秒的功率变化率恢复至故障前的值。值得指出的是，该国标的故障穿越标准中，并未完全涵盖 4.1 节

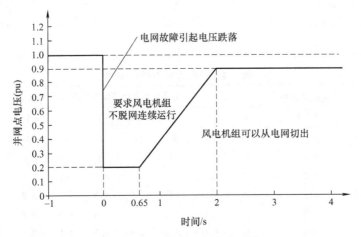

图 4-5　风电场低电压穿越要求

中给出的所有故障类型。

表 4-2　风电场低电压穿越考核电压

故 障 类 型	考核电压
三相短路	风电场并网点线电压
两相短路	风电场并网点线电压
单相接地短路	风电场并网点相电压

总装机容量在 GW 及其以上级别的风电场群，当电网发生三相短路故障引起电压跌落时，每个风电场在低电压穿越过程中应具有动态无功支撑能力；当风电场并网点电压处于标称电压 20% ~90% 区间时，风电场应能够通过注入无功电流支撑电压恢复；自并网点电压跌落出现的时刻起，动态无功电流控制的响应时间不大于 75ms，持续时间不少于 550ms；风电场注入电网的动态无功电流 I_T 满足式(4-41)。

$$I_T \geqslant 1.5 \times (0.9 - U_T)I_N \tag{4-41}$$

式中　U_T——风电场并网点电压标幺值；

　　　I_N——风电场额定电流。

国标对风电场的运行环境做出如下要求：当风电场并网点电压在标称电压 90% ~110% 时，风电机组应能正常运行；当风电场并网点电压波动和谐波电流分别符合表 4-3 和表 4-4 要求时，风电场内的风电机组应能够正常运行；当风电场并网点电压稳态不对称度不超过 2%，且短时不对称度不超过 4% 时，风电场内的风电机组应该能够正常运行。

表 4-3　并网点电压波动限值

r（次/h）	d（%）	
	不高于 35kV	35 ~220kV
$r \leqslant 1$	4	3
$1 < r \leqslant 10$	3	2.5
$10 < r \leqslant 100$	2	1.5
$100 < r \leqslant 1000$	1.25	1

表 4-4　并网点谐波电流限值

标准电压 /kV	基准短路容量 /MVA	谐波次数及允许谐波电流方均根值/A								
		2	3	4	5	6	7	8	9	10
0.38	10	78	62	39	62	26	44	19	21	16
6	100	43	34	21	34	14	24	11	11	8.5
10	100	26	20	13	20	8.5	15	6.4	6.8	5.1
35	250	15	12	7.7	12	5.1	8.8	3.8	4.1	3.1
66	500	16	13	8.1	13	5.4	9.3	4.1	4.3	3.3
110	750	12	9.6	6.0	9.6	4.0	6.8	3.0	3.2	2.4

　　上述内容是参照国家标准 GB/T 19963—2011、GB/T 12326—2008、GB/T 14549—1993 和 GB/T 15543—1995 给出的风电系统安全稳定运行关键参数及电网环境要求，供相关研发和技术人员参考，更为详细的标准可以在我国的国家标准全文公开系统中免费获得。

参 考 文 献

[1] WANG Y, ZHAO D L, ZHAO B, et al. A Review of Research Status on LVRT Technology in Doubly-fed Wind Turbine Generator System [C]. International Conference on Electrical and Control Engineering, 2010: 4948-4953.

[2] LING PENG, BRUNO FRANCOIS, LI YONGDONG. Improved crowbar control strategy of DFIG based wind turbines for grid fault ride-through [C]. 24th Annual IEEE Applied Power Electronics Conference and Exposition, 2011: 1932-1938.

[3] LING PENG, FREDERIC COLAS, BRUNO FRANCOIS, et al. A modified vector control strategy for DFIG based wind turbines to ride-through voltage dips [C]. 13th European Conference on Power Electronics and Applications, 2009: 1-10.

[4] BOLLEN M. Characterization of Voltage Sags Experienced by Three Phase Adjustable-speed Drives [J]. IEEE Transactions on Power Delivery, 1997, 12: 1666-1671.

[5] BOLLEN M, GRAAFF R. Behavior of AC and DC Drives during Voltage Sags with Phase-angle Jump and Three-phase Unbalance [C]. IEEE Power Engineering Society Winner Meeting, 1999: 1225-1230.

[6] BOLLEN M, OLGUIN G, MARTINS M. Voltage Dips at the Terminals of Wind Power Installations [J]. Wind Energy, 2005, 8: 307-318.

[7] ROLAN A, CORCOLES F, PEDRA J. Doubly Fed Induction Generator Subject to Symmetrical Voltage Sags [J]. IEEE Transactions on Energy Conversion, 2011, 26 (4): 1219-1229.

[8] JOPEZ J, SANCHIS P, ROBOAM X, et al. Dynamic behavior of the Doubly Fed Induction Generator during Three-phase Voltage Dips [J]. IEEE Transactions on Energy Conversion, 2007, 22 (3): 709-717.

[9] 马宏伟. 双馈风电系统模型预测控制与电网故障不间断运行研究 [D]. 北京: 清华大学, 2013.

第5章　双馈风电系统低电压穿越[⊖]技术

由第4章内容可知，电网电压跌落会在双馈风电系统中引发剧烈的电磁过程，进而对其控制性能、电气器件甚至机械结构带来一系列不利影响，甚至损坏系统硬件。为满足风电系统并网相关国家标准中对双馈风电系统低电压穿越功能的要求，双馈风电系统需要从软件和硬件两个方面做出改进。

本章首先对双馈风电系统低电压穿越技术研究情况进行概述，然后分别介绍了三种基于改进矢量控制/模型预测控制的低电压穿越控制方法，并对其控制域进行了分析，最后详细讨论了低电压穿越过程中几种典型硬件保护电路的设计方法和控制策略。

5.1　概述

为实现双馈风电系统低电压穿越功能，一般有两种途径：一种是通过改进控制策略，增强系统对各暂态变量的控制能力；另外一种是在电网发生故障时接入硬件保护电路，为系统内多余的能量提供释放通道。

5.1.1　改进控制策略的实现方法

为了尽可能少地增加成本，许多学者从不增加硬件电路、只改进控制策略的角度对双馈风电系统低电压穿越方法进行了研究，其中大部分方法是基于传统矢量控制的各种改进算法，这是因为传统矢量控制具有控制精度高、稳态特性好、开关频率恒定、能够实现解耦控制等优点，是目前双馈系统中应用最为广泛的控制策略。一种简易的改进思路是适度提高传统双馈系统机侧变换器中电流环比例积分（Proportional Integral, PI）控制器的比例系数，其本质在于提高控制器的响应带宽，从而在一定工作范围内实现对称电网故障下系统的不间断运行。但当电网故障使得直流母线下降较为严重时，该方法仍将出现转子侧过电流和过电压的问题，同时，提高PI控制器的比例系数将可能对系统正常电网条件下的运行特性带来一定的影响。另一种改进的思路是在传统矢量控制的转子电流环中添加去耦补偿项或动态补偿项以抵消电网故障过程中定子磁链变化对电机转子电流的影响，提高系统控制性能，同时，引入"有源电阻"（Active Resistance）来增加定子电阻，从而增加定子磁链

⊖ 如无特殊说明，低电压穿越一般指对称电网故障（对称电网电压跌落）条件下并网系统的不间断运行，本章内容中将沿用这一界定。

直流分量的衰减速度，帮助电机尽快从暂态中恢复出来，并可以进一步通过施加额外励磁电压，在转子中制造出与定子磁链暂态直流分量相反的转子电流空间矢量，来抵消定子磁链直流分量对系统的影响，抑制转子过电流和过电压。而在故障情况下，转子电流通常已经很大，利用上述方法抵消定子磁链影响时，将有可能使得转子电流进一步增大，从而触发转子侧过电流保护，动态补偿项的使用对动态磁链观测提出了较高要求，且对系统参数的依赖性较强。

考虑到矢量控制的结构相对复杂且对参数的依赖度较高，一些研究者们对其他的控制方法进行了探索和研究，如直接功率控制（Direct Power Control，DPC）和磁链幅值和相角控制（Flux Magnitude and Angle Control，FMAC）方法。利用 DPC 中的直接控制思想，可分别对双馈电机转子磁链、电磁转矩和转子电流进行直接闭环控制，从而在低电压过程中分别获得加速系统暂态过程、降低系统机械冲击和抑制转子过电流三种控制效果，其中前两种直接控制方式对系统参数的依赖度较大，第三种直接控制方式对参数依赖度较低，相比于传统矢量控制，上述方法结构简单、动态特性好。而 FMAC 方法通过控制转子磁链幅值来控制机端电压，通过控制转子磁链相角来控制电机输出的有功功率，相比于矢量控制，其解耦特性更好，尤其在电网小幅跌落的情况下，它表现出了更好的控制特性，但其控制过程中需要转子磁链幅值和相位信息，对转子磁链观测提出了较高要求。

此外，各种改进的非线性算法，如鲁棒控制、模糊控制等，也被应用于双馈系统的对称电网故障穿越过程中，但由于其设计过程复杂，且尚未有文献对其可控范围进行说明，因此，其实用性还需进一步研究。

5.1.2　利用硬件保护电路的实现方法

由 5.1.1 节中论述可知，各种改进算法本质上都是通过提高电网故障过程中机侧变换器输出的控制电压来实现对电网故障引入的零序暂态分量的响应，进而实现电网故障条件下双馈系统不间断运行。但是，由于双馈风电系统采用部分功率变换器，其在非正常电网条件下对系统的控制能力十分有限，因此，当电网发生严重的电压故障时，完全依靠软件控制策略的改进已经无法实现故障穿越，必须添加硬件保护单元。

目前，双馈风电系统中最常用的硬件保护单元是连接于电机转子侧的能耗单元（crowbar）。它是由卸荷电阻和电力电子开关构成的，当电网故障条件下转子电流超过其阈值时，将卸荷电阻与转子绕组短接，从而旁路并保护风电变换器，同时，为转子电流提供额外的能量通路，加速电机暂态过程，抑制转子侧过电流。适用于双馈风电系统的 crowbar 单元有多种结构，图 5-1 所示为几种传统形式的 crowbar 单元硬件结构。

传统 crowbar 单元中开关器件采用晶闸管结构，不具有自关断功能，因此，在电网故障恢复后，基于这种 crowbar 结构的系统不能自动恢复到正常状态，需要重

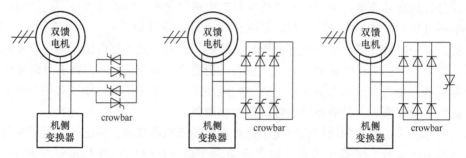

图 5-1　传统 crowbar 单元结构

新并网，因此，这种 crowbar 结构被称为被动式 crowbar 保护单元。由于被动式 crowbar 单元难以适应新的电网规则要求，采用自关断器件构成的主动式 crowbar 单元结构开始被广泛使用，这种具有自关断能力的 crowbar 单元能够在电网故障引起转子过电流时与转子相连而保护系统，并且能够在转子电流恢复时与转子断开，使系统迅速恢复正常运行，具有更大的灵活性。

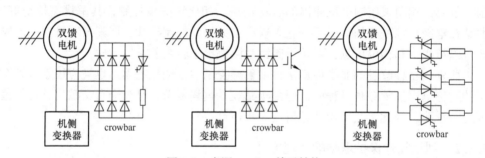

图 5-2　有源 crowbar 单元结构

为了加速转子暂态电流衰减，有源 crowbar 单元通常会含有卸荷电阻。该电阻的阻值与发电机参数有关，对风电系统故障穿越时的运行性能有重要影响：当其取值较小时，不能有效限制转子过电流和电磁转矩冲击，但此时转子电压并不高；而其取值较大时，虽然能减小转子电流和电磁转矩冲击，但会造成加在机侧变换器上的电压过高，并有可能损坏电力电子器件。因此，必须为 crowbar 电路选取一个合适的卸荷电阻。目前，crowbar 卸荷电阻的选取大多是借助于数字仿真方法，通过不断尝试不同 crowbar 卸荷电阻的控制效果进行筛选。

针对图 5-2 中最右侧的 crowbar 结构，通过解析化分析可将其卸荷电阻的取值限定为

$$\begin{cases} R_{\min} = \dfrac{\omega_r}{I_{safe}} \sqrt{\left(\dfrac{U_s}{\omega_s}\right)^2 - (l_\sigma I_{safe})^2} \\ R_{\max} = \dfrac{U_{dc}\omega_r L_\sigma}{\sqrt{3(U_s\omega_r/\omega_s)^2 - U_{dc}^2}} \end{cases} \tag{5-1}$$

式中　$R_{\min}$、$R_{\max}$——crowbar 卸荷电阻的下限和上限值；

　　　U_s、U_{dc}——定子和直流母线电压；

　　　ω_r、ω_s——转子角频率和定子同步角频率；

　　　　L_σ——定转子漏感之和；

　　　　I_{safe}——转子安全电流。

由式(5-1) 得到 crowbar 卸荷电阻的取值范围后，再通过仿真方法不断尝试，在此范围内寻找满足性能要求的卸荷电阻。该方法通过解析方法确定电阻范围，为后续的仿真工作提供了指导和借鉴，降低了仿真的复杂性和工作量，是理论求解 crowbar 电阻的重要一步。

crowbar 性能函数也可用于指导卸荷电阻的选取。针对电流控制和磁链控制两种方法，衡量系统动态过程影响效果的 crowbar 电阻性能函数为

$$Index = \alpha_1 \int_{t_0}^{t_1} I_r^2 dt + \alpha_2 \int_{t_0}^{t_1} |Q| dt + \alpha_3 \int_{t_0}^{t_1} |\Delta T_e| dt \qquad (5-2)$$

式中　$Index$——性能函数值；

　　　　I_r——转子电流幅值；

　　　　Q——系统吸收无功功率；

　　　ΔT_e——电磁转矩脉动值；

α_1、α_2、α_3——性能函数中各对应项的权重系数；

　　　t_0、t_1——开始和完成性能函数计算的时刻。

该方法给出了一种衡量 crowbar 电阻性能的定量方法，但仍然完全依靠仿真来寻找使得式(5-2) 最小的 crowbar 电阻最优值，工作量大，可操作性低，且在实际计算过程中，难以确定性能函数中 t_1 时刻。

综上，crowbar 卸荷电阻的选择是硬件保护单元设计中的一个重要问题，目前相关的文献仍然较少，大部分是完全依靠仿真方法进行定性讨论，工作量大，选择过程复杂。

双馈风电系统还有一种常用的硬件保护单元，即直流母线保护单元，用于保护其直流母线电压在安全范围之内。其中普遍应用的一种结构是直流母线斩波单元(dc-chopper)，其结构如图 5-3 所示。它由电力电子开关和卸荷电阻构成，并联于直流母线电容的两端。在重度电网故障的过程中，由于网侧变换器容量的限制，可能出现其无法有效完成直流母线和电网间能量交换的情况，从而使得能量在直流母线电容上积聚，此时，直流母线斩波单元中的开关器件导通，卸荷电阻为直流母线电容中的能量提供一个暂时通路，从而防止直流母线过电压，在直流母线电压恢复后，直流斩波单元从系统中切出，系统恢复正常运行。这种直流母线斩波单元结构简单、易于控制，但会伴随着能量消耗和发热，降低系统效率。为此，可采用蓄电池、超级电容等储能设备和辅助变换器替代直流斩波单元并联于直流母线电容两端，当电网故障导致直流母线电压升高时，涌入直流母线的多余能量会被存储在储

能设备里，并在电网故障消除后馈入电网，提高系统效率，这种方法的问题是会造成系统成本和体积的增加，为其实际应用带来一定的障碍。

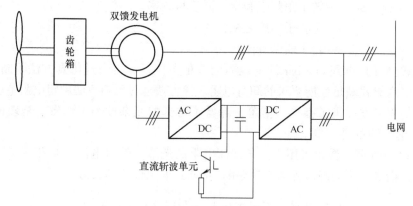

图 5-3　带有直流斩波单元的双馈风电系统

需要指出的是，crowbar/dc-chopper 单元主要是通过为风电系统的暂态能量提供一个额外的、临时的能量通路，帮助系统尽快恢复。当电网发生不对称故障时，电网电压负序分量不是一个暂态存在，而是持续存在直至电网从故障中恢复过来，因此，对于重度不对称电网故障，crowbar/dc-chopper 单元能够帮助保护系统，但无法帮助系统恢复控制，或者说系统已经超出变换器的控制能力，为此，其他更加复杂的硬件保护单元被引入到系统中，帮助系统完成重度不对称电网故障下的不间断运行。

图 5-4 给出了一种带有三相辅助电感的硬件保护结构。当电网电压不对称时，网侧变换器将调整流过电感 L_c 和 L_g 的电流，使其不对称。通过这种方式，即使电网电压发生较大不对称的情况下，定子电压仍然可以被控制在比较对称的范围内，在一定程度上降低了电网电压不对称对 DFIG 系统的影响。

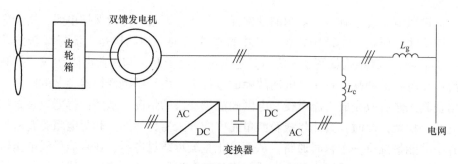

图 5-4　带有辅助电感的双馈风电系统

图 5-5 给出了一种带有辅助变换器和定子侧串联变压器的硬件保护结构，用于实现不对称低电压穿越。当电网电压不对称时，控制辅助变换器工作，通过定子串

联变压器对电机定子电压进行补偿，从而使定子电压仍保持正常电网电压的水平，避免了不对称电压对电机造成的影响。

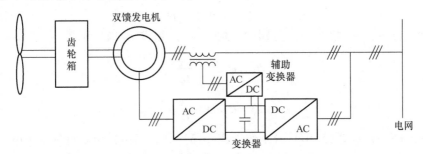

图 5-5　带有辅助变换器及定子串联变压器的双馈风电系统

针对不对称电网电压补偿的硬件保护设备，为了补偿不对称电网电压对定子电压的影响，辅助硬件设备一般都需要和双馈电机的定子甚至电网串联在一起。因此，辅助硬件设备的容量一般是非常大的，这会增加系统的体积、重量以及成本，实用性低，因此，这类方法目前几乎没有实际应用，也不是本章关注的内容。

5.2　改进的控制策略

5.2.1　基于动态前馈补偿的矢量控制

在传统的基于定子磁链定向的矢量控制方法中，为了简化转子电流调节器的设计，通常认为定子磁链保持恒定且始终位于同步旋转坐标系的 d 轴上。然而，当电网电压跌落时，定子磁链将随之衰减，而且由于定子磁链中产生了直流分量，因此无法保证定子磁链矢量准确定向在 d 轴上，即 $\varphi_{sq} \neq 0$。同时定子磁链的微分项也不再等于 0。

由此可得 dq 旋转坐标系下双馈发电机的电压方程为

$$u_s^d = R_s i_s^d + p\psi_s^d - \omega_1 \psi_s^q \tag{5-3}$$

$$u_s^q = R_s i_s^q + p\psi_s^q + \omega_1 \psi_s^d \tag{5-4}$$

$$u_r^d = R_r i_r^d + p\psi_r^d - \omega_{s1} \psi_r^q \tag{5-5}$$

$$u_r^q = R_r i_r^q + p\psi_r^q + \omega_{s1} \psi_r^d \tag{5-6}$$

双馈发电机的定子磁链可以表示为

$$\psi_s^d = L_s i_s^d + L_M i_r^d \tag{5-7}$$

$$\psi_s^q = L_s i_s^q + L_M i_r^q \tag{5-8}$$

由式(5-7)和式(5-8)可以得到定子电流的表达式为

$$i_s^d = \frac{\psi_s^d - L_M i_r^d}{L_s} \tag{5-9}$$

$$i_s^q = \frac{\psi_s^q - L_M i_r^q}{L_s} \tag{5-10}$$

而双馈发电机的转子磁链可以表示为

$$\psi_r^d = L_M i_s^d + L_r i_r^d \tag{5-11}$$

$$\psi_r^q = L_M i_s^q + L_r i_r^q \tag{5-12}$$

把式(5-9)和式(5-10)分别代入式(5-11)和式(5-12)可得

$$\psi_r^d = \sigma L_r i_r^d + \frac{L_M}{L_s}\psi_s^d \tag{5-13}$$

$$\psi_r^q = \sigma L_r i_r^q + \frac{L_M}{L_s}\psi_s^q \tag{5-14}$$

把式(5-9)和式(5-10)分别代入式(5-3)和式(5-4)可以得到定子电压的表达式为

$$u_s^d = \frac{R_s}{L_s}\psi_s^d - \frac{R_s}{L_s}i_r^d + p\psi_s^d \tag{5-15}$$

$$u_s^q = \frac{R_s}{L_s}\psi_s^q - \frac{R_s}{L_s}i_r^q + p\psi_s^q \tag{5-16}$$

同样,把式(5-13)和式(5-14)分别代入式(5-5)和式(5-6)可得转子电压的表达式为

$$u_r^d = R_r i_r^d + \sigma L_r p i_r^d - \omega_{sl}\sigma L_r i_r^q - \omega_{sl}\frac{L_M}{L_s}\psi_s^q + \frac{L_M}{L_s}p\psi_s^d \tag{5-17}$$

$$u_r^q = R_r i_r^q + \sigma L_r p i_r^q + \omega_{sl}\sigma L_r i_r^d + \omega_{sl}\frac{L_M}{L_s}\psi_s^d + \frac{L_M}{L_s}p\psi_s^q \tag{5-18}$$

由以上得到考虑磁链暂态的双馈发电机完整数学模型,对比于理想电网条件下的数学模型可知,在当前数学模型中实现转子电流的高性能控制,则需要转子电压不但克服原有的交轴电流耦合项产生的等效电动势,还需要克服有定子磁量暂态所引起的等效电动势,在实际控制算法中这可以通过将这部分暂态电动势以前馈补偿分量的形式叠加到转子输出电压上来实现,控制框图如图5-6所示。

和传统的矢量控制方法相比,改进控制算法在前馈补偿项中加入了考虑定子磁链动态变化的 e_φ^{d*} 和 e_φ^{q*},用来抑制电压跌落时定子磁链下降所引起的电磁过渡过程。而当电网电压稳定时,该前馈补偿项将退化为 e_φ^*,因此改进的矢量控制方法在电网正常状态下能获得和传统方法一样的控制效果。

当电网公共耦合点电压跌落至额定值的15%,从而使得发电机定子机端电压跌落至额定值67%的过程中,图5-7~图5-9分别给出了某1.5MW双馈风电系统低电压穿越过程的仿真结果。

图5-7是转子dq轴电流的仿真结果,从图中可以看出,加入定子磁链动态过程的前馈补偿项后,转子电流的振荡能得到很好的抑制,能有效减少电压跌落下转子绕组中的过电流。

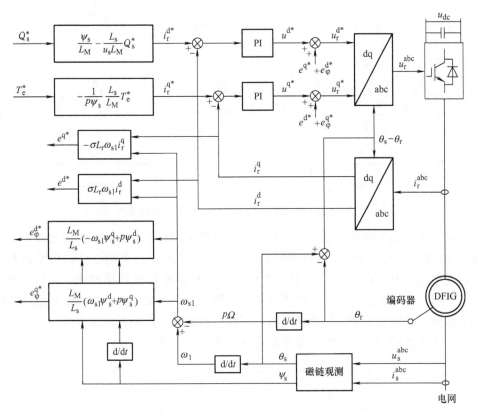

图 5-6　带前馈补偿的双馈发电机矢量控制框图

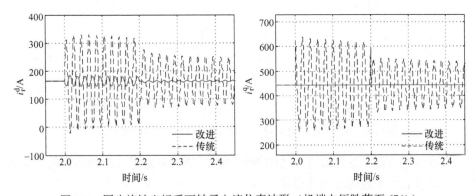

图 5-7　同步旋转坐标系下转子电流仿真波形（机端电压跌落至 67%）

图 5-8 对比了传统矢量控制和改进矢量控制这两种控制方法下发电机转子三相电流和定子三相电流的仿真结果。从图中可以看出，采用改进的矢量控制方法能够在故障下保持对转子电流的有效控制，而且还可以极大改善转子电流和定子电流的波形，减小其谐波含量。

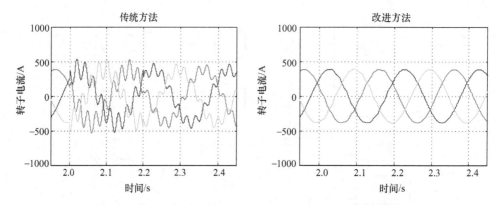

图5-8 静止坐标系下转子电流波形（机端电压跌落至67%）

图5-9 对比了两种控制方法对发电机电磁转矩和直流母线电压的控制效果。从图5-9a 可以看出，机端电压跌落使得电磁转矩发生振荡，采用改进矢量控制方法可以有效减小其振荡幅度，从而减少对传动轴和齿轮箱的机械冲击。由图5-9b，从发电机转子侧涌出的功率使得直流母线电压上升并随之振荡，在网侧变换器的作用下该电压可以被逐渐控制到稳定值。同样，改进矢量控制方法也可以有效减小直流母线电压的波动，从而在故障恢复后迅速达到稳定值。

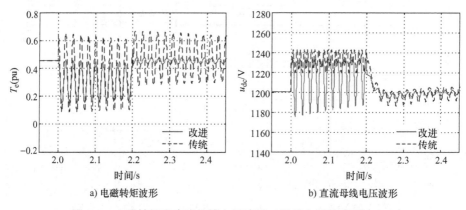

a) 电磁转矩波形   b) 直流母线电压波形

图5-9 电磁转矩和直流母线电压波形（机端电压跌落至67%）

值得注意的是，这种改进方法的控制效果取决于对定子磁链动态变化的准确补偿，因此对电机参数的准确性要求较高。

5.2.2　基于 PIR 控制器的矢量控制

由4.2 节中电网故障过程中 DFIG 运行特性分析可知，在电网电压发生对称跌落及恢复的过程中，DFIG 定子磁链由于积分效应无法突变而产生自由分量 $\psi_{\text{s\_natural}}$，从控制论的角度，这个自由分量可以理解为在传统矢量控制（dq 坐标系下）的双馈风电系统中引入一个电网同步频率的扰动，而传统矢量控制中采用的PI 控制器无法对同步频率扰动进行有效响应，从而使得整个控制系统无法有效抑制定子磁链自由分量所带来的一系列影响。

比例积分谐振（Proportional Integral Resonant，PIR）控制器是在传统 PI 控制器上并联一个谐振单元，使得系统在其谐振点附近具有较高的开环增益，从而有效响应谐振点频率附近的信号，这意味着这个基于 PIR 控制器的闭环系统能够跟随谐振点附近频率信号的参考值，也能够抑制同样频率范围内的扰动。图 5-10 所示为典型 PI 系统和 PIR 系统开环传递函数。

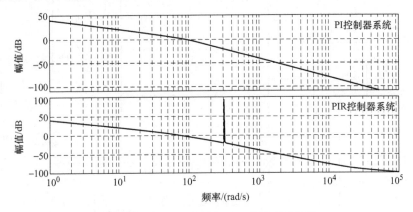

图 5-10　典型 PI 系统和 PIR 系统开环传函

PIR 控制器的传函及其框图分别如式（5-19）和图 5-11 所示，其中 ω_0 为谐振点频率。

$$G_{PIR}(s) = k_p + \frac{k_i}{s} + \frac{k_r s}{s^2 + \omega_0^2} \tag{5-19}$$

因此，在传统矢量控制方法中，用 PIR 控制器替代 PI 控制器，并将谐振点设置在电网同步频率，即可借助其谐振环节对电网电压跌落过程中双馈系统中的电网同步频率扰动进行抑制，从而实现双馈风电系统低电压穿越，其控制框图如图 5-12 所示。

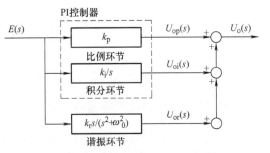

图 5-11　PIR 控制器传函框图

可见，这种基于 PIR 控制器的方法对定子磁链的动态补偿完全依赖于闭环结构而非前馈量，因此对电机参数的依赖度有所降低，但相比于传统矢量控制方法，其控制器参数整定过程复杂度有所增加。

值得指出的是，实际系统中 PIR 控制器的实现具有一定的技巧性。由图 5-11 可知：

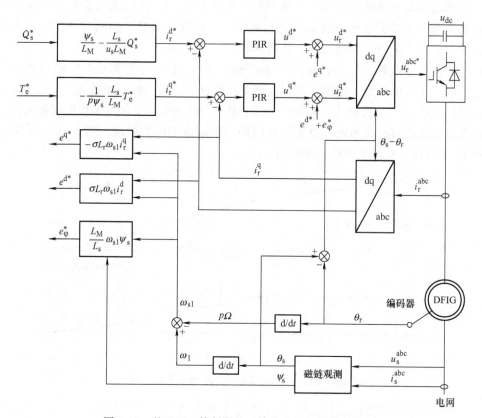

图 5-12　基于 PIR 控制器的双馈发电机矢量控制框图

$$U_o(s) = U_{op}(s) + U_{oi}(s) + U_{or}(s) \tag{5-20}$$

其中

$$U_{op}(s) = k_p E(s) \tag{5-21}$$

$$U_{oi}(s) = \frac{k_i E(s)}{s} \tag{5-22}$$

$$U_{or}(s) = \frac{k_r s E(s)}{s^2 + \omega_0^2} \tag{5-23}$$

式 (5-23) 变形并化简整理后，可得

$$U_{or}(s) = \frac{k_r E(s) - \dfrac{\omega_0^2}{s} U_{or}(s)}{s} \tag{5-24}$$

因此，$U_o(s)$ 的实现框图如图 5-13 所示。

上述结果表明，PIR 控制器中的谐振环节可以通过积分环节实现，实现方案简单。当采用模拟电路时，PIR 控制器电路框图如图 5-14 所示，其中各比例和积分运算均采用运放电路实现。

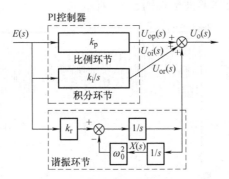

图 5-13　PIR 控制器的实现框图

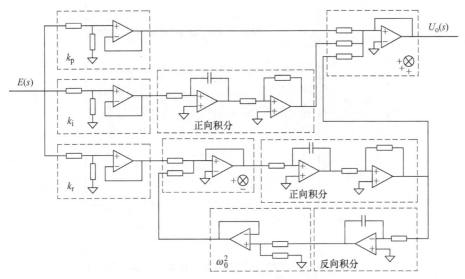

图 5-14　PIR 控制器的模拟电路实现方法

当采用数字控制系统时，仅需对积分环节 $1/s$ 进行离散化处理即可，PIR 控制器的输出可以通过简单四则运算得到，各变量的意义如图 5-13 所示，取控制周期为 T_s，则控制器第 $k+1$ 次输出结果为

$$\begin{cases} U_{op}(k+1) = k_p E(k+1) \\ U_{oi}(k+1) = U_{oi}(k) + k_i E(k+1) T_s \\ X(k+1) = X(k) + U_{or}(k) T_s \\ U_{or}(k+1) = U_{or}(k) + \left[k_r E(k+1) - \omega_0^2 X(k+1) \right] T_s \\ U_o(k+1) = U_{op}(k+1) + U_{oi}(k+1) + U_{or}(k+1) \end{cases} \tag{5-25}$$

由式(5-25) 可知，每次计算仅需使用各变量前一次的历史值，且仅需少量的四则运算，因此数字控制系统中基于该流程实现的 PIR 控制器具有方案简单、计算量小、易于实现等优点。

上述控制方法部分实验波形如图 5-15 所示。

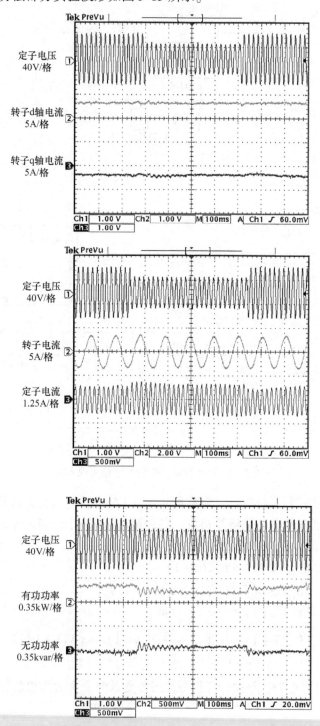

图 5-15　PIR 控制器方法下双馈系统低电压穿越实验波形

5.2.3　考虑磁链暂态特性的模型预测控制

第 3 章中论述的 MPC 方法，是基于电网电压定向的方法，即将电网电压定向在同步坐标系的 d 轴上，此时为推导方便，认为电机定子磁链满足式(3-98) 所示关系。由 4.2 节中的分析可知，在电网发生对称故障的过程中，定子磁链并不完全满足式(3-98) 的限制，即定子磁链 d 轴和 q 轴分量均出现由其自由分量引入的脉动，因此，会造成算法控制效果的降低，甚至完全失效。为实现对称电网故障下双馈风电系统的不间断运行，需要在控制算法中充分考虑到定子磁链的暂态特性。

5.2.3.1　转子电流环的控制策略

仍然采用电网电压定向获得当前同步坐标系与静止坐标系的位置关系，但此时定子磁链不再采用式(3-98) 的简化形式，而应直接采用其完整形式。将式(2-20)代入式(2-19)，整理得到

$$
\begin{cases}
u_r^d = R_r i_r^d + \sigma L_r p i_r^d + \dfrac{\omega_1 L_M^2 - \omega_{sl} L_s L_r}{L_s} i_r^q - \dfrac{L_M R_s}{L_s} i_s^d + \omega_r L_M i_s^q + \dfrac{L_M}{L_s} e_g^d \\[2mm]
u_r^q = R_r i_r^q + \sigma L_r p i_r^q - \dfrac{\omega_1 L_M^2 - \omega_{sl} L_s L_r}{L_s} i_r^d - \dfrac{L_M R_s}{L_s} i_s^q - \omega_r L_M i_s^d + \dfrac{L_M}{L_s} e_g^q \\[2mm]
e_g^d = R_s i_s^d + \sigma L_s p i_s^d + \dfrac{\omega_{sl} L_M^2 - \omega_1 L_s L_r}{L_r} i_s^q - \dfrac{L_M R_r}{L_r} i_r^d - \omega_r L_M i_r^q + \dfrac{L_M}{L_r} u_r^d \\[2mm]
e_g^q = R_s i_s^q + \sigma L_s p i_s^q - \dfrac{\omega_{sl} L_M^2 - \omega_1 L_s L_r}{L_r} i_s^d - \dfrac{L_M R_r}{L_r} i_r^q + \omega_r L_M i_r^d + \dfrac{L_M}{L_r} u_r^q
\end{cases}
\tag{5-26}
$$

式(5-26) 即为考虑定子磁链暂态过程的定子电压方程和转子电压方程，此时双馈电机中不但定子电流 d 轴和 q 轴耦合、转子电流 d 轴和 q 轴耦合，定子和转子之间的电流也耦合在一起，即定子 d 轴电流、定子 q 轴电流、转子 d 轴电流、转子 q 轴电流这四个量相互耦合，较为复杂。

与理想电网条件下转子电流预测模型的建立过程类似，采用前向欧拉法对式(5-26)进行离散化，同时，考虑数字式控制芯片的延时效应，需对转子电流进行两步预测。两步预测过程中需要注意的是，定子电流也将影响转子电流，为此，在转子电流两步预测之间，需要添加一步对定子电流的预测。至此，可以得到带有反馈校正项的转子电流两步预测模型为

$$
\begin{cases}
i_{rm}^d(k+1|k) = a_r i_r^d(k) + b_r i_r^q(k) + c_r e_g^d(k) + d_r u_r^d(k-1) + g_r i_s^d(k) + h_r i_s^q(k) + x_r^d(k) \\[2mm]
i_{rm}^q(k+1|k) = a_r i_r^q(k) - b_r i_r^d(k) + c_r e_g^q(k) + d_r u_r^q(k-1) + g_r i_s^q(k) - h_r i_s^d(k) + x_r^q(k)
\end{cases}
\tag{5-27}
$$

$$
\begin{cases}
i_{sm}^d(k+1|k) = a_s i_s^d(k) + b_s i_s^q(k) + c_s e_g^d(k) + d_s u_r^d(k-1) + g_s i_r^d(k) + h_s i_r^q(k) + x_s^d(k) \\[2mm]
i_{sm}^q(k+1|k) = a_s i_s^q(k) - b_s i_s^d(k) + c_s e_g^q(k) + d_s u_r^q(k-1) + g_s i_r^q(k) - h_s i_r^d(k) + x_s^q(k)
\end{cases}
\tag{5-28}
$$

$$\begin{cases} i_{\mathrm{rm}}^{\mathrm{d}}(k+2\mid k) = a_{\mathrm{r}}i_{\mathrm{rm}}^{\mathrm{d}}(k+1\mid k) + b_{\mathrm{r}}i_{\mathrm{rm}}^{\mathrm{q}}(k+1\mid k) + c_{\mathrm{r}}e_{\mathrm{g}}^{\mathrm{d}}(k+1) + d_{\mathrm{r}}u_{\mathrm{r}}^{\mathrm{d}}(k-1) + \\ \qquad\qquad d_{\mathrm{r}}\Delta u_{\mathrm{r}}^{\mathrm{d}}(k) + g_{\mathrm{r}}i_{\mathrm{sm}}^{\mathrm{d}}(k+1\mid k) + h_{\mathrm{r}}i_{\mathrm{sm}}^{\mathrm{q}}(k+1\mid k) + x_{\mathrm{r}}^{\mathrm{d}}(k) \\ i_{\mathrm{rm}}^{\mathrm{q}}(k+2\mid k) = a_{\mathrm{r}}i_{\mathrm{rm}}^{\mathrm{q}}(k+1\mid k) - b_{\mathrm{r}}i_{\mathrm{rm}}^{\mathrm{d}}(k+1\mid k) + c_{\mathrm{r}}e_{\mathrm{g}}^{\mathrm{q}}(k+1) + d_{\mathrm{r}}u_{\mathrm{r}}^{\mathrm{q}}(k-1) + \\ \qquad\qquad d_{\mathrm{r}}\Delta u_{\mathrm{r}}^{\mathrm{q}}(k) + g_{\mathrm{r}}i_{\mathrm{sm}}^{\mathrm{q}}(k+1\mid k) - h_{\mathrm{r}}i_{\mathrm{sm}}^{\mathrm{d}}(k+1\mid k) + x_{\mathrm{r}}^{\mathrm{q}}(k) \end{cases} \quad (5\text{-}29)$$

其中，$k \in N$；$i_{\mathrm{rm}}^{\mathrm{d}}(k+1\mid k)$ 和 $i_{\mathrm{rm}}^{\mathrm{q}}(k+1\mid k)$ 分别表示在 kT_{s} 时刻对 $(k+1)T_{\mathrm{s}}$ 时刻转子电流 d 轴和 q 轴分量的预测值；$i_{\mathrm{sm}}^{\mathrm{d}}(k+1\mid k)$ 和 $i_{\mathrm{sm}}^{\mathrm{q}}(k+1\mid k)$ 分别表示在 kT_{s} 时刻对 $(k+1)T_{\mathrm{s}}$ 时刻定子电流 d 轴和 q 轴分量的预测值；$i_{\mathrm{rm}}^{\mathrm{d}}(k+2\mid k)$ 和 $i_{\mathrm{rm}}^{\mathrm{q}}(k+2\mid k)$ 分别表示在 kT_{s} 时刻对 $(k+2)T_{\mathrm{s}}$ 时刻转子电流 d 轴和 q 轴分量的预测值；$i_{\mathrm{r}}^{\mathrm{d}}(k)$ 和 $i_{\mathrm{r}}^{\mathrm{q}}(k)$ 分别表示在 kT_{s} 时刻转子电流采样值的 d 轴和 q 轴分量；$i_{\mathrm{s}}^{\mathrm{d}}(k)$ 和 $i_{\mathrm{s}}^{\mathrm{q}}(k)$ 分别表示在 kT_{s} 时刻定子电流采样值的 d 轴和 q 轴分量；$e_{\mathrm{g}}^{\mathrm{d}}(k)$ 和 $e_{\mathrm{g}}^{\mathrm{q}}(k)$ 分别表示 kT_{s} 时刻电网电压采样值的 d 轴和 q 轴分量；$e_{\mathrm{g}}^{\mathrm{d}}(k+1)$ 和 $e_{\mathrm{g}}^{\mathrm{q}}(k+1)$ 分别表示 $(k+1)T_{\mathrm{s}}$ 时刻的电网电压值，对称电网条件下，忽略电压跳变的过程，可以认为 $e_{\mathrm{g}}^{\mathrm{d}}(k+1)=e_{\mathrm{g}}^{\mathrm{d}}(k)$，$e_{\mathrm{g}}^{\mathrm{q}}(k+1)=e_{\mathrm{g}}^{\mathrm{q}}(k)$；$u_{\mathrm{r}}^{\mathrm{d}}(k-1)$ 和 $u_{\mathrm{r}}^{\mathrm{q}}(k-1)$ 分别表示在 $(k-1)T_{\mathrm{s}}$ 时刻由算法给出的控制电压 d 轴和 q 轴分量；$\Delta u_{\mathrm{r}}^{\mathrm{d}}(k)$ 和 $\Delta u_{\mathrm{r}}^{\mathrm{q}}(k)$ 分别表示在 kT_{s} 时刻由算法给出的控制电压 d 轴和 q 轴增量；$x_{\mathrm{r}}^{\mathrm{d}}(k)$ 和 $x_{\mathrm{r}}^{\mathrm{q}}(k)$ 分别表示在 kT_{s} 时刻转子电流 d 轴和 q 轴分量的反馈校正项，它包含了 $(k-1)T_{\mathrm{s}}$ 时刻对 kT_{s} 时刻转子电流的预测值与 kT_{s} 时刻转子电流真实采样值间的误差信息；$x_{\mathrm{s}}^{\mathrm{d}}(k)$ 和 $x_{\mathrm{s}}^{\mathrm{q}}(k)$ 分别表示在 kT_{s} 时刻定子电流 d 轴和 q 轴分量的反馈校正项，它包含了 $(k-1)T_{\mathrm{s}}$ 时刻对 kT_{s} 时刻定子电流的预测值与 kT_{s} 时刻定子电流真实采样值间的误差信息；式(5-27) ~ 式(5-29) 中各项系数及定转子电流反馈校正项的表达式为

转子电流表达式系数
$$\begin{cases} a_{\mathrm{r}} = 1 - R_{\mathrm{r}}T_{\mathrm{s}}/(\sigma L_{\mathrm{r}}) \\ b_{\mathrm{r}} = (\omega_{\mathrm{sl}}L_{\mathrm{s}}L_{\mathrm{r}} - \omega_1 L_{\mathrm{M}}^2)T_{\mathrm{s}}/(\sigma L_{\mathrm{s}}L_{\mathrm{r}}) \\ c_{\mathrm{r}} = -L_{\mathrm{M}}T_{\mathrm{s}}/(\sigma L_{\mathrm{s}}L_{\mathrm{r}}) \\ d_{\mathrm{r}} = T_{\mathrm{s}}/(\sigma L_{\mathrm{r}}) \\ g_{\mathrm{r}} = R_{\mathrm{s}}L_{\mathrm{M}}T_{\mathrm{s}}/(\sigma L_{\mathrm{s}}L_{\mathrm{r}}) \\ h_{\mathrm{r}} = -\omega_{\mathrm{r}}L_{\mathrm{M}}T_{\mathrm{s}}/(\sigma L_{\mathrm{r}}) \end{cases}$$

定子电流表达式系数
$$\begin{cases} a_{\mathrm{s}} = 1 - R_{\mathrm{s}}T_{\mathrm{s}}/(\sigma L_{\mathrm{s}}) \\ b_{\mathrm{s}} = (\omega_1 L_{\mathrm{s}}L_{\mathrm{r}} - \omega_{\mathrm{sl}}L_{\mathrm{M}}^2)T_{\mathrm{s}}/(\sigma L_{\mathrm{s}}L_{\mathrm{r}}) \\ c_{\mathrm{s}} = T_{\mathrm{s}}/(\sigma L_{\mathrm{s}}) \\ d_{\mathrm{s}} = -L_{\mathrm{M}}T_{\mathrm{s}}/(\sigma L_{\mathrm{s}}L_{\mathrm{r}}) \\ g_{\mathrm{s}} = R_{\mathrm{r}}L_{\mathrm{M}}T_{\mathrm{s}}/(\sigma L_{\mathrm{s}}L_{\mathrm{r}}) \\ h_{\mathrm{s}} = \omega_{\mathrm{r}}L_{\mathrm{M}}T_{\mathrm{s}}/(\sigma L_{\mathrm{s}}) \end{cases}$$

$$
\text{转子电流反馈校正项}\quad
\begin{cases}
x_r^d(k) = f_r^d\big[i_r^d(k) - i_{rm}^d(k|k-1)\big] \\[4pt]
x_r^q(k) = f_r^q\big[i_r^q(k) - i_{rm}^q(k|k-1)\big]
\end{cases}
$$

$$
\text{定子电流反馈校正项}\quad
\begin{cases}
x_s^d(k) = f_s^d\big[i_s^d(k) - i_{sm}^d(k|k-1)\big] \\[4pt]
x_s^q(k) = f_s^q\big[i_s^q(k) - i_{sm}^q(k|k-1)\big]
\end{cases}
$$

其中，转子电流和定子电流反馈校正项中的 f_r^d、f_r^q、f_s^d 和 f_s^q 分别为其反馈校正系数。

此时，转子电流环的评价函数仍如式（3-95）所示，将式（5-29）代入式（3-95），可以求得使评价函数最小的转子电压最优增量为

$$
\begin{cases}
\Delta u_r^{d*}(k) = \dfrac{d_r \varepsilon_r^d}{d_r^2 \varepsilon_r^d + \lambda_r^d}\big[i_r^{d*}(k) - a_r i_{rm}^d(k+1|k) - b_r i_{rm}^q(k+1|k) - c_r e_g^d(k+1) - \\[6pt]
\qquad\qquad d_r u_r^d(k-1) - g_r i_{sm}^d(k+1|k) - h_r i_{sm}^q(k+1|k) - x_r^d(k)\big] \\[12pt]
\Delta u_r^{q*}(k) = \dfrac{d_r \varepsilon_r^q}{d_r^2 \varepsilon_r^q + \lambda_r^q}\big[i_r^{q*}(k) - a_r i_{rm}^q(k+1|k) + b_r i_{rm}^d(k+1|k) - c_r e_g^q(k+1) - \\[6pt]
\qquad\qquad d_r u_r^q(k-1) - g_r i_{sm}^q(k+1|k) + h_r i_{sm}^d(k+1|k) - x_r^q(k)\big]
\end{cases}
$$

$$(5\text{-}30)$$

其中，$\Delta u_r^{d*}(k)$ 和 $\Delta u_r^{q*}(k)$ 分别表示 kT_s 采样时刻控制算法给出的变换器输出电压最优增量。则在任意采样时刻 kT_s，控制算法均可根据式（5-27）、式（5-28）和式（5-30），获得当前时刻变换器输出电压的最优增量。通过对最优增量的累积，即可得到当前变换器最优输出电压 $u_r^{d*}(k)$ 和 $u_r^{q*}(k)$。

综上，可以得到考虑磁链动态过程时转子电流环 MPC 的算法流程如图 5-16 所示。

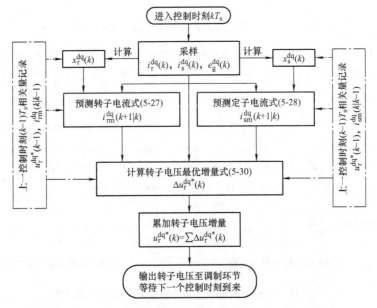

图 5-16　考虑磁链动态过程的转子电流环 MPC 流程图

5.2.3.2 定子功率的控制策略

由4.2.1节的分析可知，当电网发生对称故障时，在其定子磁链恢复到稳态之前，强制控制定子电流为定值不利于定子磁链自由分量的衰减，为此，这里针对对称故障下的双馈电机，将采用定子功率开环的控制策略。由定子功率参考值可得定子电流参考值如式(3-105) 所示，将式(3-105) 代入式(3-99)，并整理得到转子电流参考值为

$$
\begin{cases}
i_r^{d*}(k) = -\dfrac{L_s P_s^*}{L_M e_g^d} \\[3mm]
i_r^{q*}(k) = \dfrac{1}{L_M}\left(\dfrac{e_g^d}{\omega_s} + \dfrac{L_s Q_s^*}{e_g^d}\right)
\end{cases}
\tag{5-31}
$$

由式(5-31) 可知，此时是由定子磁链处于稳态时定转子电流关系计算得到的转子电流参考值，这样可以减少控制过程中转子电流参考值的频繁变化，有利于定子磁链的稳定。

综上，对称电网故障下双馈系统机侧变换器的控制框图如图5-17 所示。

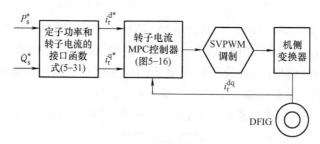

图5-17 对称电网故障下双馈系统机侧变换器的控制框图

相比于5.2.1节和5.2.2节中各种改进的矢量控制方法，本节讨论的 MPC 方法对电机参数的敏感度更低，表现出更好参数鲁棒性。其部分仿真结果如图5-18，图5-19 所示。

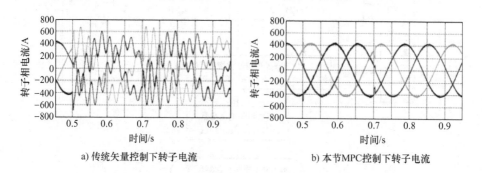

a) 传统矢量控制下转子电流   b) 本节MPC控制下转子电流

图5-18 对称电网故障下双馈系统转子电流仿真结果

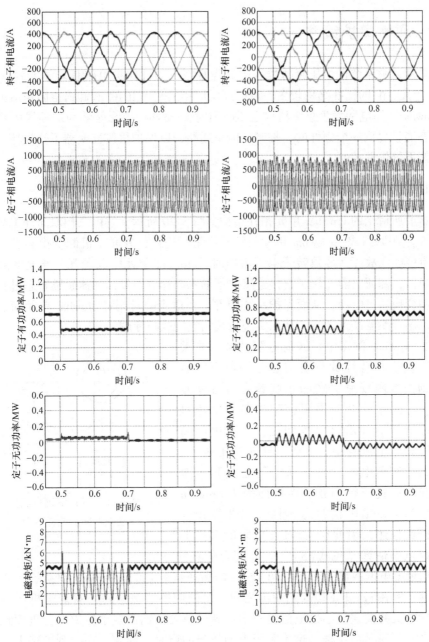

图 5-19 电机参数不准确时 MPC 方法系统低电压穿越仿真结果[⊖]

（左列互感误差 +30%，右列互感误差 -30%）

⊖ 由于双馈风电系统（对称）低电压穿越控制主要与机侧变换器相关，而对网侧变换器影响不大，故
此处仿真系统中网侧变换器仍采用3.3.1节所述 MPC 策略。

5.3 硬件保护策略

双馈风电系统低电压穿越过程中最为常用的硬件保护电路是转子能耗（crow-bar）单元，它的拓扑结构较多，目前广泛应用的是由 IGBT 和卸荷电阻组成的有源型 crowbar。当电网发生重度对称电压故障时，crowbar 单元能够为双馈风电系统中的暂态能量提供一个额外的、临时的能量通路，以保护机侧变换器不受损坏，并帮助双馈系统恢复控制。

5.3.1 crowbar 的设计与控制

本节所讨论的 crowbar 单元拓扑结构如图 5-20 所示，它由三相双向开关与卸荷电阻 R_{crow} 串联组成，crowbar 单元与转子绕组相连接，并联于机侧变换器。当电网发生重度电压故障而导致转子电流激增时，crowbar 单元中双向开关导通并封锁机侧变换器，卸荷电阻与转子直接连接，帮助系统释放能量，加速磁链暂态过程，防止机侧变换器过电流，从而保护系统硬件，在适当的时刻将 crowbar 单元切出，并控制机侧变换器恢复运行，从而实现系统的电网故障穿越。

在 crowbar 单元中，卸荷电阻的选取是关系到系统运行特性的重要问题。卸荷电阻越小，则由电网故障引发的系统暂态过程恢复越快，但过小的卸荷电阻会带来转子电流过大及电磁转矩冲击过大等问题；卸荷电阻越大，则转子电流越小，且电磁转矩冲击越小，但过大的卸荷电阻会带来系统暂态过程过慢及直流母线过压等问题。而目前因为 crowbar 接入状态下双馈电机暂态特性尚未获得较好的解析性描述，因此在 crowbar 电阻的选择上多选择范围估算［见式(5-1)］并配合仿真的方法。

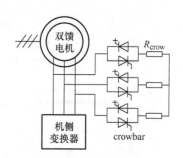

图 5-20　双馈电机与机侧
变换器间的能耗单元

在重度电网故障条件下，可以通过 crowbar 单元的切入来保护系统，实现故障穿越，但在 crowbar 切入到切出之间，机侧变换器被旁路，双馈电机运行于绕线异步电机的模式，励磁电流将不再由转子侧提供而由定子侧提供，进而从电网中吸收大量的无功功率，这不利于电网故障的恢复，因此，在控制策略上，应在保护发电系统的同时，尽量减少 crowbar 的有效切入时间。本节介绍一种转子电流滞环控制策略，其控制框图如图 5-21 所示。其中，控制策略将实时采样转子侧相电流，通过 Clark 变换可以得到其电流幅值，并将其输入到电流滞环控制器，在电流滞环控制器中分别与设定的电流阈值进行比较：当转子电流幅值大于导通阈值 $i_{r\_crowbaron}$ 时，控制器输出有效电平，使 crowbar 单元中三相双向开关器件导通，并封锁机侧变换器，此时，crowbar 单元切入系统，抑制转子过电流并加速系统暂态过程；当转子电流幅值低于关断阈值 $i_{\mathrm{r\_crowbaroff}}$ 时，控制器输出无效电平，使 crowbar 单元中三相双向开关器件关断，并使能机侧变换器，此时，crowbar 单元切出系统，机侧变换器恢复对系统的控制，并按照预设的控制目标完成对电机的控制。上述 crowbar 控制策略能够实时监测转子电流变化，并根据其幅值变化动态调节 crowbar 单元的切入和切出动作，在保护系统的同时，降低crowbar 单元切入系统的有效时间，减少电网故障过程中发电系统对无功功率的吸收，有利于电网故障的恢复。

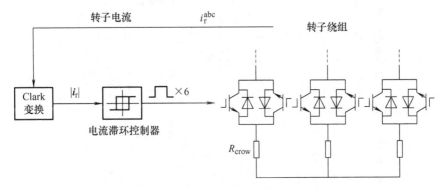

图 5-21　crowbar 电流滞环控制策略

5.3.2　主动灭磁控制方法

为了加快电网电压深度跌落下双馈发电机电磁暂态过程的衰减速度，并在故障期间向电网提供必要的无功支持，需要对双馈发电机和网侧变换器进行适当的控制。

由 4.2.1 节的分析可知，电压跌落下双馈发电机之所以会出现剧烈的电磁过渡过程，主要原因是定子磁链中产生了直流分量。为此可以通过控制转子电流对发电机进行主动灭磁，以抵消定子磁链直流分量对转子侧的影响。其具体方法是通过定子磁链的闭环控制，使其 d、q 轴分量尽快过渡到电压跌落后的稳态值。根据发电机电磁变量之间的关系，可以设计该磁链闭环控制器为

$$i_{\mathrm{r}}^{\mathrm{d}*} = C_{\mathrm{PI}}^{\mathrm{d}}\left[\psi_{\mathrm{s}}^{\mathrm{d}*} - \psi_{\mathrm{s}}^{\mathrm{d}}\right] \tag{5-32}$$

$$i_{\mathrm{r}}^{\mathrm{q}*} = C_{\mathrm{PI}}^{\mathrm{q}}\left[\psi_{\mathrm{s}}^{\mathrm{q}*} - \psi_{\mathrm{s}}^{\mathrm{q}}\right] \tag{5-33}$$

其中，$C_{\mathrm{PI}}^{\mathrm{d}}$、$C_{\mathrm{PI}}^{\mathrm{q}}$ 分别为 d、q 轴磁链 PI 调节器，$\psi_{\mathrm{s}}^{\mathrm{d}}$ 和 $\psi_{\mathrm{s}}^{\mathrm{q}}$ 分别为定子磁链 d、q 轴分量的观测值，而定子磁链参考值为电压跌落下定子磁链的强制分量，即

$$\psi_{\mathrm{s}}^{\mathrm{d}*} = \frac{U_{\mathrm{s}}}{\omega_{1}} \tag{5-34}$$

$$\psi_s^{q*} = 0 \tag{5-35}$$

需要注意的是，由于有源能耗单元作用时机侧变换器被旁路，因此该灭磁控制器只能在能耗单元保护电路切除后才生效。在电网故障清除后，电网电压恢复会使双馈发电机的定子磁链再次出现振荡，因此同样需要配合利用能耗单元保护和灭磁控制来缩短发电机的电磁暂态过渡时间。

图 5-22 为电网电压跌落过程中本节主动灭磁算法控制下双馈电机定子磁链动态过程。

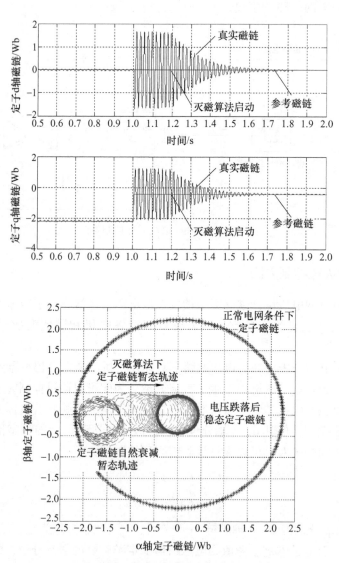

图 5-22　主动灭磁算法控制下双馈电机定子磁链动态过程
（时间为 1.0s 时，电网电压发生跌落）

　　对比图 5-23 中结果可知，相比于依靠 crowbar 切入的方式，本节主动灭磁方法下电机定子磁链的稳定速度更快、灭磁效果更好，但这是依赖于机侧变换器对转子电流的有效控制来实现的，整个过程中机侧变换器可能会经历较大的电流，因此，在重度电网电压跌落条件下，这种主动灭磁的方法有更大的可能造成机侧变换器过电流。因此，可采用 crowbar 和主动灭磁算法相结合的方式，在电网电压跌落和恢复后的一段时间里，对电机进行灭磁控制，然后再利用 crowbar 单元对系统进行保护，这样既可以避免机侧变换器发生过电流故障，又能使电机定子磁链尽快恢复稳定，从而恢复机侧变换器对电机的控制。

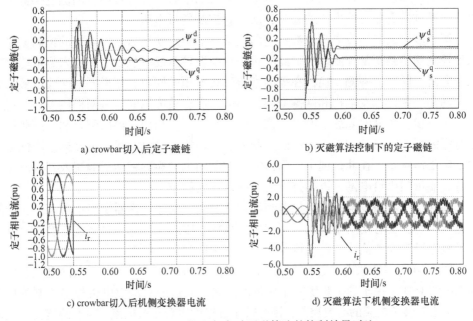

a) crowbar切入后定子磁链　　　　b) 灭磁算法控制下的定子磁链

c) crowbar切入后机侧变换器电流　　d) 灭磁算法下机侧变换器电流

图 5-23　crowbar 切入与主动灭磁算法的控制效果对比

　　如果电压跌落持续的时间较长，在有源能耗单元和灭磁控制器的共同作用下定子磁链衰减到稳定值后依然处于电压跌落期间，还需要控制发电机尽可能多地向电网输出无功电流以实现对电网电压最大限度的无功补偿。

　　与电机侧相比，电压跌落对网侧变换器的影响较小。由于能耗单元电路起动后双馈发电机需要从电网吸收无功功率进行励磁，因此电压跌落时网侧变换器除了需要控制直流母线电压恢复到设定值之外，还得向电网输出尽可能多的无功功率，一方面补偿发电机吸收的无功，另一方面为电网电压恢复提供无功支持。

5.3.3　基于 crowbar 的重度电网低电压穿越策略

　　将 crowbar 单元的转子电流滞环控制、定子磁链的主动灭磁控制、用于低电压穿越的改进矢量控制方法和整个风电系统无功补偿方案相结合，可以得到使用 crowbar 硬件保护单元实现的重度电网低电压穿越策略，其具体步骤如下：

第一步：电网故障造成定子机端电压跌落后，根据转子电流测量值控制有源能耗单元进行转子电流滞环保护，为转子暂态过电流提供通路。而当能耗单元电路退出保护后，立即起动机侧变换器对发电机进行灭磁控制，进一步加快发电机定子暂态磁链的衰减。受到变换器输出电压能力的限制，进行灭磁控制时可能会再次触发能耗单元保护电路，不过在旁路电阻的作用下转子电流会再次回到安全范围内。这样，在有源能耗单元滞环控制和电机灭磁控制的配合作用下，双馈发电机的电磁暂态过程会迅速过渡到稳定状态。在双馈发电机的电磁过渡过程中，网侧变换器的主要任务是维持直流母线电压的稳定，防止直流侧的过电压。

第二步：当双馈发电机过渡到电压跌落下的稳定状态后，发电机的控制策略从灭磁控制切换到正常控制模式。此时机侧变换器控制发电机向电网注入尽可能多的无功电流。同时，网侧变换器在控制直流母线电压的同时，还得向电网输出最大的无功功率。因此，发电机和网侧变换器能够一起在故障期间为电网提供无功支持。

第三步：故障清除后电网电压恢复时，与第一步相似，再次配合利用滞环控制的有源能耗单元保护和发电机灭磁控制方法，使双馈发电机尽快过渡到电压恢复后的稳定工作状态。在此过程中，同样需要控制网侧变换器将转子侧流入到直流母线的暂态能量馈出给电网，以维持直流母线电压的稳定。

第四步：双馈发电机重新过渡到稳定状态后，机侧变换器恢复正常工作，控制发电机尽快恢复有功功率输出，回到最大功率点跟踪模式。同时网侧变换器控制直流母线电压到参考值，并重新恢复到单位功率因数运行状态。

图 5-24 为双馈风力发电系统穿越低电压故障的仿真波形。3s 时电网电压跌落到额定值的 15%，由于受机侧变换器容量的限制，改进的双馈发电机矢量控制策略仍然会失去对转子电流的有效控制，因此转子绕组中出现了过电流。在有源能耗单元电路的保护下，转子过电流不会流入到机侧变换器中，因此能有效保护变换器不受损坏。在能耗单元滞环保护和灭磁控制的配合作用下，定子磁链在 100ms 之内衰减到稳定值，因为此时电网电压尚未恢复，所以机侧变换器开始控制发电机向电网输出无功电流，同时网侧变换器也开始向电网注入最大无功电流，因此机端电压会随之上升。从电压跌落时有源能耗单元的触发信号可以看出，保护电路只作用了很短时间，这意味着电压跌落期间大部分时间双馈发电机是可控的，只会从电网吸收较少的无功功率。3.5s 电网电压恢复时同样会触发能耗单元保护电路动作，而在大约 300ms 之后系统能重新恢复到故障前的正常运行状态，向电网输出额定功率。

从仿真结果可以看出，借助低电压穿越技术，在电网电压深度跌落时双馈风力发电系统仍然可以满足电网的要求，在电网故障期间保持与电网的连接，并且还能为电网提供一定的无功支持，以帮助电网电压恢复；在电网故障清除后系统能迅速恢复到故障前的正常运行状态，以维持电网的稳定。

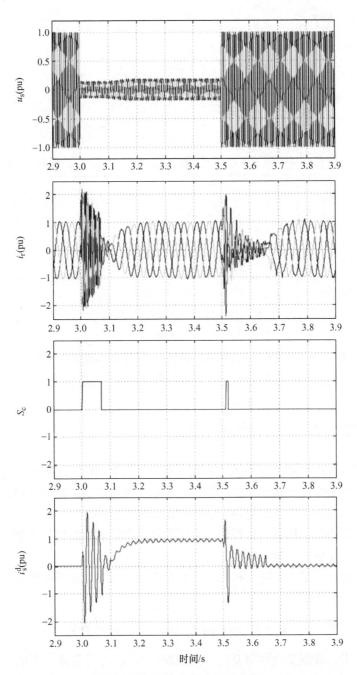

图 5-24　借助硬件保护单元的重度电网低电压穿越仿真结果
（$R_{\text{crow}} = 0.1|Z_s|$，其中，$Z_s$ 为电机定子阻抗）

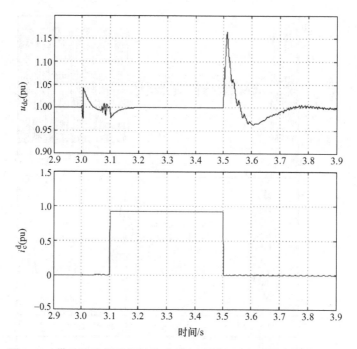

图 5-24 借助硬件保护单元的重度电网低电压穿越仿真结果 (续)

($R_{crow} = 0.1|Z_s|$, 其中, Z_s 为电机定子阻抗)

5.4 低电压穿越算法的控制域

由前面的分析可知, 双馈风电系统进行低电压穿越时, 主要通过提高机侧变换器的输出电压来保持对转子电流的控制, 抑制转子过电流; 同时, 网侧变换器要通过将脉动的转差功率传递给电网来保持直流母线电压的稳定。由于双馈风电系统采用部分功率变换器, 机侧变换器输出电压的能力和网侧变换器传递转差功率的能力都将受到其自身硬件容量的限制。

当转子电流矢量恒定时, 将式(4-3) 代入式(4-2), 整理得到机侧变换器需要输出的控制电压矢量为

$$\boldsymbol{u}_r = (R_r + j\omega_{sl}\sigma L_r)\boldsymbol{i}_r + (p + j\omega_{sl})\frac{L_M}{L_s}\boldsymbol{\varPsi}_s \qquad (5\text{-}36)$$

上式表明, 机侧变换器需要输出的控制电压 $\boldsymbol{u}_r$ 与当前转子电流、转子转差和定子磁链有关, 对于一个工作于正常电网条件下的风电系统, 可以认为稳态下其转子电流是和转差率相关的量, 即可认为 $\boldsymbol{u}_r$ 与当前系统的转差率和定子磁链的状态有关。其中转差率取决于当前的风速和主控系统的命令; 而由 4.2.1 节分析可知, 定子磁链则与电压跌落深度 d_{sag} 和电压恢复时刻 t_{rec} 有关。因此, 记转子所需控制

电压为转差率、电网电压跌落深度、电网电压恢复时刻的函数：

$$\boldsymbol{u}_{\mathrm{r}} = \mathrm{function}(\omega_{\mathrm{sl}}, d_{\mathrm{sag}}, t_{\mathrm{rec}}) \tag{5-37}$$

对于采用 SVPWM 策略的机侧变换器，其输出的最大电压矢量幅值约为 $0.866u_{\mathrm{dc}}$。因此，机侧变换器可控，即要求其满足式(5-38) 所示条件。对于不满足式(5-38) 的情况，转子电流矢量将无法被控制为恒定，转子电流将增加并出现谐波，但在其达到转子变换器耐流上限前，仍可认为系统可以完成故障不间断运行。

$$|\boldsymbol{u}_{\mathrm{r}}| = |\mathrm{function}(\omega_{\mathrm{sl}}, d_{\mathrm{sag}}, t_{\mathrm{rec}})| \leqslant 0.866u_{\mathrm{dc}} \tag{5-38}$$

来自电机转子侧的转差率功率是电网故障穿越过程中网侧变换器直流母线电压环的主要扰动，要求转差率功率不能超过网侧变换器最大功率传递能力，即

$$|P_{\mathrm{r}}| = |\mathrm{Re}(\boldsymbol{u}_{\mathrm{r}} \boldsymbol{i}_{\mathrm{r}}^{*})| \leqslant |P_{\mathrm{g}}|_{\max} \tag{5-39}$$

其中，P_{r} 为转差率功率，由当前转子电压和转子电流决定，其中转子电压表达式如式(5-38) 所示，可知，电网故障穿越过程中转差率功率也主要与转差率、电压跌落深度、电压恢复时间有关；$|P_{\mathrm{g}}|_{\max}$ 表示网侧变换器硬件条件下能够和电网交换的最大功率，它主要由网侧变换器最大电流和当前电网条件决定。

由上述分析可知，对称电网故障穿越过程中，双馈系统的可控范围与其工作状态、电网故障状态、系统硬件参数选型等密切相关，尤其是当转子电流矢量恒定控制失效但变换器尚未过流的这段过程里，系统电磁过程复杂，难以得到解析性描述，这里将借助仿真方法对系统的控制域进行研究。

一个 1.5MW 双馈风电仿真系统，根据系统运行状态和设计要求，网侧变换器 IGBT 选型为 FF700R17K（1700V，700A），机侧变换器 IGBT 选型为 FF1200R17K（1700V，1200A），并以此作为系统硬件工作上限，得到系统对称故障穿越过程中的控制域如图 5-25 所示，其中黑色各标注点为进行仿真的状态点。其中 5-25a 为电网电压跌落时，控制策略在系统不同运行区域时的控制效果；图 5-25b 为电网电压恢复时，控制策略在系统不同运行区域时的控制效果，根据 4.2.1 节的分析，可以认为电网电压在发生跌落后半个工频周期时恢复，系统的电磁过程最为剧烈，运行条件也最为苛刻，因此，图 5-25b 中结果均在这种条件下取得。图 5-25 表述了受到部分功率变换器硬件能力限制的双馈系统可控域分布情况，实际系统还将受到控制策略、控制延时等情况的影响，其可控域还将有所减小。

由上述分析可知，对于不严重的对称电网故障，双馈风电系统可通过纯软件算法实现不间断运行；对于某些严重的对称电网故障，双馈风电系统由于采用部分功率变换器，控制能力有限，将出现过电流过电压故障，此时，为了提高系统对称故障穿越的能力，必须借助硬件辅助单元对系统进行必要保护。

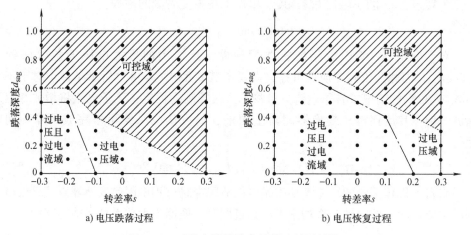

图 5-25 对称电网故障穿越策略的可控域

参 考 文 献

［1］胡书举，李建林，许洪华. 变速恒频风电系统应对电网故障的保护电路分析 ［J］. 变流技术与电力牵引，2008（1）：45-55.

［2］NIIRANEN J. Simulation of doubly fed induction generator wind turbine with an active crowbar ［C］. EPE-PEMC 2004，2004.

［3］EKANAYAKE J，HOLDSWORTH L，WU X，et al. Dynamic Modeling of Doubly Fed Induction Generator Wind Turbines ［J］. IEEE Transactions on Power Systems，2003，18（2）：803-809.

［4］PETERSSON A，HARNEFORS L，THIRINGER T. Evaluation of Current Control Methods for Wind Turbines Using Doubly-Fed Induction Machines ［J］. IEEE Transactions on Power Electronics，2005，20（1）：227-235.

［5］XIANG D，RAN L，TAVNER P，et al. Control of a Doubly Fed Fnduction Generator in a Wind Turbine during Grid Fault Ride-through ［J］. IEEE Transactions on Energy Conversion，2006，21（3）：652-662.

［6］HE Y，HU J，ZHAO R. Modeling and Control of Wind-Turbine Used DFIG under Network Fault Conditions ［C］. International Conference on Electrical Machines and Systems，2005，2：986-991.

［7］郭晓明，贺益康，何奔腾. 双馈异步风力发电机开关频率恒定的直接功率控制 ［J］. 电力系统自动化，2008，32（1）：61-65.

［8］郭长春，姚兴佳，井艳军，等. 弱电网下风力发电机的特性研究 ［J］. 阳光能源，2008，（3）：41-43.

［9］ZHANG W，ZHOU P，HE Y K. Analysis of the By-Pass Resistance of an Active Crowbar for Doubly-Fed Induction Generator Based Wind Turbines under Grid Faults ［C］. International Conference on Electrical Machines and Systems，2008：2316-2321.

［10］ ANAYA-LARA O, LIU Z F, QUINONEZ-VARELA GUSTAVO, et al. Optimal DFIG Crowbar Resistance Design under Different Controllers during Grid Faults ［C］. 3rd International Conference on Electic Utility Deregulation and Restructuring and Power Technologies, 2008: 2580-2585.

［11］ ERIICK I, KRETSCHMANN J, FORTMANN J, et al. Modeling of wind turbines based on doubly-fed induction generators for power system stability studies ［J］. IEEE Transactions on Power Systems, 2007, 22 （3）: 909-919.

［12］ ABBEY C, JOOS G. Supercapacitor energy storage for wind energy applications ［J］. IEEE Transactions on Industry Applications, 2007, 43 （3）: 769-776.

［13］ RATHI M R, JOSE P P, MOHAN N. A Novel H∞ based Controller for Wind Turbine Applications Operating under Unbalanced Voltage Conditions ［C］. Proceedings of the 13th International Conference on Intelligent Systems Application to Power Systems, 2005.

［14］ PATRICK S F, GIRI V. Unbalanced Voltage Sag Ride-Through of a Doubly Fed Indcution Generator Wind Turbine With Series Grid-Side Converter ［J］. IEEE Transactions on Industry Applications, 2009, 45 （5）: 1879-1887.

［15］ LING PENG, FREDERIC COLAS, BRUNO FRANCOIS, et al. A modified vector control strategy for DFIG based wind turbines to ride-through voltage dips ［C］. 13th European Conference on Power Electronics and Applications, 2009: 1-10.

［16］ WANG JIAN, LI YONGDONG, ZHENG YANWEN, et al. PIR-Based Control for Three-Phase PWM Rectifier with H-Bridge Load ［C］. IEEE 6th International Power Electronics and Motion Control Conference, 2009: 1643-1647.

［17］ 马宏伟. 双馈风电系统模型预测控制与电网故障不间断运行研究 ［D］. 北京: 清华大学, 2013.

第6章 不对称电网条件下双馈风电系统的控制策略

不对称电网条件下，由于负序电网电压的持续存在，会在双馈风电系统中引入更为复杂和剧烈且不自发衰减的电磁过程，造成定转子过电流、转子过电压、直流母线过电压、电磁转矩脉动、功率脉动和直流母线电压脉动等一系列问题。电网要求风电系统具有不对称电网故障不间断运行能力，如《紧急电网运行规程》要求电力设备能够在稳态不对称度2%，暂态不对称度不超过5%的电网环境下长期稳定运行，而在更为严重的不对称电网条件下双馈风电系统的不间断运行以及运行性能改善，也是当前研究的热点问题。

本章首先对双馈风电系统不对称电网条件下的运行控制进行概述，然后详细介绍了三相不对称系统中正负序分量分离及矢量定向方法，这是不对称电网条件下双馈风电系统运行控制的基础，在此基础上详细介绍了几种典型的控制方法，包括基于正负序同步坐标系下 PI 控制器的矢量控制、基于正序同步坐标系下 PIR／MFPIR 控制器的矢量控制以及不对称条件下的模型预测控制。

6.1 概述

就已有的各种不借助硬件保护单元的纯软件算法而言，不对称电网条件下双馈系统的控制策略也多是基于矢量控制的各种改进方法。如典型的正负序分离矢量控制方法，这些方法首先将系统中各电磁量的正序分量和负序分量相互分离出来，然后针对正序分量和负序分量分别设计正负序矢量控制器，最后将正负序控制器的输出合成在一起来产生整个系统的控制信号，实现对系统的控制。目前，这种基于正负序分离的矢量控制是双馈系统不对称运行控制中应用最为普遍的控制策略，它易于理解、结构清晰，但需要多次的旋转坐标变换和正负序矢量的分离和合成运算，运算量大、算法复杂，且控制器参数较多，系统参数依赖性较高，这些为实际系统调试带来一定的困难。

为了降低运算量，一些带有前馈补偿项的矢量控制方法开始出现。这些方法通过将前馈补偿量添加于转子电流控制器上，抵消负序分量对传统矢量控制电流环造成的影响，进而实现双馈系统的不对称运行控制。相比基于正负序分离的矢量控制，这种方法不需要对被控对象进行正负序解耦，简化了控制结构和运算量，但前馈补偿项的准确度受到电机参数准确性及系统工况等因素影响。

对矢量控制的另一种改进方式是多谐点比例积分谐振（Multi-Frequency Proportional Integral Resonant，MFPIR）控制器的使用。这种方法使用 MFPIR 代替传统矢量控制中网侧和转子侧电流环的 PI 控制器，通过将控制器的谐振频率设置于 1 倍和 2 倍电网频率处，可以在正向同步坐标系中同时实现对正序和负序分量的控制，同时改善电流波形，相比于基于正负序分离的矢量控制，这种采用 MFPIR 控制器的方法减少了旋转变换次数、减少了近一半的控制器数量，但其控制器待整定参数同样较多，给实际系统调试带来不便，同时，其动态特性受系统参数影响仍然比较明显。

除了对矢量控制的各种改进外，研究者们也对其他控制算法进行了研究和探索，如基于矢量滞环电流控制器（Vector- Based Hysteresis Current Regulator，VBHCR）的方法和改进的直接功率控制（Direct Power Control Plus，DPC +）方法。前者借助改进的滞环控制器，能够在正向同步坐标系中同时对转子电流正负序分量进行响应，且基于滞环控制器的系统结构简单、易于实现、动态特性好，但由于其功率器件开关频率不固定，给大功率场合的应用带来困难。后者通过功率滞环控制器和优化的开关表，在静止坐标系下即可实现对不对称电网条件下双馈电机定子功率的直接控制，并可实现四种控制模式：基于定子电流的模式能够维持定子电流正弦对称，改善电流质量；基于定子功率的模式能够维持定子功率的稳定，减小电气冲击；基于电磁转矩和定子无功的模式能够维持电磁转矩和无功功率的稳定，减小机械冲击；而第四种模式则是取得上述三种模式控制性能的一种折中。由于采用滞环控制器来实现功率闭环，上述过程中开关器件频率不固定的问题仍然存在，使其不适用于大功率场合，尽管可以通过引入功率预测和矢量调制等方法来获得恒定开关频率，但该方法省去了转子电流内环，不利于故障过程中对转子电流的控制，且未将电压跌落过程中磁链的动态过程考虑在内。

此外，各种改进的非线性算法，如 H∞ 控制、滑模控制等，也被应用于双馈系统的不对称电网故障不间断运行过程中，但由于其控制器设计和实现较为复杂，因此相关的方法仍在进一步的完善和研究中。

6.2 正负序分量分离与锁相环

6.2.1 正负序分离方法

第 4 章 4.2.2 节中，介绍了用于研究不对称三相系统的对称分量法，而在实际的控制中，需要从时序波形中获得其正序分量、负序分量和零序分量（如果存在/需要零序分量）。正负序分离是不对称系统中进行场定向以及某些重要物理量计算的基础，常见的正负序分离方法有两种：基于滤波器/陷波器的正负序分离方法和基于 1/4 同步周期延时计算的正负序分离方法。

（1）基于滤波器/陷波器的正负序分离方法

由图 4-3 及式（4-23）可知，不对称系统正序分量 F_+ 在正向同步旋转坐标系 dq+ 中表现为直流量，在负向同步旋转坐标系 dq– 中表现为 2 倍同步频率的交流量；不对称系统负序分量 F_- 在负向同步旋转坐标系 dq – 中表现为直流量，在正向同步旋转坐标系 dq+ 中表现为 2 倍同步频率的交流量。因此，如图 6-1 所示，将不对称矢量分别投射到正、负向同步旋转坐标系中，并将获得的结果分别经过滤波器或陷波器，过滤掉其中 2 倍同步频率的交流信号，即可实时获得当前矢量的正序分量和负序分量，实现正负序分离。

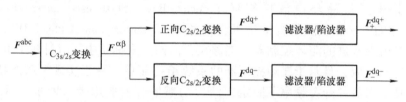

图 6-1　基于滤波器/陷波器的正负序分离方法

（2）基于 1/4 同步周期延时计算的正负序分离方法

由图 4-3 及式（4-23）可知，在 αβ 坐标系下不对称电磁矢量 F 可以表述为

$$\begin{cases} F^\alpha(t) = F_+^\alpha(t) + F_-^\alpha(t) = F_+\cos(\omega_1 t + \phi_+) + F_-\cos(-\omega_1 t + \phi_-) \\ F^\beta(t) = F_+^\beta(t) + F_-^\beta(t) = F_+\sin(\omega_1 t + \phi_+) + F_-\sin(-\omega_1 t + \phi_-) \end{cases} \tag{6-1}$$

其中，F_+ 和 F_- 分别为正序分量和负序分量幅值，则在 $t - \pi/(2\omega_1)$ 时刻，式（6-1）可以表示为

$$\begin{cases} F^\alpha\left(t-\dfrac{\pi}{2\omega_1}\right) = F_+\sin(\omega_1 t + \phi_+) - F_-\sin(-\omega_1 t + \phi_-) = F_+^\beta(t) - F_-^\beta(t) \\ F^\beta\left(t-\dfrac{\pi}{2\omega_1}\right) = -F_+\cos(\omega_1 t + \phi_+) + F_-\cos(-\omega_1 t + \phi_-) = -F_+^\alpha(t) + F_-^\alpha(t) \end{cases} \tag{6-2}$$

联立式（6-1）和式（6-2），可求得正序分量和负序分量为

$$\begin{cases} F_+^\alpha(t) = 0.5\left[F^\alpha(t) - F^\beta\left(t-\dfrac{\pi}{2\omega_1}\right)\right] \\ F_+^\beta(t) = 0.5\left[F^\beta(t) + F^\alpha\left(t-\dfrac{\pi}{2\omega_1}\right)\right] \\ F_-^\alpha(t) = 0.5\left[F^\alpha(t) + F^\beta\left(t-\dfrac{\pi}{2\omega_1}\right)\right] \\ F_-^\beta(t) = 0.5\left[F^\beta(t) - F^\alpha\left(t-\dfrac{\pi}{2\omega_1}\right)\right] \end{cases} \tag{6-3}$$

其分离过程如图 6-2 所示。

上述两种正负序分离方法的分离效果如图 6-3 所示。

一般地，基于滤波器/陷波器的正序分离方法的动态过程更加平滑，不会出现

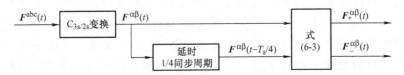

图 6-2　基于 1/4 同步周期延时计算的正负序分离方法

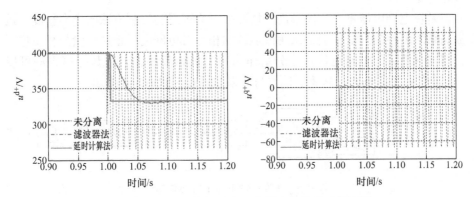

图 6-3　不对称电网电压在正向同步坐标系下的波形

较大暂态冲击，但其动态过程相对较慢，且滤波器/陷波器的设计较为复杂，基于 1/4 同步周期延时计算的正负序分离方法动态过程更短暂，响应更迅速，实现简单，但其暂态过程有较大过冲。

6.2.2　不对称电网条件下的锁相环

不对称电网条件下，各种基于矢量控制的算法都是以场定向为基础的，最常采用的是电网电压正序分量定向，因此需要准确观测电网电压正序分量的相位。

在电网电压对称时，对电压相位进行观测可以采用直接计算和软件锁相环两种方法。当电网电压不对称时，两种方法得到的相位信息如图 6-4 所示。可以看出，采用直接计算法得到的相位存在 100Hz 的脉动，这是因为在电网电压不对称时，由电压正序分量和负序分量合成的电网电压矢量的旋转速度在一个周期内会波动两

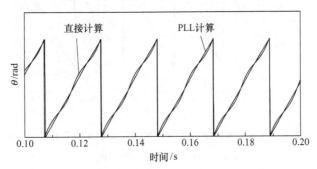

图 6-4　不对称电压下两种电压相位观测结果比较

次。因此，直接计算法得到的是合成后的电压矢量的相位信息。而采用锁相环（Phase Lock Loop，PLL）得到的相位则几乎不存在 100Hz 的脉动，这是由于在PLL 调节器参数较小时，PLL 闭环传递函数截止频率较低，对负序电压引起的100Hz 相位脉动起到了滤波作用，而正序电压的相位则会无损的通过 PLL，虽然这里的滤波不是完全衰减，但是在不对称不高的情况下，其误差在工程上一般是可以接受的。

但是在电网电压不对称度较高的情况下，为了提高控制方法的定向精度，进一步提高系统的控制性能，通常采用改进的锁相环对电网电压正序分量的相位进行检测，即将分离后的电网电压正序分量作为传统锁相环的输入，其分离方法可以是6.2.1 节中的任意一种。其算法框图与效果如图 6-5 和图 6-6 所示。

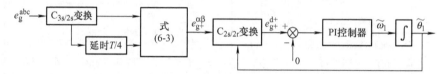

图 6-5　正序电网电压定向的锁相环

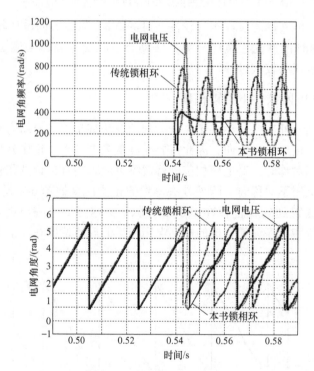

图 6-6　不对称电网电压下正序电压定向锁相环和传统锁相环

（0.54s 发生两相接地故障）

6.3　基于正反向同步坐标系的具有 PI 电流环的矢量控制

6.3.1　基于正反向同步坐标系的网侧变换器矢量控制

根据对称分量法及式(4-23)，静止坐标系下的任意电磁矢量 $\boldsymbol{F}^{\mathrm{dq}+}$ 可以表述为

$$\boldsymbol{F}^{\mathrm{dq}+} = \boldsymbol{F}_{+}^{\mathrm{dq}+} + \boldsymbol{F}_{-}^{\mathrm{dq}+} = \boldsymbol{F}_{+}^{\mathrm{dq}+} + \boldsymbol{F}_{-}^{\mathrm{dq}-} e^{-2\omega_1 t} \tag{6-4}$$

根据式(6-4)，重写式(2-24) 可得

$$\begin{cases} u_{\mathrm{g}+}^{\mathrm{d}+} = R_{\mathrm{g}} i_{\mathrm{g}+}^{\mathrm{d}+} + L_{\mathrm{g}} p i_{\mathrm{g}+}^{\mathrm{d}+} - \omega_1 L_{\mathrm{g}} i_{\mathrm{g}+}^{\mathrm{q}+} + e_{\mathrm{g}+}^{\mathrm{d}+} \\ u_{\mathrm{g}+}^{\mathrm{q}+} = R_{\mathrm{g}} i_{\mathrm{g}+}^{\mathrm{q}+} + L_{\mathrm{g}} p i_{\mathrm{g}+}^{\mathrm{q}+} + \omega_1 L_{\mathrm{g}} i_{\mathrm{g}+}^{\mathrm{d}+} + e_{\mathrm{g}+}^{\mathrm{q}+} \end{cases} \tag{6-5}$$

$$\begin{cases} u_{\mathrm{g}-}^{\mathrm{d}-} = R_{\mathrm{g}} i_{\mathrm{g}-}^{\mathrm{d}-} + L_{\mathrm{g}} p i_{\mathrm{g}-}^{\mathrm{d}-} + \omega_1 L_{\mathrm{g}} i_{\mathrm{g}-}^{\mathrm{q}-} + e_{\mathrm{g}-}^{\mathrm{d}-} \\ u_{\mathrm{g}-}^{\mathrm{q}-} = R_{\mathrm{g}} i_{\mathrm{g}-}^{\mathrm{q}-} + L_{\mathrm{g}} p i_{\mathrm{g}-}^{\mathrm{q}-} - \omega_1 L_{\mathrm{g}} i_{\mathrm{g}-}^{\mathrm{d}-} + e_{\mathrm{g}-}^{\mathrm{q}-} \end{cases} \tag{6-6}$$

式(4-39)、式(4-40)、式(6-5) 和式(6-6) 即为不对称电网条件下网侧变换器的数学模型。

由式(6-5) 可以得到正向同步坐标系下网侧电流环控制器输出电压为

$$\begin{cases} u_{\mathrm{g}+}^{\mathrm{d}+*} = C_{\mathrm{gi}+}^{\mathrm{d}+} (i_{\mathrm{g}+}^{\mathrm{d}+*} - i_{\mathrm{g}+}^{\mathrm{d}+}) + u_{\mathrm{gc}+}^{\mathrm{d}+} \\ u_{\mathrm{g}+}^{\mathrm{q}+*} = C_{\mathrm{gi}+}^{\mathrm{q}+} (i_{\mathrm{g}+}^{\mathrm{q}+*} - i_{\mathrm{g}+}^{\mathrm{q}+}) + u_{\mathrm{gc}+}^{\mathrm{q}+} \end{cases} \tag{6-7}$$

其中，$C_{\mathrm{gi}+}^{\mathrm{d}+}$、$C_{\mathrm{gi}+}^{\mathrm{q}+}$ 为网侧电流环 d+、q+ 轴 PI 控制器，$i_{\mathrm{g}+}^{\mathrm{d}+*}$、$i_{\mathrm{g}+}^{\mathrm{q}+*}$ 为网侧 d+、q+ 轴电流参考值，$u_{\mathrm{g}+}^{\mathrm{d}+*}$、$u_{\mathrm{g}+}^{\mathrm{q}+*}$ 为网侧变换器 d+、q+ 轴输出控制电压参考值，$u_{\mathrm{gc}+}^{\mathrm{d}+} = -\omega_1 L_{\mathrm{g}} i_{\mathrm{g}+}^{\mathrm{q}+} + e_{\mathrm{g}+}^{\mathrm{d}+}$、$u_{\mathrm{gc}+}^{\mathrm{q}+} = \omega_1 L_{\mathrm{g}} i_{\mathrm{g}+}^{\mathrm{d}+} + e_{\mathrm{g}+}^{\mathrm{q}+}$ 为网侧变换器 d+、q+ 轴输出控制电压的前馈补偿项。

同理，由式(6-6) 可以得到反向同步坐标系下网侧电流环控制器输出电压为

$$\begin{cases} u_{\mathrm{g}-}^{\mathrm{d}-*} = C_{\mathrm{gi}-}^{\mathrm{d}-} (i_{\mathrm{g}-}^{\mathrm{d}-*} - i_{\mathrm{g}-}^{\mathrm{d}-}) + u_{\mathrm{gc}-}^{\mathrm{d}-} \\ u_{\mathrm{g}-}^{\mathrm{q}-*} = C_{\mathrm{gi}-}^{\mathrm{q}-} (i_{\mathrm{g}-}^{\mathrm{q}-*} - i_{\mathrm{g}-}^{\mathrm{q}-}) + u_{\mathrm{gc}-}^{\mathrm{q}-} \end{cases} \tag{6-8}$$

其中，$C_{\mathrm{gi}-}^{\mathrm{d}-}$、$C_{\mathrm{gi}-}^{\mathrm{q}-}$ 为网侧电流环 d-、q- 轴 PI 控制器，$i_{\mathrm{g}-}^{\mathrm{d}-*}$、$i_{\mathrm{g}-}^{\mathrm{q}-*}$ 为网侧 d-、q- 轴电流参考值，$u_{\mathrm{g}-}^{\mathrm{d}-*}$、$u_{\mathrm{g}-}^{\mathrm{q}-*}$ 为网侧变换器 d-、q- 轴输出控制电压参考值，$u_{\mathrm{gc}-}^{\mathrm{d}-} = \omega_1 L_{\mathrm{g}} i_{\mathrm{g}-}^{\mathrm{q}-} + e_{\mathrm{g}-}^{\mathrm{d}-}$、$u_{\mathrm{gc}-}^{\mathrm{q}-} = -\omega_1 L_{\mathrm{g}} i_{\mathrm{g}-}^{\mathrm{d}-} + e_{\mathrm{g}-}^{\mathrm{q}-}$ 为网侧变换器 d-、q- 轴输出控制电压的前馈补偿项。

网侧变换器直流母线电压控制器输出仍然可以采用式(3-25) 所示结果，但其中网侧功率将由式(4-39) 来定义。因此有

$$\begin{cases} P_{\mathrm{g}}^{*} = P_{\mathrm{gconst}}^{*} + P_{2\omega_1}^{*} \\ Q_{\mathrm{g}}^{*} = Q_{\mathrm{gconst}}^{*} + Q_{2\omega_1}^{*} \end{cases} \tag{6-9}$$

若网侧变换器注入电网的负序电流为 0[⊖]，即 $i_{g-}^{d-*} = i_{g-}^{q-*} = 0$，仅考虑网侧平均功率的情况下，根据式(6-9) 可以求得

$$\begin{cases} i_{g+}^{d+*} = P_g^* / e_{g+}^{d+} \\ i_{g+}^{q+*} = -Q_g^* / e_{g+}^{d+} \\ i_{g-}^{d-*} = 0 \\ i_{g-}^{q-*} = 0 \end{cases} \tag{6-10}$$

综上，基于正反向同步旋转坐标系的网侧变换器控制如图 6-7 所示。

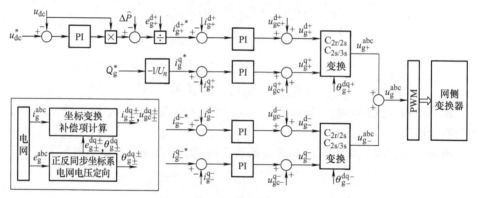

图 6-7 基于正反向同步坐标系的网侧变换器控制框图

6.3.2 基于正反向同步坐标系的双馈电机矢量控制

根据式(6-4)，重写式(2-19) 和式(2-20) 可得

$$\begin{cases} u_{s+}^{d+} = R_s i_{s+}^{d+} + p\psi_{s+}^{d+} - \omega_1 \psi_{s+}^{q+} \\ u_{s+}^{q+} = R_s i_{s+}^{q+} + p\psi_{s+}^{q+} + \omega_1 \psi_{s+}^{d+} \\ u_{r+}^{d+} = R_r i_{r+}^{d+} + p\psi_{r+}^{d+} - \omega_{sl}^+ \psi_{r+}^{q+} \\ u_{r+}^{q+} = R_r i_{r+}^{q+} + p\psi_{r+}^{q+} + \omega_{sl}^+ \psi_{r+}^{d+} \end{cases} \tag{6-11}$$

$$\begin{cases} \psi_{s+}^{d+} = L_s i_{s+}^{d+} + L_M i_{r+}^{d+} \\ \psi_{s+}^{q+} = L_s i_{s+}^{q+} + L_M i_{r+}^{q+} \\ \psi_{r+}^{d+} = L_r i_{r+}^{d+} + L_M i_{s+}^{d+} \\ \psi_{r+}^{q+} = L_r i_{r+}^{q+} + L_M i_{s+}^{q+} \end{cases} \tag{6-12}$$

⊖ 不对称电网条件下网侧变换器的控制目标是可以有多种选择的，此处仅以消除网侧负序电流控制目标为例，关于网侧变换器其他控制目标的选择和实现方法将在本章后续部分进行论述。

$$\begin{cases} u_{s-}^{d-} = R_s i_{s-}^{d-} + p\psi_{s-}^{d-} + \omega_1 \psi_{s-}^{q-} \\ u_{s-}^{q-} = R_s i_{s-}^{q-} + p\psi_{s-}^{q-} - \omega_1 \psi_{s-}^{d-} \\ u_{r-}^{d-} = R_r i_{r-}^{d-} + p\psi_{r-}^{d-} + \omega_{sl}^- \psi_{r-}^{q-} \\ u_{r-}^{q-} = R_r i_{r-}^{q-} + p\psi_{r-}^{q-} - \omega_{sl}^- \psi_{r-}^{d-} \end{cases} \tag{6-13}$$

$$\begin{cases} \psi_{s-}^{d-} = L_s i_{s-}^{d-} + L_M i_{r-}^{d-} \\ \psi_{s-}^{q-} = L_s i_{s-}^{q-} + L_M i_{r-}^{q-} \\ \psi_{r-}^{d-} = L_r i_{r-}^{d-} + L_M i_{s-}^{d-} \\ \psi_{r-}^{q-} = L_r i_{r-}^{q-} + L_M i_{s-}^{q-} \end{cases} \tag{6-14}$$

其中，$\omega_{sl}^+ = \omega_1 - \omega_r$、$\omega_{sl}^- = \omega_1 + \omega_r$，式（6-11）和式（6-12）为双馈电机正序分量在正向同步坐标系中的数学模型，式（6-13）和式（6-14）为双馈电机负序分量在反向同步坐标系中的数学模型，二者与式（4-33）和式（4-34）共同构成不对称电网电压条件下的双馈风力发电机数学模型。

将式（6-12）和式（6-14）分别代入式（6-11）和式（6-13），整理得到双馈电机转子绕组电压方程为

$$\begin{cases} u_{r+}^{d+} = R_r i_{r+}^{d+} + \sigma L_r p i_{r+}^{d+} - \omega_{sl}^+ \psi_{r+}^{q+} + \dfrac{L_M}{L_s} p\psi_{s+}^{d+} \\ u_{r+}^{q+} = R_r i_{r+}^{q+} + \sigma L_r p i_{r+}^{q+} + \omega_{sl}^+ \psi_{r+}^{d+} + \dfrac{L_M}{L_s} p\psi_{s+}^{q+} \end{cases} \tag{6-15}$$

$$\begin{cases} u_{r-}^{d-} = R_r i_{r-}^{d-} + \sigma L_r p i_{r-}^{d-} + \omega_{sl}^- \psi_{r-}^{q-} + \dfrac{L_M}{L_s} p\psi_{s-}^{d-} \\ u_{r-}^{q-} = R_r i_{r-}^{q-} + \sigma L_r p i_{r-}^{q-} - \omega_{sl}^- \psi_{r-}^{d-} + \dfrac{L_M}{L_s} p\psi_{s-}^{q-} \end{cases} \tag{6-16}$$

分别基于正序电网电压和负序电网电压对正反向同步旋转坐标系进行定向。电网电压稳定时，可认为定子磁链的微分项为零，简化后的转子绕组电压方程为

$$\begin{cases} u_{r+}^{d+} = R_r i_{r+}^{d+} + \sigma L_r p i_{r+}^{d+} + E_{r+}^{d+} \\ u_{r+}^{q+} = R_r i_{r+}^{q+} + \sigma L_r p i_{r+}^{q+} + E_{r+}^{q+} \end{cases} \tag{6-17}$$

$$\begin{cases} u_{r-}^{d-} = R_r i_{r-}^{d-} + \sigma L_r p i_{r-}^{d-} + E_{r-}^{d-} \\ u_{r-}^{q-} = R_r i_{r-}^{q-} + \sigma L_r p i_{r-}^{q-} + E_{r-}^{q-} \end{cases} \tag{6-18}$$

其中，$E_{r+}^{d+} = -\omega_{sl}^+ \psi_{r+}^{q+} + L_M p\psi_{s+}^{d+}/L_s$、$E_{r+}^{q+} = \omega_{sl}^+ \psi_{r+}^{d+} + L_M p\psi_{s+}^{q+}/L_s$ 为转子 d+ 轴、q+ 轴电流的交叉耦合项，$E_{r-}^{d-} = \omega_{sl}^- \psi_{r-}^{q-} + L_M p\psi_{s-}^{d-}/L_s$、$E_{r-}^{q-} = -\omega_{sl}^- \psi_{r-}^{d-} + L_M p\psi_{s-}^{q-}/L_s$ 为转子 d- 轴、q- 轴电流的交叉耦合项，上述耦合项均可将其视为外界对电机转子绕组的电压扰动。

根据式（6-17）和式（6-18）可得正反向同步坐标系中转子电流闭环控制器输

出分别为

$$\begin{cases} u_{r+}^{d+*} = C_{ri+}^{d+}\,(i_{r+}^{d+*} - i_{r+}^{d+}) + u_{rc+}^{d+} \\ u_{r+}^{q+*} = C_{ri+}^{q+}\,(i_{r+}^{q+*} - i_{r+}^{q+}) + u_{rc+}^{q+} \end{cases} \tag{6-19}$$

$$\begin{cases} u_{r-}^{d-*} = C_{ri-}^{d-}\,(i_{r-}^{d-*} - i_{r-}^{d-}) + u_{rc-}^{d-} \\ u_{r-}^{q-*} = C_{ri-}^{q-}\,(i_{r-}^{q-*} - i_{r-}^{q-}) + u_{rc-}^{q-} \end{cases} \tag{6-20}$$

其中，C_{ri+}^{d+}、C_{ri+}^{q+}、C_{ri-}^{d-} 和 C_{ri-}^{q-} 分别为转子电流环 d+ 轴、q+ 轴、d- 轴和 q- 轴 PI 控制器，i_{r+}^{d+*}、i_{r+}^{q+*}、i_{r-}^{d-*} 和 i_{r-}^{q-*} 分别为转子 d+ 轴、q+ 轴、d- 轴和 q- 轴电流参考值，u_{r+}^{d+*}、u_{r+}^{q+*}、u_{r-}^{d-*} 和 u_{r-}^{q-*} 分别为机侧变换器 d+ 轴、q+ 轴、d- 轴和 q- 轴输出控制电压参考值。

此时，双馈风力发电机的电磁转矩和定子侧功率由式（4-34）和式（4-33）来定义，即有

$$\begin{cases} T_e^* = T_{e\text{const}}^* + T_{e2\omega_1}^* \\ Q_s^* = Q_{s\text{const}}^* + Q_{s2\omega_1}^* \end{cases} \tag{6-21}$$

若电机定子注入电网的负序电流为 $0^{\ominus}$，即 $i_{s-}^{d-*} = i_{s-}^{q-*} = 0$，仅考虑电机平均电磁转矩和定子平均无功功率的情况下，根据式（6-21）可以求得

$$\begin{cases} i_{s+}^{d+*} = T_e^*/n_p\psi_{s+}^{q+} \\ i_{s+}^{q+*} = -Q_s^*/u_{s+}^{d+} \\ i_{s-}^{d-*} = 0 \\ i_{s-}^{q-*} = 0 \end{cases} \Rightarrow \begin{cases} i_{r+}^{d+*} = -T_e^* L_s/n_p L_M \psi_{s+}^{q+} \\ i_{r+}^{q+*} = (\psi_{s+}^{q+} + Q_s^* L_s/u_{s+}^{d+})/L_M \\ i_{r-}^{d-*} = 0 \\ i_{r-}^{q-*} = \psi_{s-}^{q-}/L_M \end{cases} \tag{6-22}$$

综上，基于正反向同步旋转坐标系的双馈风力发电机系统控制框图如图 6-8 所示。

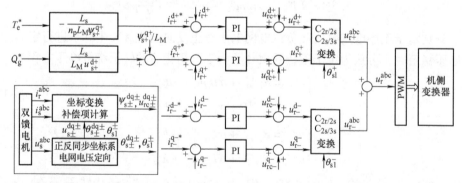

图 6-8　定子电压定向的正反向同步坐标系下双馈发电机矢量控制系统框图

6.4　基于正向同步坐标系的具有 PIR/MFPIR 电流环的矢量控制

由 4.2 节和 4.3 节可知，在不对称电网条件下，电网电压的负序分量将持续在基于正向同步坐标系的双馈风电系统中引入 2 倍电网同步频率的扰动，如果考虑到电网电压在对称到不对称间变化所引起的暂态过程，那么系统中也会同时存在由电机定子磁链直流分量引发的 1 倍电网同步频率的扰动。即考虑电网不对称故障暂态特性的情况下，双馈风电系统中将存在 1 倍同步频率的自衰减扰动和 2 倍同步频率的持续扰动。这意味着 6.3 节中所讨论的方法不能够有效处理电网电压在对称和不对称间变化的暂态过程（它更适合处理电网电压处于不对称稳态的情况），一个典型的解决方法是在其中引入静止坐标系的 PI 控制器对暂态过程中定子磁链直流分量产生的扰动进行抑制，此时在控制系统中将同时出现 3 个坐标系（正向同步坐标系、负向同步坐标系和静止坐标系）以及 12 个电流环（机侧和网侧各 6 个），这需要大量的正负序分量分离、旋转坐标变换以及控制器参数整定，增加了算法的复杂度，也给实际调试带来了一定难度。

利用式(4-25)、式(4-26)、式(4-27) 和式(4-28) 所描述的双馈风力发电机数学模型和式(4-35)、式(4-36)、式(4-39) 和式(4-40) 所描述的网侧变换器数学模型，直接在正向同步坐标系中对双馈风电系统进行控制，可以在一定程度上减少正负序分离和旋转坐标变换、简化控制算法。为了在正向同步坐标系中同时对系统的正负分量进行控制，需要使用 5.2.2 节中介绍的 PIR 控制器，并将其谐振点位置设置于 2 倍电网同步频率，以抑制负序分量对系统造成的影响。也可以采用多频比例谐振（Multi-Frequency Proportional Resonant，MFPIR）控制器，通过将谐振点设置于 1 倍电网同步频率和 2 倍电网同步频率，在正向同步坐标系中同时对系统的正序、负序和零序/直流偏置量进行控制，从而有效处理电网电压不对称跌落中的暂态过程。

MFPIR 控制器的传函及框图分别如式(6-23) 和图 6-9 所示，其中 $\omega_r|_{r=0,1,\cdots,N-1}$ 为 N 个谐振点。

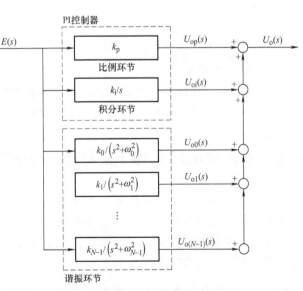

图 6-9　MFPIR 控制器传函框图

$$G_{\mathrm{MFPIR}}(s) = k_{\mathrm{p}} + \frac{k_{\mathrm{i}}}{s} + \sum_{r=0}^{N-1} \frac{k_{r}s}{s^2 + \omega_r^2} \qquad (6\text{-}23)$$

参考 3.1 节内容，可以得到具有正向同步坐标系下基于 PIR/MFPIR 的机侧变换器和网侧变换器控制框图如图 6-10 和图 6-11 所示。

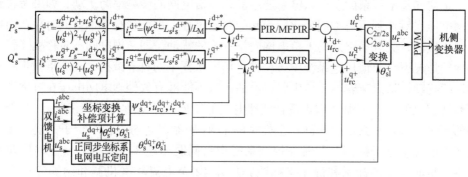

图 6-10　基于 PIR/MFPIR 的机侧变换器矢量控制框图

（正序定子电压定向正向同步坐标系：$u_{\mathrm{s}}^{\mathrm{d}} = U_{\mathrm{s}}$，$u_{\mathrm{s}}^{\mathrm{q}} = 0$）

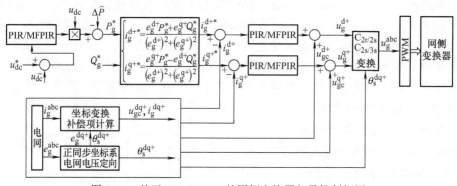

图 6-11　基于 PIR/MFPIR 的网侧变换器矢量控制框图

（正序电网电压定向正向同步坐标系：$e_{\mathrm{g}}^{\mathrm{d}} = E_{\mathrm{g}}$，$e_{\mathrm{g}}^{\mathrm{q}} = 0$）

6.5　不对称电网条件下的模型预测控制

本节讨论不对称电网条件下的 MPC 方法，该方法能够在正向同步坐标系中同时对系统的正负序分量进行控制，不需要对风电系统正负序解耦，简化了控制结构，减少了控制器数量和控制器参数，利于实际调试，且由于 MPC 策略本身的特点而具有较好的参数鲁棒性。

6.5.1　不对称电网条件下网侧变换器模型预测控制

在 3.3.1 节中，对网侧变换器网侧电流环和直流母线电压的推导过程是基于网侧电流和直流母线电压的完整数学模型的，因此，只需将其运算坐标系由原来的电网电压定向同步坐标系修改为电网电压正序分量定向的同步坐标系，则其推导的控制方法在不对称电网条件下仍将基本适用，而为了让其更加适应不对称电网电压条件，可对其进行如下改进。

1. 在网侧电流环 MPC 策略中，添加对电网电压的预测

在 3.3.1 节的网侧电流环 MPC 策略推导中，为了抵消数字式控制器的控制延时、提高系统响应带宽，建立了网侧电流的两步预测模型，如式(3-78) 和式(3-79) 所示。其中对 $(k+1)T_s$ 时刻网侧电流的预测，需要用到 $(k+1)T_s$ 时刻的电网电压 $e_g^{dq+}(k+1)$。在对称电网条件下，认为 $e_g^{dq+}(k+1) = e_g^{dq+}(k)$，而当电网电压不对称时，这种假设将不再成立，其对比情况如图 6-12 所示，因此，需要在 kT_s 时刻对 $e_g^{dq+}(k+1)$ 进行预测。

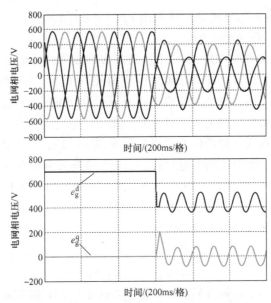

图 6-12　对称和不对称情况下电网电压 dq 轴分量

图 6-13 给出了电网电压的预测方法。首先，根据式(6-3) 可以得到当前采样时刻电网正负序分量 $e_{g\pm}^{\alpha\beta}(k)$，按照正序电网电压定向得到的角度信息对 $e_{g\pm}^{\alpha\beta}(k)$ 进行 Park 变换，得到当前采样时刻正向同步坐标系下电网电压的正负序分量 $e_{g+}^{dq+}(k)$ 和 $e_{g-}^{dq+}(k)$。对于稳定的不对称电网电压而言，在正向同步坐标系中，认为电网电压正序分量将保持不变，而负序分量将以 2 倍电网同步角频率的速度负向旋转，到下一个采样时刻将转过 $2\omega_1 T_s$ 电角度，因此得到下一采样时刻电网电压负序分量的预测值如式(6-24) 所示。最后由电网电压正负序分量预测值叠加即得到下一采样时刻电网电压的预测值如式(6-25) 所示。图 6-13 和式(6-25) 中使用的电网角频率 ω_1 和角度 θ_1 均由图 6-5 中锁相环获得的 $\tilde{\omega}_1$ 和 $\tilde{\theta}_1$ 代替。

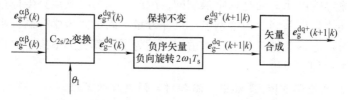

图 6-13　不对称电网故障下电网电压的预测框图

$$\begin{cases} e_{g-}^{d+}(k+1\,|\,k) = e_{g-}^{d+}(k)\cos(2\omega_1 T_s) + e_{g-}^{q+}(k)\sin(2\omega_1 T_s) \\ e_{g-}^{q+}(k+1\,|\,k) = e_{g-}^{q+}(k)\cos(2\omega_1 T_s) - e_{g-}^{d+}(k)\sin(2\omega_1 T_s) \end{cases} \tag{6-24}$$

$$\begin{cases} e_{g}^{d+}(k+1\,|\,k) = e_{g+}^{d+}(k) + e_{g-}^{d+}(k)\cos(2\omega_1 T_s) + e_{g-}^{q+}(k)\sin(2\omega_1 T_s) \\ e_{g}^{q+}(k+1\,|\,k) = e_{g+}^{q+}(k) + e_{g-}^{q+}(k)\cos(2\omega_1 T_s) - e_{g-}^{d+}(k)\sin(2\omega_1 T_s) \end{cases} \tag{6-25}$$

用式(6-25) 得到的电网电压预测值 $e_g^{dq+}(k+1\,|\,k)$ 替代 3.3.1.2 节算法过程中所有的 $(k+1)T_s$ 时刻的电网电压。

2. 在直流母线电压环 MPC 策略中，使用网侧功率的完整表达形式

在第 3 章 3.3.1.3 节的直流母线电压环 MPC 策略中，对网侧有功功率的计算采用功率表达式(3-73)，这个功率表达式是基于电网电压 q 轴分量为 0 的正常电网电压条件得到的，而当电网电压不对称时，在正序电网电压定向的正向同步坐标系中电网电压 q 轴分量为 0 的条件不再成立（见图 6-12），因此式(3-73) 对网侧功率的表达不再准确，类似的问题也出现在直流母线电压环和网侧电流环的接口函数式(3-91) 中，为此，需要在上述过程中采用网侧功率的完整表达形式。

网侧功率和网侧电流的完整关系如式(2-25) 所示，在正序电网电压定向的正向同步坐标系中，它可以被重新表述为

$$\begin{cases} P_g = e_g^{d+} i_g^{d+} + e_g^{q+} i_g^{q+} \\ Q_g = e_g^{q+} i_g^{d+} - e_g^{d+} i_g^{q+} \end{cases} \tag{6-26}$$

由上式可以得到不对称电网电压下直流母线电压环和网侧电流环的接口函数为

$$\begin{cases} i_g^{d+*} = \dfrac{e_g^{d+} P_g^* + e_g^{q+} Q_g^*}{e_g^{d+2} + e_g^{q+2}} \\ \\ i_g^{q+*} = \dfrac{e_g^{q+} P_g^* - e_g^{d+} Q_g^*}{e_g^{d+2} + e_g^{q+2}} \end{cases} \tag{6-27}$$

由式(6-26) 替代 3.3.1.3 节算法过程中所有网侧功率表达式，并由式(6-27) 替代 3.3.1.3 节中接口函数式(3-91)。

将 3.3.1 节算法改写到正序电网电压定向的正向同步坐标系中，并经过上述两项内容的改进，可以得到不对称电网电压下网侧变换器各部分 MPC 的算法流程如图 6-14 所示，总体控制框图如图 6-15 所示。

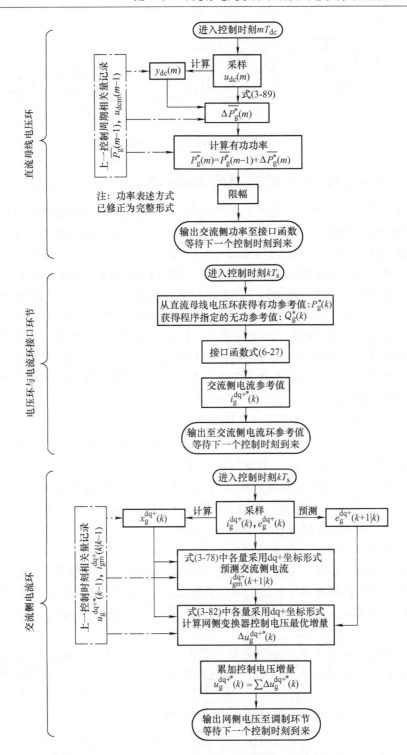

图 6-14　不对称电网条件下网侧变换器 MPC 算法流程

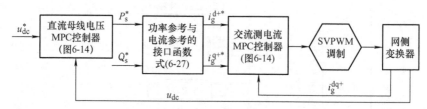

图 6-15　不对称电网条件下网侧变换器控制框图

6.5.2　不对称电网条件下双馈电机模型预测控制

第 3 章 3.3.2 节中，在机侧变换器转子电流环和定子功率环的推导过程中，以理想电网条件为前提，通过电网电压定向对双馈电机的数学模型进行简化，从而得到相应的 MPC 算法。然而，3.3.2 节中的方法忽略了电机定子磁链的动态过程，因此难以较好地应对电网对称电压跌落时定子磁链自由分量对系统造成的一系列不利影响，使其难以实现电网故障不间断运行的相关要求，为此需对其进行改进；在5.2.3 节中，推导了计及定子磁链动态过程的双馈电机 MPC 策略，它在转子电流环的设计上依托于双馈电机完整数学模型，因此，只需将 5.2.3 节中相关算法由原有的电网电压定向同步坐标系改写到正序电网电压定向的正向同步坐标系，则其推导的控制方法在不对称电网条件下仍将适应，而为了使其更加适应不对称电网电压条件，可对其进行如下改进。

1. 在转子电流环 MPC 策略中，添加对电网电压的预测

与网侧电流环的 MPC 策略相似，5.2.3 节中转子电流环的 MPC 策略在 kT_s 时刻仍然需要使用 $(k+1)T_s$ 时刻电网电压值 $e_g^{dq+}(k+1)$ 来实现相关算法，因此，转子电流环 MPC 策略中也需添加对电网电压的预测，其预测过程如图 6-13 所示。因此，用式（6-25）得到的电网电压预测值 $e_g^{dq+}(k+1|k)$ 替代 5.2.3 节算法过程中所有的 $(k+1)T_s$ 时刻的电网电压。

2. 使用定子功率的完整表达形式

第 5.2.3 节所述方法中，在定子功率参考值计算转子电流参考值的过程中，以对称电网电压为前提对其推导过程做出了简化，而在电网电压不对称的条件下，这些简化将不再准确合理，因此，需要采用定子功率的完整表达形式，对上述过程重新加以推导。

定子侧功率和定子侧电流的完整关系如式（2-22）所示，在正序电网电压定向的正向同步坐标系中，认为定子电压即为电网电压，则定子功率可以被重新写为

$$\begin{cases} P_s = e_g^{d+} i_s^{d+} + e_g^{q+} i_s^{q+} \\ Q_s = e_g^{q+} i_s^{d+} - e_g^{d+} i_s^{q+} \end{cases} \tag{6-28}$$

由上式可以得到不对称电网电压下定子功率参考值和定子电流参考值间的关系是

$$\begin{cases} i_{\mathrm{s}}^{\mathrm{d+*}} = \dfrac{e_{\mathrm{g}}^{\mathrm{d+}} P_{\mathrm{s}}^{*} + e_{\mathrm{g}}^{\mathrm{q+}} Q_{\mathrm{s}}^{*}}{e_{\mathrm{g}}^{\mathrm{d+}{}^2} + e_{\mathrm{g}}^{\mathrm{q+}{}^2}} \\[3mm] i_{\mathrm{s}}^{\mathrm{q+*}} = \dfrac{e_{\mathrm{g}}^{\mathrm{q+}} P_{\mathrm{s}}^{*} - e_{\mathrm{g}}^{\mathrm{d+}} Q_{\mathrm{s}}^{*}}{e_{\mathrm{g}}^{\mathrm{d+}{}^2} + e_{\mathrm{g}}^{\mathrm{q+}{}^2}} \end{cases} \tag{6-29}$$

将式(4-30)代入式(4-25)中定子电压方程，定子电压即为电网电压，忽略定子电阻的影响，则可求得

$$\begin{cases} \psi_{\mathrm{s}}^{\mathrm{d+}} = \dfrac{1}{\omega_1}(2e_{\mathrm{g+}}^{\mathrm{q+}} - e_{\mathrm{g}}^{\mathrm{q+}}) \\[3mm] \psi_{\mathrm{s}}^{\mathrm{q+}} = -\dfrac{1}{\omega_1}(2e_{\mathrm{g+}}^{\mathrm{d+}} - e_{\mathrm{g}}^{\mathrm{d+}}) \end{cases} \tag{6-30}$$

其中，正向坐标系中电网电压 $e_{\mathrm{g}}^{\mathrm{dq+}}$ 及其正序分量 $e_{\mathrm{g+}}^{\mathrm{dq+}}$ 可由图 6-5 所示锁相环及相关 Park 变换获得。

联立式(4-26)、式(6-29)和式(6-30)，可以得到不对称电网电压条件下定子功率参考值和转子电流参考值间的转换关系为

$$\begin{cases} i_{\mathrm{r}}^{\mathrm{d+*}} = \dfrac{1}{L_{\mathrm{M}}}\left[\dfrac{1}{\omega_1}(2e_{\mathrm{g+}}^{\mathrm{q+}} - e_{\mathrm{g}}^{\mathrm{q+}}) - \dfrac{L_{\mathrm{s}}}{e_{\mathrm{g}}^{\mathrm{d+}{}^2} + e_{\mathrm{g}}^{\mathrm{q+}{}^2}}(e_{\mathrm{g}}^{\mathrm{d+}} P_{\mathrm{s}}^{*} + e_{\mathrm{g}}^{\mathrm{q+}} Q_{\mathrm{s}}^{*})\right] \\[3mm] i_{\mathrm{r}}^{\mathrm{q+*}} = \dfrac{1}{L_{\mathrm{M}}}\left[-\dfrac{1}{\omega_1}(2e_{\mathrm{g+}}^{\mathrm{d+}} - e_{\mathrm{g}}^{\mathrm{d+}}) - \dfrac{L_{\mathrm{s}}}{e_{\mathrm{g}}^{\mathrm{d+}{}^2} + e_{\mathrm{g}}^{\mathrm{q+}{}^2}}(e_{\mathrm{g}}^{\mathrm{q+}} P_{\mathrm{s}}^{*} - e_{\mathrm{g}}^{\mathrm{d+}} Q_{\mathrm{s}}^{*})\right] \end{cases} \tag{6-31}$$

由式(6-31)替代 5.2.3 节中式(5-31)，用于由定子功率参考值得到相应的转子电流参考值。

将 5.2.3 节算法改写到正序电网电压定向的正向同步坐标系中，并经过上述两项内容的改进，可以得到不对称电网电压下机侧变换器各部分 MPC 的算法流程如图 6-16 所示，其控制框图如图 6-17 所示。

图 6-18 所示为仿真电网的电压环境。当电网发生两相接地故障，使得双馈风电系统机端电压跌落至额定值的 65%，第三相电压保持不变，上述 MPC 方法在一个典型 1.5MW 双馈风电系统中的控制效果如图 6-19 和图 6-20 所示。

由上述结果可以看到，相比于传统矢量控制方法，本节所讨论的不对称电网条件下的 MPC 方法能够有效抑制负序分量对系统造成的影响，从而改善定转子电流波形，降低定转子电流过程、定子功率脉动、电磁转矩脉动和直流母线电压脉动，从而改善系统性能，有利于风电系统电网故障条件下的不间断运行。

图 6-17 所示为一种转子电流闭环-定子功率开环的 MPC 方法，为进一步稳定双馈风电系统在不对称电网条件下注入电网的功率流，可参考 3.3.2.2 节中方法，引入定子功率闭环，构成转子电流内环-定子功率外环的双环 MPC 结构，其仿真结果如图 6-21 和图 6-22 所示。

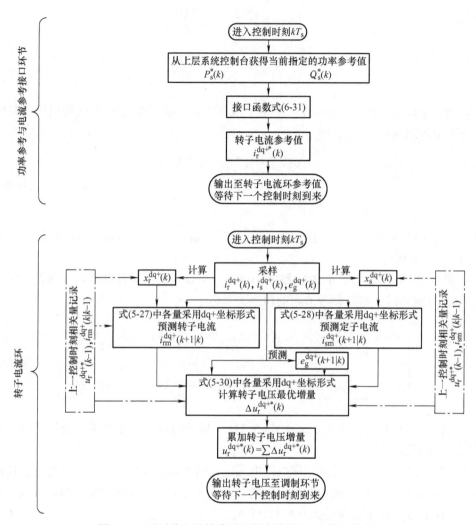

图 6-16　不对称电网故障下机侧变换器 MPC 算法流程

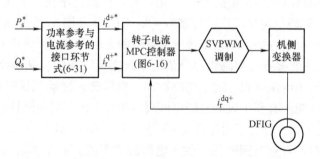

图 6-17　不对称电网故障下机侧变换器 MPC 控制框图

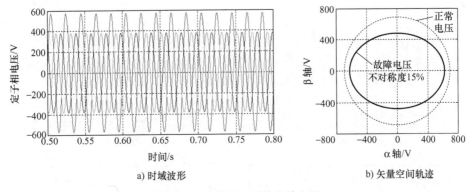

a) 时域波形　　　　　　　　　　　　b) 矢量空间轨迹

图 6-18　双馈风电系统机端电压

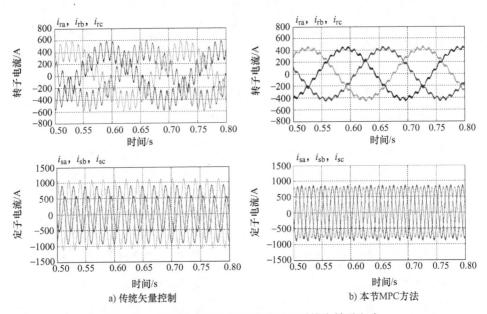

a) 传统矢量控制　　　　　　　　　　b) 本节MPC方法

图 6-19　不对称电网电压下双馈风电系统定转子电流

　　由图 6-21 和图 6-22 结果可知，当采用双闭环控制结构时，在电网发生不对称故障条件下，传统矢量控制方法和本节 MPC 方法得到的定转子电流都不再是正弦波形，其转子电流中均含有 2 倍电网同步频率的谐波，且定子电流均发生一定程度的畸变，但两种结果的成因有着本质的不同。传统矢量控制方法是因为无法有效抑制负序分量对系统造成的影响，失去对转子电流的有效控制，从而造成转子电流中出现大量谐波，并通过定转子间的电磁耦合，在定子侧引发畸变的定子电流。本节 MPC 方法为了对定子侧功率脉动进行抑制而主动向转子电流中注入特定的谐波成分，其谐波的大小是经过计算并受到转子电流环严格控制的，在这种控制下，定子侧产生的电流能够保证系统注入电网的三相功率恒定。同时，

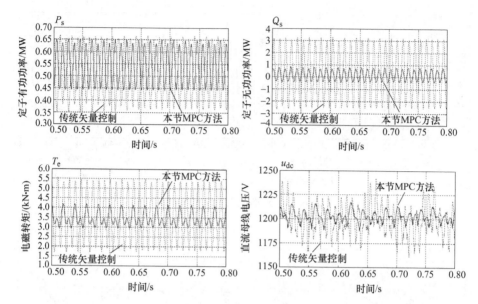

图6-20 不对称电网电压下双馈风电系统定子功率、电磁转矩和直流母线电压

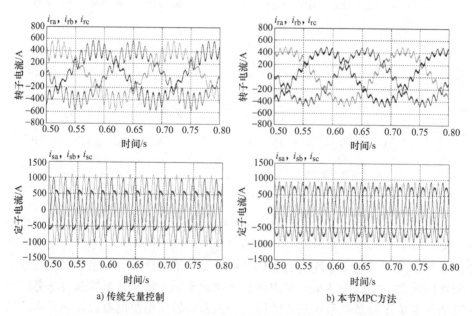

a) 传统矢量控制 b) 本节MPC方法

图6-21 不对称电网电压下双馈风电系统定转子电流（双闭环控制结构）

对比本节 MPC 方法和传统矢量控制方法也可以看到，本文方法中转子谐波含量更低、定子电流畸变程度更小，且定转子电流峰值皆低于传统矢量控制，有利于系统的不间断运行。

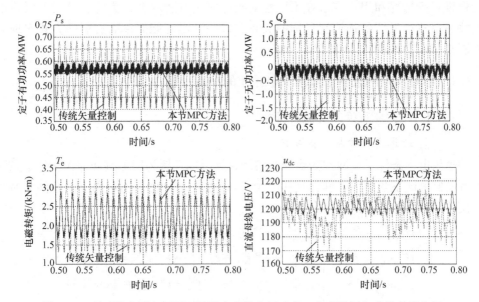

图 6-22　不对称电网电压下双馈风电系统定子功率、电磁转矩和直流母线电压
（双闭环控制结构）

　　再次对比单闭环 MPC 和双闭环 MPC 的仿真结果，可以看到单闭环 MPC 系统定转子电流具有更好的正弦度和对称度，双闭环 MPC 系统定子功率具有更好的稳定性，这是由于两者闭环结构不同并导致最终控制目标不同。这一结果也表明在不对称电网条件下双馈风电系统定转子电流正弦对称与定子功率稳定在物理本质上存在着矛盾，其内部机理及由此导致的双馈风电系统控制目标多样性问题将在下一节进行讨论。

6.6　多目标控制

　　双馈风力发电系统的工作状态可以用不同的性能指标从不同角度进行衡量，如从电磁转矩、定子侧功率、定子电流等角度均可以描述电机的运行状态，其中：电磁转矩脉动越小，系统的机械冲击和应力就越小；定子功率脉动越小，系统对电网的冲击就越小；定子电流谐波含量越低，系统注入电网的电能质量就越高。目前，一种控制策略通常只关注某一种性能指标，并以此性能指标为控制目标进行控制。在正常电网条件下，不同策略所关注的不同控制目标可以认为是统一的，如直接转矩控制以电磁转矩为控制目标，直接功率控制则以定子功率为控制目标，如果电网电压正常且风速平稳时，电磁转矩被控为稳定无脉动的系统其定子功率也将稳定无脉动，反之亦然。然而，当电网电压发生不对称故障时，系统不同性能指标之间的关系将变得复杂而不再统一，甚至相互矛盾，这时要求系统根据运行情况和用户需求在不同性能指标之间有所取舍，为此，分析不对称电网故障下双馈系统各种控制目标的关系并以一种尽可能简单而直观的方式实现其控制是很有必要的。

6.6.1 不对称电网条件下双馈风电系统的控制目标

6.6.1.1 网侧变换器的控制目标

1. 基于计算法的控制目标分析

理想电网条件下，网侧变换器的控制目标可以理解为网侧有功和无功稳定无脉动且网侧电流正弦对称（即无负序分量）。根据式(4-39)，不对称电网条件下网侧变换器的上述控制目标可以表述为

$$
\begin{cases}
P_{g\text{const}} = P_g^* \\
P_{g2\omega_1 \cdot \cos} = 0 \\
P_{g2\omega_1 \cdot \sin} = 0 \\
Q_{g\text{const}} = Q_g^* \\
Q_{g2\omega_1 \cdot \cos} = 0 \\
Q_{g2\omega_1 \cdot \sin} = 0 \\
i_{g-}^{d-} = 0 \\
i_{g-}^{q-} = 0
\end{cases}
\Rightarrow
\begin{cases}
e_{g+}^{d+} i_{g+}^{d+} + e_{g+}^{q+} i_{g+}^{q+} + e_{g-}^{d-} i_{g-}^{d-} + e_{g-}^{q-} i_{g-}^{q-} = P_g^* & (1) \\
e_{g+}^{d+} i_{g-}^{d-} + e_{g+}^{q+} i_{g-}^{q-} + e_{g-}^{d-} i_{g+}^{d+} + e_{g-}^{q-} i_{g+}^{q+} = 0 & (2) \\
e_{g+}^{d+} i_{g-}^{q-} - e_{g+}^{q+} i_{g-}^{d-} - e_{g-}^{d-} i_{g+}^{q+} + e_{g-}^{q-} i_{g+}^{d+} = 0 & (3) \\
e_{g+}^{q+} i_{g+}^{d+} - e_{g+}^{d+} i_{g+}^{q+} + e_{g-}^{q-} i_{g-}^{d-} - e_{g-}^{d-} i_{g-}^{q-} = Q_g^* & (4) \\
e_{g+}^{q+} i_{g-}^{d-} - e_{g+}^{d+} i_{g-}^{q-} + e_{g-}^{q-} i_{g+}^{d+} - e_{g-}^{d-} i_{g+}^{q+} = 0 & (5) \\
e_{g+}^{d+} i_{g-}^{d-} + e_{g+}^{q+} i_{g-}^{q-} - e_{g-}^{d-} i_{g+}^{d+} - e_{g-}^{q-} i_{g+}^{q+} = 0 & (6) \\
i_{g-}^{d-} = 0 & (7) \\
i_{g-}^{q-} = 0 & (8)
\end{cases}
\tag{6-32}
$$

认为电网电压不受控制算法影响，式(6-32)中共含有 4 个自由度（即 i_{g+}^{d+}、i_{g+}^{q+}、i_{g-}^{d-} 和 i_{g-}^{q-}），这表明式(6-32)所包含的 8 个方程中最多能够同时满足 4 个，兼顾数学模型本身的物理意义，则网侧变换器对应的控制目标可以有：

目标 1：网侧有功功率稳定无 2 倍频脉动，即满足式(6-32)中(1)、(2)、(3)、(4)；

目标 2：网侧无功功率稳定无 2 倍频脉动，既满足式(6-32)中(1)、(4)、(5)、(6)；

目标 3：网侧电流正弦对称、无负序分量，即满足式(6-32)中(1)、(4)、(7)、(8)。

2. 基于负序功率法的控制目标分析

将式(4-39)中网侧电流的正负序分量合并，重写网侧功率的表达式为

$$
\begin{cases}
P_g = P_{g+} + P_{g-} \\
Q_g = Q_{g+} + Q_{g-}
\end{cases}
\tag{6-33}
$$

其中，P_{g+}、P_{g-}、Q_{g+} 和 Q_{g-} 是本文为分析方便引入的定义项：P_{g+} 和 Q_{g+} 分别为正序网侧有功功率和正序网侧无功功率，用以表达正序电网电压与网侧电流间产生的

功率部分；P_{g-} 和 Q_{g-} 分别为负序网侧有功功率和负序网侧无功功率，用以表达负序电网电压与网侧电流间产生的功率部分。上述正负序网侧功率的具体表达分别如下：

$$\begin{cases} P_{g+} = e_{g+}^{d+} i_g^{d+} + e_{g+}^{q+} i_g^{q+} \\ P_{g-} = (e_{g-}^{d-} i_g^{d+} + e_{g-}^{q-} i_g^{q+})\cos(2\omega_1 t) + (e_{g-}^{q-} i_g^{d+} - e_{g-}^{d-} i_g^{q+})\sin(2\omega_1 t) \end{cases} \quad (6\text{-}33a)$$

$$\begin{cases} Q_{g+} = e_{g+}^{q+} i_g^{d+} - e_{g+}^{d+} i_g^{q+} \\ Q_{g-} = (e_{g-}^{q-} i_g^{d+} - e_{g-}^{d-} i_g^{q+})\cos(2\omega_1 t) - (e_{g-}^{d-} i_g^{d+} + e_{g-}^{q-} i_g^{q+})\sin(2\omega_1 t) \end{cases} \quad (6\text{-}33b)$$

由式(6-33) 及相关的正负序功率定义可以看出，在电网条件一定的情况下，网侧变换器网侧有功功率、网侧无功功率及其相关正负序功率数学表述中共具有 2 个自由度，即网侧电流的 d 轴和 q 轴分量，因此，在不对称电网条件下，关于双馈风电系统中网侧变换器的运行状态可以得到如下结论：

1）若正序网侧功率 P_{g+} 和 Q_{g+} 为恒定值时，则在正向同步坐标系中网侧电流矢量恒定，在时域中表现为网侧电流正弦对称，但此时网侧功率 P_g 和 Q_g 中均将出现 2 倍电网同步频率的脉动，对直流母线电压及系统注入电网总功率造成一定的扰动。

2）若网侧功率 P_g 和 Q_g 为恒定值时，则网侧有功功率和无功功率稳定无脉动，但此时正序网侧功率 P_{g+} 和 Q_{g+} 将出现 2 倍电网同步频率的脉动，正序网侧功率脉动表明网侧电流在正向同步坐标系中出现同频脉动，在时域中表现为网侧电流畸变，电能质量下降。

3）正序网侧功率（P_{g+}，Q_{g+}）和网侧功率（P_g，Q_g）这两组功率形式，无法同时被控制为非零的恒定值，即网侧变换器无法工作于某种工作状态，使其同时满足网侧电流正弦对称和网侧功率稳定无脉动这两种性能要求。

由上述 3 点结论可知，不对称电网条件下网侧变换器具有多种运行状态，而各种运行状态下系统的性能指标有所不同，与之相应，其系统控制策略的控制目标也呈现出多样性，可以总结为

Ⅰ. 网侧电流正弦对称；

Ⅱ. 网侧有功和无功功率稳定无脉动；

Ⅲ. 系统取得Ⅰ～Ⅱ间控制性能的折中。

6.6.1.2 机侧变换器的控制目标

1. 基于计算法的控制目标分析

理想电网条件下，机侧变换器的控制目标可以理解为双馈电机定子有功、无功和电磁转矩稳定无脉动且定子电流正弦对称（即无负序分量）。根据式(4-33) 和式(4-34)，不对称电网条件下机侧变换器的上述控制目标可以表述为

$$\begin{cases} P_{s\mathrm{const}} = P_s^* \\ P_{s2\omega_1\cdot\cos} = 0 \\ P_{s2\omega_1\cdot\sin} = 0 \\ Q_{s\mathrm{const}} = Q_s^* \\ Q_{s2\omega_1\cdot\cos} = 0 \\ Q_{s2\omega_1\cdot\sin} = 0 \Rightarrow \\ T_{e\mathrm{const}} = T_e^* \\ T_{e2\omega_1\cdot\cos} = 0 \\ T_{e2\omega_1\cdot\sin} = 0 \\ i_{s-}^{d-} = 0 \\ i_{s-}^{q-} = 0 \end{cases} \begin{cases} u_{s+}^{d+} i_{s+}^{d+} + u_{s+}^{q+} i_{s+}^{q+} + u_{s-}^{d-} i_{s-}^{d-} + u_{s-}^{q-} i_{s-}^{q-} = P_s^* & (1) \\ u_{s+}^{d+} i_{s+}^{d-} + u_{s+}^{q+} i_{s-}^{q-} + u_{s-}^{d-} i_{s+}^{d+} + u_{s-}^{q-} i_{s+}^{q+} = 0 & (2) \\ u_{s+}^{d+} i_{s-}^{q-} - u_{s+}^{q+} i_{s-}^{d-} - u_{s-}^{d-} i_{s+}^{q+} + u_{s-}^{q-} i_{s+}^{d+} = 0 & (3) \\ u_{s+}^{q+} i_{s+}^{d+} - u_{s+}^{d+} i_{s+}^{q+} + u_{s-}^{q-} i_{s-}^{d-} - u_{s-}^{d-} i_{s-}^{q-} = Q_s^* & (4) \\ u_{s+}^{q+} i_{s-}^{d-} - u_{s+}^{d+} i_{s-}^{q-} + u_{s-}^{q-} i_{s+}^{d+} - u_{s-}^{d-} i_{s+}^{q+} = 0 & (5) \\ u_{s+}^{d+} i_{s-}^{d-} + u_{s+}^{q+} i_{s-}^{q-} - u_{s-}^{d-} i_{s+}^{d+} - u_{s-}^{q-} i_{s+}^{q+} = 0 & (6) \\ u_{s-}^{d-} i_{s-}^{d-} - u_{s-}^{q-} i_{s-}^{q-} - u_{s+}^{d+} i_{s+}^{d+} - u_{s+}^{q+} i_{s+}^{q+} = T_e^* n_p/\omega_s & (7) \\ u_{s-}^{d-} i_{s-}^{q+} + u_{s-}^{q-} i_{s-}^{q+} - u_{s+}^{d+} i_{s-}^{d-} - u_{s+}^{q+} i_{s-}^{q-} = 0 & (8) \\ u_{s+}^{q+} i_{s-}^{d-} + u_{s-}^{q-} i_{s-}^{d+} - u_{s+}^{d+} i_{s-}^{q-} - u_{s-}^{d-} i_{s+}^{q+} = 0 & (9) \\ i_{s-}^{d-} = 0 & (10) \\ i_{s-}^{q-} = 0 & (11) \end{cases} \quad (6\text{-}34)$$

并网条件下，双馈电机定子电压即被视为电网电压，不受控制算法影响，式(6-34) 共有 4 个自由度（即 i_{s+}^{d+}、i_{s+}^{q+}、i_{s-}^{d-} 和 i_{s-}^{q-}），这表明式(6-34) 所包含的 11 个方程中最多能够同时满足 4 个，兼顾数学模型本身的物理意义，则机侧变换器对应的控制目标可以有：

目标 1：定子有功功率稳定无 2 倍频脉动，即满足式(6-34) 中（1）、（2）、（3）、（4）；

目标 2：定子无功功率稳定无 2 倍频脉动，既满足式(6-34) 中（1）、（4）、（5）、（6）；

目标 3：电机电磁转矩稳定无 2 倍频脉动，即满足式(6-34) 中（4）、（7）、（8）、（9）；

目标 4：定子电流正弦对称、无负序分量，即满足式(6-34) 中（1）、（4）、（10）、（11）。

2. 基于负序功率法的控制目标分析

将式(4-33) 中定子电流的正负序分量合并，并认为定子电压即为电网电压，重写定子功率的表达式为

$$\begin{cases} P_s = P_{s+} + P_{s-} \\ Q_s = Q_{s+} + Q_{s-} \end{cases} \quad (6\text{-}35)$$

其中，P_{s+}、P_{s-}、Q_{s+} 和 Q_{s-} 是本文为分析方便引入的定义项：P_{s+} 和 Q_{s+} 分别为正序定子有功功率和正序定子无功功率，用以表达正序电网电压与定子电流间产生的功率部分；P_{s-} 和 Q_{s-} 分别为负序定子有功功率和负序定子无功功率，用以表达负序电网电压与定子电流间产生的功率部分。上述正负序定子功率的具体表达分别如下：

$$\begin{cases} P_{s+} = e_{g+}^{d+} i_s^{d+} + e_{g+}^{q+} i_s^{q+} \\ P_{s-} = (e_g^{d-} i_s^{d+} + e_g^{q-} i_s^{q+})\cos(2\omega_1 t) + (e_g^{q-} i_s^{d+} - e_g^{d-} i_s^{q+})\sin(2\omega_1 t) \end{cases} \quad (6\text{-}35\mathrm{a})$$

$$\begin{cases} Q_{s+} = e_{g+}^{q} i_s^{d+} - e_{g+}^{d} i_s^{q+} \\ Q_{s-} = (e_{g-}^{q} i_s^{d+} - e_{g-}^{d} i_s^{q+})\cos(2\omega_1 t) - (e_{g-}^{d} i_s^{d+} + e_{g-}^{q} i_s^{q+})\sin(2\omega_1 t) \end{cases} \quad (6\text{-}35b)$$

此时双馈电机由转子传递到气隙中的气隙功率（air-gap power）可以表示为

$$P_{Te} = T_e \omega_s / n_p \quad (6\text{-}36)$$

由式(6-36)可知，对于一台极对数固定的双馈发电机，P_{Te} 是只与电磁转矩相关的功率表述形式。将式(4-34)代入到式(6-36)，并整理得到

$$P_{Te} = P_{s+} - P_{s-} \quad (6\text{-}37)$$

由式(6-36)、式(6-37)及相关的正负序功率定义可以看出，在电网条件一定的情况下，双馈电机定子侧有功功率、定子侧无功功率及气隙功率及其相关正负序功率表述共具有 2 个自由度，即定子电流的 d 轴和 q 轴分量，因此，在不对称电网条件下，关于双馈风电系统中双馈发电机的运行状态可以得到如下结论：

1）若气隙功率 P_{Te} 和定子无功功率 Q_s 为恒定值时，则电磁转矩和定子侧无功功率稳定无脉动，但此时定子有功功率 P_s 和正序定子功率 P_{s+}、Q_{s+} 中均将出现 2 倍电网同步频率的脉动，定子有功功率脉动造成对电网的有功扰动，而正序定子功率脉动则表明定子电流在正向同步坐标系中出现同频脉动，在时域中表现为定子电流畸变，电能质量下降。

2）若正序定子功率 P_{s+} 和 Q_{s+} 为恒定值时，则在正向同步坐标系中定子侧电流矢量恒定，在时域中表现为定子电流正弦对称，但此时定子功率 P_s、Q_s 和气隙功率 P_{Te} 中均将出现 2 倍电网同步频率的脉动，其中定子功率脉动造成对电网的功率扰动，而气隙功率脉动则表明电磁转矩出现同频脉动，造成对发电系统的机械冲击。

3）若定子功率 P_s 和 Q_s 为恒定值时，则定子有功功率和无功功率稳定无脉动，但此时正序定子功率 P_{s+}、Q_{s+} 和气隙功率 P_{Te} 中均将出现 2 倍电网同步频率的脉动，正序定子功率脉动表明定子电流在正向同步坐标系中出现同频脉动，在时域中表现为定子电流畸变，电能质量下降，而气隙功率脉动则表明电磁转矩出现同频脉动，造成对发电系统的机械冲击。

4）气隙功率 P_{Te}、正序定子功率（P_{s+}，Q_{s+}）和定子功率（P_s，Q_s）这三组功率形式，无法同时被控制为非零的恒定值，即双馈电机无法工作于某种工作状态，使其同时满足电磁转矩稳定无脉动、定子电流正弦对称和定子功率稳定无脉动这三种性能要求。

由上述 4 点结论可知，不对称电网条件下双馈发电机具有多种运行状态，而各种运行状态下系统的性能指标有所不同，与之相应，其系统控制策略的控制目标也呈现出多样性，可以总结为

Ⅰ. 电磁转矩和定子无功功率稳定无脉动；

Ⅱ. 定子电流正弦对称；

Ⅲ. 定子有功和无功功率稳定无脉动；

Ⅳ. 系统取得Ⅰ~Ⅲ间控制性能的折中。

综上，不对称电网条件下双馈风电系统的控制目标将不再单一，不同的控制目标可以使系统运行于不同的状态，从而表现出不同的性能特征，来适应不同的用户或工况要求，使系统表现出更大的灵活性和适应性。

6.6.2 基于负序功率注入法的多目标控制

从上一节分析过程中可以看到，在对不对称电网条件下双馈风电系统的控制目标进行分析时，采用计算法和负序功率法得到的分析结果不完全一致，计算法分析得到的控制目标整体上要弱于负序分量法分析得到的控制目标，如：计算法认为双馈电机定子侧有功和无功功率无法同时稳定，而负序分量法认为二者可以同时稳定；计算法认为双馈风电系统各种控制目标之间是彼此离散的、不存在中间状态的，而负序分量法认为各控制目标间是连续的、可以取得任意中间状态的。这些差别是由于在计算法中隐藏着一个前提条件，即控制器本身不具备较好的交流参考值响应能力（如典型的 PI 控制器），而负序功率注入法中则无此前提条件的限制。

基于计算法来实现多目标控制，只需根据当前系统控制目标，从式(6-32) 和式(6-34) 中选择能够满足当前控制目标的方程组进行求解，将得到的各控制量参考值给到相关控制算法，如将计算得到的正负序电流参考值作为正反向同步坐标系矢量控制对应正负序电流的参考值，即可实现各不同控制目标。这种方法简单、易于实现，PI 控制器即可实现，但这种方法能够实现的控制目标数量和质量都较为有限，且其计算过程与系统参数相关，控制准确性受到系统参数影响较大。基于负序功率注入法实现多目标控制，可以实现更多数量、更高质量的控制目标，应对更加复杂的工况，依靠闭环控制，控制结果不易受到系统参数影响。尽管其要求控制器具备一定的响应交流量的能力，但借助本章前面论述的不对称电网条件下的MPC 策略，是很容易实现的。本节接下来将主要讨论基于负序功率注入法的多目标控制策略[⊖]。

6.6.2.1 网侧变换器的多目标控制

根据式(6-33)，重新定义网侧功率参考值的表达式为

$$\begin{cases} P_g^* = P_{g+}^* + \lambda P_{g-}^* \\ Q_g^* = Q_{g+}^* + \lambda Q_{g-}^* \end{cases} \tag{6-38}$$

其中，P_{g+}^* 和 P_{g-}^* 分别为正序和负序网侧有功功率参考值，Q_{g+}^* 和 Q_{g-}^* 分别为正序和负序网侧无功功率参考值，λ 为负序网侧功率权重系数，用于调节负序网侧功率含

⊖ 基于负序功率注入法的多目标控制可用各种具备一定非线性响应能力的控制器实现，此处仅以 MPC 方法为例进行讨论，而实际上它可被任何具有足够负序功率调节能力的算法所实现。

量，其取值范围为 $[0, 1]$。

将式(6-33) 中正负序定子功率的表达式代入式(6-38)，整理可以得到此时定子电流的参考值为

$$\begin{cases} i_g^{d+*} = \dfrac{F_1 P_g^* + F_2 Q_g^*}{F_1 F_4 + F_2 F_3} \\[3mm] i_g^{q+*} = \dfrac{F_3 P_g^* - F_1 Q_g^*}{F_1 F_4 + F_2 F_3} \end{cases} \tag{6-39}$$

其中，F_1、F_2、F_3 和 F_4 的具体表达式如下：

$$\begin{cases} F_1 = e_{g+}^{d+} + \lambda e_{g-}^{d-} \cos\theta_\pm + \lambda e_{g-}^{q-} \sin\theta_\pm \\ F_2 = e_{g+}^{q+} + \lambda e_{g-}^{q-} \cos\theta_\pm - \lambda e_{g-}^{d-} \sin\theta_\pm \\ F_3 = e_{g+}^{q+} + \lambda e_{g-}^{q-} \cos\theta_\pm - \lambda e_{g-}^{d-} \sin\theta_\pm \\ F_4 = e_{g+}^{d+} + \lambda e_{g-}^{d-} \cos\theta_\pm + \lambda e_{g-}^{q-} \sin\theta_\pm \end{cases} \tag{6-39a}$$

其中，$\theta_\pm$ 为正反向同步坐标系间的夹角。

将图 6-15 中功率参考与电流参考的接口环节用式(6-39) 替换，可以得到具有多目标控制能力的网侧变换器 MPC 策略框图如图 6-23 所示。

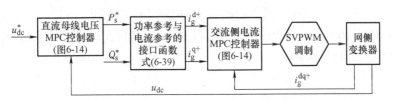

图 6-23   具有多目标控制能力的转子变换器 MPC 策略控制框图

在图 6-23 中，网侧 MPC 控制器保证网侧电流跟随式(6-39) 给出的网侧电流参考值，而由式(6-38) 对网侧功率参考值的定义可知，当权重系数 λ 取不同值时，图 6-23 中的控制策略能够实现如下控制特性：

1) $\lambda = 0$ 时，功率参考值为 $P_g^* = P_{g+}^*$ 和 $Q_g^* = Q_{g+}^*$，图 6-23 中策略通过控制网侧电流跟随其参考值，将保证网侧变换器的正序网侧有功功率和正序网侧无功功率为参考值，即 P_{g+}^* 和 Q_{g+}^* 保持恒定，系统实现网侧变换器控制目标 I。

2) $\lambda = 1$ 时，功率参考值为 $P_g^* = P_{g+}^* + P_{g-}^*$ 和 $Q_g^* = Q_{g+}^* + Q_{g-}^*$，图 6-23 中策略通过控制网侧电流跟随其参考值，将保证网侧变换器的网侧有功功率和网侧无功功率为参考值，即 P_g^* 和 Q_g^* 保持恒定，系统实现网侧变换器控制目标 II。

3) λ 为 $[0, 1]$ 间其他值时，功率参考值中负序网侧功率成分将在上述1) 和2) 之间变化，图 6-23 中策略通过控制网侧电流跟随其参考值，实现网侧控制目标 III。

6.6.2.2   机侧变换器的多目标控制

根据式(6-35)，重新定义定子功率参考值的表达式为

$$\begin{cases} P_s^* = P_{s+}^* + \mu P_{s-}^* \\ Q_s^* = Q_{s+}^* + |\mu| Q_{s-}^* \end{cases} \tag{6-40}$$

其中，P_{s+}^* 和 P_{s-}^* 分别为正序和负序定子有功功率参考值，Q_{s+}^* 和 Q_{s-}^* 分别为正序和负序定子无功功率参考值，μ 为负序定子功率权重系数，用于调节负序定子功率含量，其取值范围为 $[-1, +1]$。

将式(6-35) 中正负序定子功率的表达式代入式(6-40)，整理可以得到此时定子电流的参考值为

$$\begin{cases} i_s^{d+*} = \dfrac{G_1 P_s^* + G_2 Q_s^*}{G_1 G_4 + G_2 G_3} \\ i_s^{q+*} = \dfrac{G_3 P_s^* - G_1 Q_s^*}{G_1 G_4 + G_2 G_3} \end{cases} \tag{6-41}$$

其中，G_1、G_2、G_3 和 G_4 的具体表达式如下：

$$\begin{cases} G_1 = e_{g+}^{d+} + \mu e_{g-}^{d-} \cos\theta_\pm + \mu e_{g-}^{q-} \sin\theta_\pm \\ G_2 = e_{g+}^{q+} + \mu e_{g-}^{q-} \cos\theta_\pm - \mu e_{g-}^{d-} \sin\theta_\pm \\ G_3 = e_{g+}^{q+} + |\mu| e_{g-}^{q-} \cos\theta_\pm - |\mu| e_{g-}^{d-} \sin\theta_\pm \\ G_4 = e_{g+}^{d+} + |\mu| e_{g-}^{d-} \cos\theta_\pm + |\mu| e_{g-}^{q-} \sin\theta_\pm \end{cases} \tag{6-41a}$$

联立式(4-26)、式(6-29) 和式(6-41)，可以得到此时定子功率参考值和转子电流参考值间的转换关系为

$$\begin{cases} i_r^{d+*} = \dfrac{1}{L_M}\left[\dfrac{1}{\omega_1}(2e_{g+}^{q+} - e_g^{q+}) - L_s \dfrac{G_1 P_s^* + G_2 Q_s^*}{G_1 G_4 + G_2 G_3}\right] \\ i_r^{q+*} = \dfrac{1}{L_M}\left[-\dfrac{1}{\omega_1}(2e_{g+}^{d+} - e_g^{d+}) - L_s \dfrac{G_3 P_s^* - G_1 Q_s^*}{G_1 G_4 + G_2 G_3}\right] \end{cases} \tag{6-42}$$

将图 6-17 中功率参考与电流参考的接口环节用式(6-42) 替换，可以得到具有多目标控制能力的机侧变换器 MPC 策略框图如图 6-24 所示。

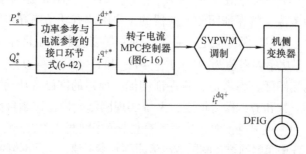

图 6-24 具有多目标控制能力的机侧变换器 MPC 策略控制框图

在图 6-24 中，机侧 MPC 控制器保证转子电流跟随式(6-42) 给出的转子电流

参考值，而由式（6-40）对定子功率参考值的定义可知，当权重系数 μ 取不同值时，图 6-24 中的控制策略能够实现如下控制特性：

1）$\mu = -1$ 时，功率参考值为 $P_s^* = P_{s+}^* - P_{s-}^*$ 和 $Q_s^* = Q_{s+}^* + Q_{s-}^*$，图 6-24 中策略通过控制转子电流跟随其参考值，将保证双馈电机气隙功率和定子无功功率为参考值，即 P_{Te} 和 Q_s 保持恒定，系统实现机侧变换器控制目标 I 。

2）$\mu = 0$ 时，功率参考值为 $P_s^* = P_{s+}^*$ 和 $Q_s^* = Q_{s+}^*$，图 6-24 中策略通过控制转子电流跟随其参考值，将保证双馈电机正序定子有功功率和正序定子无功功率为参考值，即 P_{s+} 和 Q_{s+} 保持恒定，系统实现机侧变换器控制目标 II 。

3）$\mu = 1$ 时，功率参考值为 $P_s^* = P_{s+}^* + P_{s-}^*$ 和 $Q_s^* = Q_{s+}^* + Q_{s-}^*$，图 6-24 中策略通过控制转子电流跟随其参考值，将保证双馈电机定子有功功率和定子无功功率为参考值，即 P_s 和 Q_s 保持恒定，系统实现机侧变换器控制目标 III 。

4）μ 为 $[-1, +1]$ 间其他值时，功率参考值中负序定子功率成分将在上述 1）~3）之间变化，图 6-24 中策略通过控制转子电流跟随其参考值，实现机侧变换器控制目标 IV 。

综上，负序功率注入法通过对两个简单参数（$\lambda \in [0,1]$ 和 $\mu \in [-1, +1]$）的独立调节，及可分别对网侧变换器网侧功率和电机定子功率中负序功率的含量进行控制，从而实现网侧变换器和机侧变换器多种控制目标间的连续、平滑、在线切换，控制方法简单，物理意义清晰。其部分仿真结果如图 6-25 所示。

6.6.2.3　网侧变换器与机侧变换器的协同控制

在 6.6.2.1 节和 6.6.2.2 节中，分别讨论了不对称电网条件下网侧变换器和机侧变换器基于负序功率注入法的多目标控制策略，用于分别对网侧变换器和机侧变换器的运行性能进行独立调节。而作为整体而言，如何协调网侧变换器和机侧变换器的控制目标以使得整个双馈风电系统的运行性能得到优化、以适应各种复杂工况的特殊需求，是一个较为复杂且具有实际意义的问题。

双馈风电系统中的功率流如图 6-26 所示，其中系统注入电网总有功/无功功率分别为其定子有功/无功功率和网侧有功/无功功率之和，系统注入直流母线的有功功率为转子有功功率和网侧有功功率之差，即有

$$\begin{cases} P_{total} = P_s + P_g \\ Q_{total} = Q_s + Q_g \\ P_{dc} = P_r - P_g \end{cases} \tag{6-43}$$

在不对称电网条件下，由式（4-33）、式（4-34）、式（4-39）和式（6-43）可得

$$\begin{aligned} P_{total} &= P_s + P_g \\ &= (P_{sconst} + P_{gconst}) \\ &\quad + (P_{s2\omega_1 \cdot cos} + P_{g2\omega_1 \cdot cos}) \cos(2\omega_1 t) \\ &\quad + (P_{s2\omega_1 \cdot sin} + P_{g2\omega_1 \cdot sin}) \sin(2\omega_1 t) \end{aligned} \tag{6-44}$$

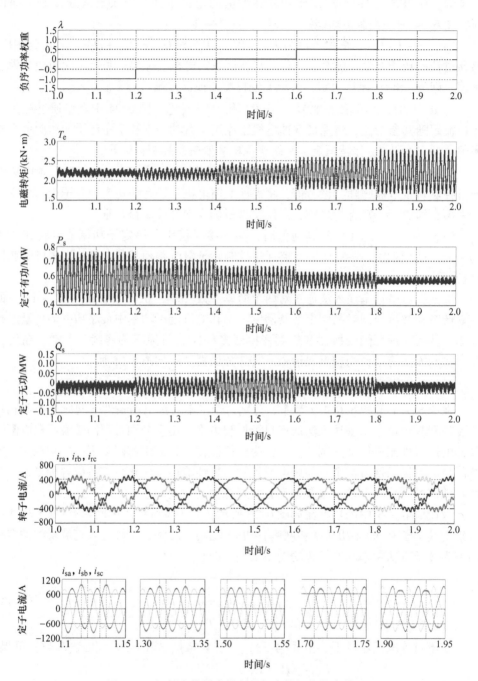

图 6-25　机侧变换器多控制目标在线切换仿真结果

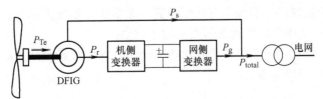

图 6-26 机侧变换器多控制目标在线切换仿真结果

$$Q_{\text{total}} = Q_{\text{s}} + Q_{\text{g}}$$
$$= (Q_{\text{sconst}} + Q_{\text{gconst}})$$
$$+ (Q_{\text{s}2\omega_1 \cdot \cos} + Q_{\text{g}2\omega_1 \cdot \cos})\cos(2\omega_1 t)$$
$$+ (Q_{\text{s}2\omega_1 \cdot \sin} + Q_{\text{g}2\omega_1 \cdot \sin})\sin(2\omega_1 t) \tag{6-45}$$

$$P_{\text{dc}} = P_{\text{r}} - P_{\text{g}} = (P_{\text{Te}} - P_{\text{s}}) - P_{\text{g}}$$
$$= (T_{\text{econst}}\omega_{\text{r}} - P_{\text{sconst}} - P_{\text{gconst}})$$
$$+ (T_{\text{e}2\omega_1 \cdot \cos}\omega_{\text{r}} - P_{\text{s}2\omega_1 \cdot \cos} - P_{\text{g}2\omega_1 \cdot \cos})\cos(2\omega_1 t)$$
$$+ (T_{\text{e}2\omega_1 \cdot \sin}\omega_{\text{r}} - P_{\text{s}2\omega_1 \cdot \sin} - P_{\text{g}2\omega_1 \cdot \sin})\sin(2\omega_1 t) \tag{6-46}$$

为提高电网稳定性，一般要求双馈风电系统注入电网的功率稳定，即在式(6-44)和式(6-45)中，有

$$\begin{cases} P_{\text{s}2\omega_1 \cdot \cos} + P_{\text{g}2\omega_1 \cdot \cos} = 0 \\ P_{\text{s}2\omega_1 \cdot \sin} + P_{\text{g}2\omega_1 \cdot \sin} = 0 \end{cases} \tag{6-47}$$

$$\begin{cases} Q_{\text{s}2\omega_1 \cdot \cos} + Q_{\text{g}2\omega_1 \cdot \cos} = 0 \\ Q_{\text{s}2\omega_1 \cdot \sin} + Q_{\text{g}2\omega_1 \cdot \sin} = 0 \end{cases} \tag{6-48}$$

将式(6-47)和式(6-48)代入式(6-46)，则有

$$P_{\text{dc}} = (T_{\text{econst}}\omega_{\text{r}} - P_{\text{sconst}} - P_{\text{gconst}})$$
$$+ T_{\text{e}2\omega_1 \cdot \cos}\omega_{\text{r}}\cos(2\omega_1 t) + T_{\text{e}2\omega_1 \cdot \sin}\omega_{\text{r}}\sin(2\omega_1 t) \tag{6-49}$$

在式(6-49)表明，若此时能够消除电磁转矩中 2 倍电网频率脉动分量，即可使系统注入直流母线的有功功率稳定，从而消除直流母线电压上可能存在的 2 倍电网频率脉动。

综上，从电网稳定性和变换器自身控制性能两个角度考虑，双馈风电系统应工作于：电磁转矩稳定无 2 倍频脉动，以减少风电系统机械应力和振动疲劳等；风电系统注入电网总有功和无功功率平稳无 2 倍频脉动，以提高电网稳定性；直流母线电压稳定无 2 倍频脉动，以提高电容寿命和无故障运行时间[⊖]。结合 6.6.2.1 和 6.6.2.2 节内容，网侧变换器和机侧变换器协同控制下各自的控制目标为

⊖ 由本节前面的论述可知，直流母线电压稳定无 2 倍频脉动是电磁转矩和注入电网总有功功率稳定的自然结果。

　　1）机侧变换器用于实现电磁转矩和定子无功功率稳定无脉动，即其控制目标Ⅰ，此时定子有功功率将出现2倍电网频率脉动；

　　2）网侧变换器用于消除定子有功功率脉动，以实现系统注入电网总功率稳定无脉动，及其控制目标Ⅲ。

参 考 文 献

［1］NATIONAL GRID. Grid Code Connection Conditions ［EB/OL］.（2008-01-01）［2013-03-26］. http://www. nationalgrid. com.

［2］ZHOU Y, BAUER P, FERREIRA J A, et al. Operation of Grid-Connected DFIG under Unbalanced Grid Voltage Condition ［J］. IEEE Transactions on Energy Conversion, 2009, 24（1）: 240-246.

［3］CHONG H NG, LI R, BUMBY J. Unbalanced-grid-fault Ride-through Control for a Wind Turbine Inverter ［J］. IEEE Transactions on Industrial Applications, 2008, 44（3）: 845-856.

［4］BREKKEN T, MOHAN N. A Novel Doubly-fed Induction Wind Generator Control Scheme for Reactive Power Control and Torque Pulsation Compensation Under Unbalanced Grid Voltage Conditions ［C］. Power Electronics Specialist Conference, 2003, 2: 760-764.

［5］BREKKEN T K A, MOHAN N. Control of a Doubly Fed Induction Wind Generator Under Unbalanced Grid Voltage Conditions ［J］. IEEE Transactions on Energy Conversion, 2007, 22（1）: 129-135.

［6］KEARNEY J, COLON M F, COYLE E. The Application of Multi Frequency Resonant Controllers in a DFIG to Improve Performance by Reducing Unwanted Power and Torque Pulsations and Reducing Current Harmonics ［C］. 45th International Universities Power Engineering Conference, 2010: 1-6.

［7］MOHSENI M, MESBAH M, ISLAM S, et al. A Novel Current Regulator for DFIG Wind Turbines with Enhanced Performance under Unbalanced Supply Voltage Condition ［C］. Power and Energy Society General Meeting, 2010: 1-8.

［8］SANTOS-MARTIN D, RODRIGUEZ-AMENEDO J L, ARNALTES S. Providing Ride-Through Capability to a Doubly Fed Induction Generator under Unbalanced Voltage Dips ［J］. IEEE Transactions on Power Electronics, 2009, 24（7）: 1747-1756.

［9］MA HONGWEI, XU LIE, LI YONGDONG, et al. Direct Power Control of Doubly-Fed-Induction-Generator-based Wind Turbines Under Asymmetrical Grid Voltage Dips ［C］. 2012 Energy Conversion Congress & Exposition, 2012: 778-792.

［10］胡家兵, 贺益康, 王宏胜. 不平衡电网电压下双馈感应发电机网侧和转子侧变换器的协同控制 ［J］. 中国电机工程学报, 2010（9）: 97-104.

［11］张禄. 双馈异步风力发电系统穿越电网故障运行研究 ［D］. 北京: 北京交通大学, 2012.

［12］马宏伟, 李永东, 许烈. 不对称电网电压下双馈风力发电机的控制方法研究 ［J］. 电力自动化设备, 2013, 033（007）: 12-18.

［13］马宏伟. 双馈风电系统模型预测控制与电网故障不间断运行研究 ［D］. 北京: 清华大学, 2013.

第7章 永磁同步风电系统及其弱电网运行控制

永磁同步风电系统的典型结构如图7-1所示。其中，机侧变换器与电机定子相连，通过调节定子电流实现电机控制，网侧变换器用于控制直流母线电压，并将全功率电能馈入电网，实现有功和无功的解耦控制。在网侧变换器与电网间通常有滤波器结构，用于抑制变换器引起的谐波电流。

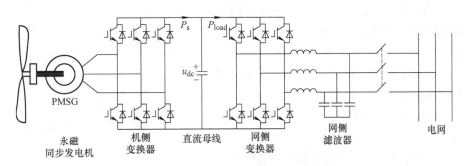

图7-1 永磁同步风力发电系统典型拓扑结构

永磁同步风力发电系统采用全功率变换器将永磁同步电机与电网进行了一定程度的隔离，降低了电网故障对发电机运行的影响，其故障电网条件下不间断运行较为容易实现。但在弱电网条件下，由于线路阻抗的影响，当风力机输出不同功率时，风力机接入点的电压会产生波动，因此不能给出稳定的电压和频率参考。同时，当风力发电占电网比重较大时，风力发电机需要像传统的同步发电机一样，帮助电网稳定电压和频率，即要求风力机能够输送电网所需的有功功率和无功功率。这种运行模式同样适用于孤岛运行的情况。

本章首先介绍了永磁同步风力发电系统在多种坐标系上的动态数学模型及其理想电网条件下的矢量控制方法，然后对弱电网条件下永磁同步风电系统的特点及其工作模式进行了研究，为了实现对电网电压频率和幅度的调节，风力机及变换器需要向电网注入有功和无功功率，而有功功率是由风力机捕获得到的，这就要求风力机捕获的有功功率必须和电网所需的功率相平衡。在发电机侧，讨论了两种调节风力机捕获功率的方法，一种是通过调节发电机转速调节风力机捕获功率，另一种是通过调节桨叶的桨距角调节风力机捕获的功率。在电网侧，变换器需要根据电网的状态决定输出有功和无功功率的大小，本章给出了网侧变换器采用下垂特性曲线（droop）对电网频率和幅值进行调节的方法，同时实现了多台变换器之间功率的分配。

7.1 永磁同步风电系统数学模型及控制原理

由图 7-1 可知，永磁同步风电系统与双馈风力发电系统的网侧变换器（包括网侧变换器及其配套滤波器）具有相同的结构，其数学模型和控制方法可参考本书前面相关内容的讨论，本节主要对永磁同步电机的数学模型及其理想电网条件下机侧变换器的控制方法进行介绍。

7.1.1 永磁同步发电机数学模型

为简化建模过程，通常对永磁同步电机模型做出如下假设：

1）忽略空间谐波，设三相绕组对称，励磁磁场和电枢反应磁场在空间中呈正弦分布。

2）忽略磁路饱和，认为各绕组的自感和互感都是恒定的。

3）忽略铁心损耗、磁滞损耗和涡流损耗。

4）不考虑频率变化和温度变化对绕组电阻的影响。

5）电机转子无阻尼绕组。

6）电机转子永磁体电导率为零。

此时，永磁同步电机在三相静止坐标系（即 ABC 坐标系）下的绕组模型如图 7-2 所示。

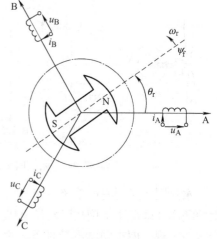

图 7-2　永磁同步电机三相坐标系（ABC 坐标系）下绕组模型

图 7-2 所示的永磁同步电机数学模型可以由下述电压方程、磁链方程、转矩方程和运动方程组成。

1. 电压方程

由图 7-2 可知，三相定子绕组的电压平衡方程为

$$\begin{bmatrix} u_A \\ u_B \\ u_C \end{bmatrix} = \begin{bmatrix} R_s & 0 & 0 \\ 0 & R_s & 0 \\ 0 & 0 & R_s \end{bmatrix} \begin{bmatrix} i_A \\ i_B \\ i_C \end{bmatrix} + p \begin{bmatrix} \psi_A \\ \psi_B \\ \psi_C \end{bmatrix} \tag{7-1}$$

式中　　　　p——微分算子，等价于 $\mathrm{d}/\mathrm{d}t$；

u_A、u_B、u_C——定子相电压瞬时值；

i_A、i_B、i_C——定子相电流瞬时值；

ψ_A、ψ_B、ψ_C——定子绕组全磁通；

R_s——定子相电阻。

2. 磁链方程

如图7-3所示，定子 A 相绕组中的磁链由 A 相电流产生的自感磁链 ψ_{AA}（包括 A 相互感磁链 ψ_{Am} 和漏感磁链 $\psi_{\sigma1}$）和 B、C 相电流及转子永磁体产生的互感磁链（包括 ψ_{AB}、ψ_{AC}、ψ_{Af}）组成，即有

$$\psi_{AA} = \psi_{Am} + \psi_{\sigma1} \tag{7-2}$$

$$\psi_A = \psi_{AA} + \psi_{AB} + \psi_{AC} + \psi_{Af} \tag{7-3}$$

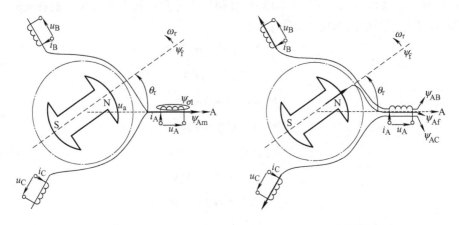

a) 自感磁链 　　　　　　　　　　　b) 互感磁链

图7-3　双馈电机定子 A 相绕组磁链分布$^{\ominus}$

类似地，可以得到永磁同步电机中磁链方程为

$$
\begin{bmatrix} \psi_A \\ \psi_B \\ \psi_C \end{bmatrix} =
\begin{bmatrix} \psi_{AA} + \psi_{AB} + \psi_{AC} + \psi_{Af} \\ \psi_{BA} + \psi_{BB} + \psi_{BC} + \psi_{Bf} \\ \psi_{CA} + \psi_{CB} + \psi_{CC} + \psi_{Cf} \end{bmatrix}
$$

$$
= \begin{bmatrix} L_{AA} & L_{AB} & L_{AC} \\ L_{BA} & L_{BB} & L_{BC} \\ L_{CA} & L_{CB} & L_{CC} \end{bmatrix}
\begin{bmatrix} i_A \\ i_B \\ i_C \end{bmatrix} +
\begin{bmatrix} \cos\theta_r \\ \cos(\theta_r + 120°) \\ \cos(\theta_r - 120°) \end{bmatrix} \psi_f \tag{7-4}
$$

其中，L_{AA}、L_{BB}、L_{CC} 分别为各对应定子绕组自感，其余各电感参数为各定子绕组间的互感，i_A、i_B、i_C 分别为各定子绕组相电流。

3. 转矩方程和运动方程

与 2.1 节中双馈电机中转矩和运动方程类似，可以得到永磁同步电机中转矩方程和运动方程分别为

$$T_e = n_p \psi_f \left[i_A \sin\theta_r + i_B \sin(\theta_r + 120°) + i_C \sin(\theta_r - 120°) \right] \tag{7-5}$$

$\ominus$　此图为示意图，只表示磁链交链情况，并不表示磁链真实的空间分布。

由此可知系统运动方程为

$$T_e = T_L + \frac{J}{n_p}\frac{d\omega_r}{dt} \tag{7-6}$$

其中，T_L 为负载转矩，ω_r 为转子电角速度，J 为负载转动惯量。

综上，式(7-1)、式(7-4)、式(7-5) 和式(7-6) 即为永磁同步电机在 ABC 坐标系下的数学模型。

同样，经式(2-15a) 和式(2-15c) 变换可以分别得到永磁同步电机在 αβ 坐标系和 dq 坐标系下的数学模型如下：

$$\begin{cases} u_s^\alpha = R_s i_s^\alpha + p\psi_s^\alpha \\ u_s^\beta = R_s i_s^\beta + p\psi_s^\beta \end{cases} \tag{7-7}$$

$$\begin{cases} \psi_s^\alpha = L_s^\alpha i_s^\alpha + \psi_f\cos\theta_r \\ \psi_s^\beta = L_s^\beta i_s^\beta + \psi_f\sin\theta_r \end{cases} \tag{7-8}$$

$$T_e = n_p\psi_f(i_s^\beta\cos\theta_r - i_s^\alpha\sin\theta_r) \tag{7-9}$$

$$\begin{cases} u_s^d = R_s i_s^d + p\psi_s^d - \omega_r\psi_s^q \\ u_s^q = R_s i_s^q + p\psi_s^q + \omega_r\psi_s^d \end{cases} \tag{7-10}$$

$$\begin{cases} \psi_s^d = L_s^d i_s^d + \psi_f \\ \psi_s^q = L_s^q i_s^q \end{cases} \tag{7-11}$$

$$T_e = n_p[\psi_f i_s^q + (L_s^d - L_s^q)i_s^d i_s^q] \tag{7-12}$$

其中，L_s^α、L_s^β、L_s^d、L_s^q 分别为定子电感的 α 轴分量、β 轴分量、d 轴分量和 q 轴分量。在隐极电机中：$L_s^\alpha = L_s^\beta$，$L_s^d = L_s^q$；在凸极电机中：$L_s^\alpha \neq L_s^\beta$，$L_s^d \neq L_s^q$。式(7-7)、式(7-8)、式(7-9) 和式(7-6) 构成了永磁同步电机在 αβ 坐标系下的数学模型，式(7-10)、式(7-11)、式(7-12) 和式(7-6) 构成了永磁同步电机在 dq 坐标系下的数学模型。

7.1.2　永磁同步风电系统矢量控制

永磁同步电机的矢量控制通常是在基于转子磁链定向的同步坐标系中得到的。此时，将磁链方程式(7-11) 代入定子电压方程(7-10) 可以得到

$$\begin{cases} u_s^d = R_s i_s^d + L_s^d p i_s^d - L_s^q \omega_r i_s^q \\ u_s^q = R_s i_s^q + L_s^q p i_s^q + L_s^d \omega_r i_s^d + \omega_r\psi_f \end{cases} \tag{7-13}$$

根据式(7-13) 可得定子电流闭环控制器输出为

$$\begin{cases} u_s^{d*} = C_{si}^d(i_s^{d*} - i_s^d) + u_{sc}^d \\ u_s^{q*} = C_{si}^q(i_s^{q*} - i_s^q) + u_{sc}^q \end{cases} \tag{7-14}$$

其中，C_{si}^d、C_{si}^q 为定子电流环 d、q 轴 PI 控制器；i_s^{d*}、i_s^{q*} 为定子 d、q 轴电流参考

值；u_s^{d*}、u_s^{q*} 为机侧变换器 d、q 轴输出控制电压参考值；$u_{sc}^d = -L_s^q\omega_r i_s^q$、$u_{sc}^q = L_s^d\omega_r i_s^d + \omega_r\psi_f$ 为机侧变换器 d、q 轴输出控制电压的前馈补偿项。

根据式(7-11)、式(7-12) 和式(7-14) 可得采用转子磁链定向矢量控制策略的永磁同步风力发电机系统框图如图 7-4 所示。其中，发电机转速/转矩矢量控制框图中，控制外环为转速环，内环为转矩（电流）环，发电机主要靠 q 轴电流分量进行控制，d 轴电流分量可以用来调节励磁电流，从而实现单位功率因数运行，减少损耗。转速环和电流环的调节均采用 PI 控制器。发电机的转速根据 MPPT 要求，随风速变化而变化。其中 MPPT 算法及网侧变换器矢量控制的推导过程可参考本书前面相关章节。

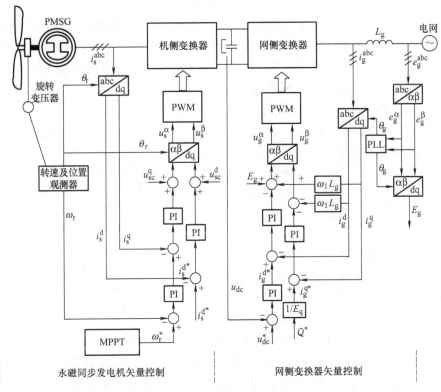

图 7-4　永磁同步发电机及网侧变换器控制框图

7.2　弱电网条件下永磁同步风电系统的运行特性

7.2.1　强电网与弱电网工作模式比较

在 1.3.2 节中介绍了强电网和弱电网的基本概念，所谓强电网即无穷大电网，此时电网可以看做是一个理想电压源，其电压频率和幅值不随负载功率的变化而变化。目前，无论是双馈型风力发电机还是永磁型风力发电机，都是作为电流源向电网馈入风力机所能捕获的功率，电网将风力机看做是普通的负载，这样的运行模式在强电网且风电占电网比重不太大的情况下是可行的，而在风电比重占比较大的弱电网中，却存在着问题：

第一，由于传输线路阻抗的影响，风力机面对的电网不再是一个理想的电压源，当风力机输出不同功率时，风力机接入点处的电压将会随着功率的不同而产生波动。此时电网不能给出稳定的电压参考，即图 7-4 中的电网角度 θ_g 和幅值 E_g 会产生波动，网侧变换器无法按照图 7-4 中的工作模式继续作为电流源向电网馈入功率。因此，网侧变换器需要作为电压源运行，具有自己独立的角度（虚拟锁相环）和幅值参考，实现对输出电压幅值和频率的调节。

第二，当风力发电占电网比重较大时，风力机及变换器需要向电网注入电网所需的有功功率和无功功率，从而实现对电网电压频率和幅值的调节。对于有功功率而言，电网（负载）需要多少有功功率，风力机就提供多少有功功率，而不再像

强电网条件下，提供风力机所能捕获的最大功率（MPPT）。这也就是说，此时风力机不能工作在图 7-4 所示 MPPT 模式下以捕获最大的风能功率，而是应当根据电网（负载）的需要决定所捕获功率的大小。比如电网（负载）需要 600kW 的功率，那么风力发电机就应当工作在图 7-5 中的 B_1 或 B_2 点（而非 A 点），和负载功率相平衡。如果风力机捕获的功率和负载不平衡，就会造成图 7-1 中变换器的直流母线电压升高或降低，从而危害变换器的正常运行。电网所需的有

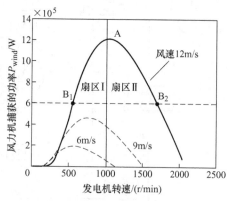

图 7-5　风力机捕获功率和发电机转速的关系

功功率大小可以根据当前电网的频率（偏离额定值的大小）来确定。一种简单的做法是根据当前电网的频率和下垂曲线（droop），计算出变换器需要输出有功功率的大小。关于 droop 曲线的设定，将在本章的 7.5 节进行详细描述。以上分析，同样适用于风力机孤岛运行的情况，在孤岛运行时，风电是唯一的供电电源，此时，风力机捕获并输出的功率必须和负载功率相平衡。综上，有功功率需要从发电机侧传递到负载侧，所以风力机捕获的功率需要和电网（负载）所需的功率相平衡。此外，网侧变换器通过向电网注入无功功率可以实现对电网电压幅值的调节，对于图 7-1 中的全功率变换器而言，无功功率主要在网侧变换器内部循环，所以风力机向电网输出无功功率的能力主要取决于网侧变换器的电流容量，控制相对简单，本章主要讨论有功功率的调节。表 7-1 给出了强电网和弱电网模式下，系统控制器、机侧变换器以及网侧变换器的控制方法对比。

表 7-1　强电网和弱电网工作模式对比

	强　电　网	弱　电　网
系统控制器	MPPT 根据风速和最大功率点跟踪给出发电机转速给定	根据电网（负载）所需要的有功功率决定风力机捕获多少风能以及相应的工作点
机侧变换器	控制发电机转速（转速闭环矢量控制）	控制发电机转速（与强电网运行模式相同）
网侧变换器	作为电流源向电网馈入风力机捕获的最大功率（电网给出电压和频率参考）	作为电压源运行，根据电网当前的频率和幅值，决定向电网注入有功功率和无功功率的大小（下垂曲线）

7.2.2　弱电网条件下的有功功率主动调节

由上述分析可知，在弱电网情况下，网侧变换器根据电网对有功功率的需求向电网注入有功功率，而这些有功功率是由风力机捕获量的风能功率提供的，从发电机侧传递到电网侧，所以发电机侧需要调整风能的捕获从而和网侧变换器注入电网的有功功率相平衡。调整风力机捕获功率的方法主要有两种：第一，通过对发电机转速的调节改变捕获功率，如图 7-5 所示，当发电机转速不同时，风力机捕获的功率也不同；第二，通过对桨叶桨距角的调节实现对风力机捕获功率的调整，桨距角越大，风力机捕获功率越小，桨距角越小，风力机捕获功率越大。系统中有功功率的平衡示意图如图 7-6 所示。

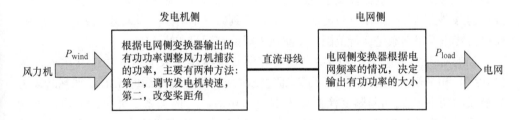

图 7-6　系统中有功功率平衡示意图

对发电机转速的调节，可以改变 C_p 值，从而改变风力机捕获功率的大小。同时，还可以利用风力机在加速或减速过程中存储和释放的动能，对输出功率进行调节。在强电网时，风力机也是通过调节转速来找到最大功率点的，所以，强电网中的发电机转速控制可以很好地借鉴到弱电网中来。对于桨距角的调节，可以与发电机转速调节配合运行，从而实现对风力机捕获功率的有效控制。

7.3 通过调节发电机转速控制风力机捕获功率的方法

本节讨论在弱电网条件下如何控制发电机转速从而实现对风力机捕获功率的调节，进而实现风力机捕获功率和电网所需功率相平衡的目的。

7.3.1 发电机转速对风力机捕获功率的影响

由图 7-5 可以看出，通过调节发电机的转速可以调节风力机的捕获功率，每条风力机功率曲线由两部分组成：扇区 I 和扇区 II 。在扇区 I 中，曲线有正的斜率，在扇区 II 中，曲线有负的斜率。对于某一个给定的负载功率，如 600kW，风力机有两个可能的工作点，如图 7-5 中的 B_1 和 B_2。发电机的实际工作点可以根据发电机输出功率变化 ΔP_s 和转速变化 $\Delta \omega_r$ 的方向来判断。在第 I 扇区中，输出功率随转速的增加而增加；在第 II 扇区中，输出功率随转速的增加而减少。发电机具体工作在哪个扇区，可以通过式(7-15) 得到：

$$\begin{cases} \Delta P_s \cdot \Delta \omega_r > 0 & \text{第 I 扇区} \\ \Delta P_s \cdot \Delta \omega_r < 0 & \text{第 II 扇区} \end{cases} \tag{7-15}$$

发电机的输出功率 P_s 表示为

$$P_s = u_s^d i_s^d + u_s^q i_s^q \tag{7-16}$$

其中，变量的定义与 7.1 节中相同。

对于某一给定的负载功率，出于不同的考虑，发电机既可以工作于第I扇区也可以工作于第II扇区。当发电机工作于第I扇区时，其转速较低，对应的机械损耗和应力较小。当发电机工作于第II扇区时，有较高的机械能，可以用来释放和存储，以平衡负载功率的波动。在设计控制系统时应当同时考虑这两个扇区的情况。此外，在负载或风速急剧变化时，工作点可能从一个扇区变到另一个扇区。当风速较高时，为了使发电机转速不超出额定运行范围，希望风力机能够运行在第I扇区。

如前所述，发电机捕获的功率需要和网侧变换器注入电网的功率（电网所需的功率）相平衡。根据图 7-1，可以通过观测变换器直流母线电压值，来判断风力机捕获的功率 P_{wind} 和网侧变换器馈入电网的功率 P_{load} 的关系。如果馈入电网的功率大于风力机捕获的功率，则直流母线电压低于给定的直流母线电压，此时应当调整发电机转速以增加捕获的风能功率。反之，如果馈入电网的功率小于风力机捕获的功率，则直流母线电压将会高于给定电压值，此时应当调整发电机转速以减小所捕获的功率。所以发电机侧和电网侧的功率平衡问题转化为直流母线电压控制问题，直流母线电压控制得越稳定，说明发电机的输出功率和馈入到电网的功率平衡得越好。图 7-7 给出了直流母线电压控制的示意图，通过检测变换器的直流母线电压，从而得到所需的发电机输出功率，然后根据风力机的特性曲线确定所需的风力机转速，得到合适的工作点。发电机的转速控制通过前文的矢量控制系统来实现。因此，控制目标为直流母线电压，控制变量为发电机转速，下面建立系统的数学模型，寻找两者之间的关系。

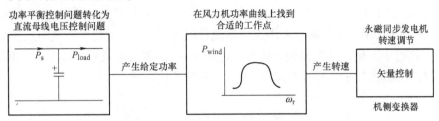

图 7-7　通过调节风力机转速控制直流母线电压示意图

7.3.2　直流母线电压控制的数学模型

为了建立完善的直流母线电压控制系统，需要找到发电机转速和直流母线电压以及相关系统参数之间的关系。

如果忽略变换器的损耗，变换器直流母线电压方程可以表示为如式（7-17）所示的形式。

$$P_\text{s} - P_\text{load} = u_\text{dc} i_\text{dc} = u_\text{dc} C \frac{\mathrm{d}u_\text{dc}}{\mathrm{d}t} \tag{7-17}$$

其中，u_dc 和 i_dc 分别为图 7-1 中变换器直流母线电压和电流，C 是直流母线电容值，P_s 是发电机的输出功率。稳态时，P_s 和风力机捕获功率 P_wind 相等（忽略损耗）；在发电机加速或者减速过程中，P_s 和 P_wind 不相等，这两者之间的差值为发电机加速或减速所带来的机械功率变化，如式（7-18）所示，J 是系统的转动惯量，这里忽略电气和机械上的损耗。

$$P_\text{wind} - P_\text{s} = \omega_\text{r} J \frac{\mathrm{d}\omega_\text{r}}{\mathrm{d}t} \tag{7-18}$$

这里需要注意的是：发电机转速和风力机转速有着固定的关系，对于直驱型风力机而言，两者相等。对于有齿轮箱的系统而言，齿轮比决定了风力机转速和发电机转速的比值。在本章中，发电机的转速 ω_r 既代表着风力机的转速也代表着发电机的转速，认为齿轮比已经考虑在内了。

风力机的模型可以由式（2-36）描述，根据式（2-36）、式（7-17）和式（7-18）可以看出，通过改变发电机的转速，可以改变发电机的输出功率 P_s 从而控制直流母线电压。为了得到直流母线电压 u_dc 和发电机转速 ω_r 之间的关系，认为 C_p 是 ω_r 的函数[⊖]，可以将式（2-36）、式（7-17）和式（7-18）合并得到式（7-19）。

$$\frac{1}{2} C_\text{p}(\omega_\text{r}) \rho S v^3 - P_\text{load} - u_\text{dc} C \frac{\mathrm{d}u_\text{dc}}{\mathrm{d}t} = J\omega_\text{r} \frac{\mathrm{d}\omega_\text{r}}{\mathrm{d}t} \tag{7-19}$$

⊖ 由 1.2.1 节论述可知，C_p 是叶尖速比（或转速）和桨距角的函数，这里假设桨距角不变，并认为其为转速的函数。

式(7-19)给出了直流母线电压和发电机转速之间的关系，这个关系中存在非线性的项：$C_p(\omega_r)$和两个二阶的项。如果将负载（电网）功率P_{load}看做扰动，式(7-19)可以在给定的额定工作点（直流母线电压u_{dc0}，发电机转速ω_{r0}，以及风速v_0）进行线性化，从而得到直流母线电压$u_{dc}(s)$和发电机转速$\omega_r(s)$之间的传递函数，在频域内可以表示为式(7-20)所示的形式。

$$\frac{U_{dc}(s)}{\omega_r(s)} = \frac{k - J\omega_{r0}s}{u_{dc0}Cs} = \frac{J\omega_{r0}}{u_{dc0}C}\frac{\left(-s + \dfrac{k}{J\omega_{r0}}\right)}{s} \tag{7-20}$$

其中，k是图7-5中工作点附近风力机曲线的斜率。从图7-5可以看出，如果风力机运行在第 I 扇区，那么$k > 0$，系统将会有一个右平面的零点（Right Half Plane Zero，RHZ），这个 RHZ 的频率一般比较低，取决于k和J的数值。从后面的分析可以看出，这个 RHZ 会增加控制复杂度，限制系统的性能。另一方面，在第 II 扇区，$k < 0$，那么传递函数将有一个左平面的零点（Left Half Plane Zero，LHZ），这样的系统控制相对简单。

考虑到第 I 扇区内右平面的零点（RHZ）以及其控制的复杂性，这里将重点研究第 I 扇区内的控制器设计，第 II 扇区控制器的设计可以遵从第 I 扇区的设计步骤。后文对这两个扇区内的控制性能都进行了验证，并且讨论了这两个扇区的控制以及机械功率流向的不同。

通过上面的分析，可以采用如图7-8所示的控制结构来实现弱电网情况下直流母线电压的控制。控制外环为直流母线电压环，电压环控制器产生所需的发电机转速给定ω_r^*，通过转速内环实现对发电机转速的调节。

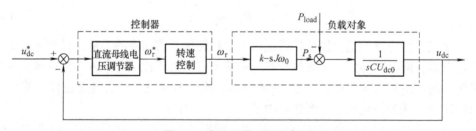

图 7-8　直流母线电压控制环

图7-8中，永磁同步发电机的转速控制与强电网时的控制方法类似。通过改变发电机的转速ω_r，风力机捕获的功率P_{wind}会根据图7-5中的$P_{wind} - \omega_r$曲线变化。同时，发电机的输出功率P_s会跟随P_{wind}按照式(7-18)的规律而变化，从而对负载功率的变化进行补偿，进而维持直流母线电压的恒定。

7.3.3　直流母线电压控制器设计

直流母线电压控制器的设计应当考虑系统性能的要求。主要有以下两个性能指标：

第一，直流母线电压变化范围。在负载（电网）功率增加或减少时，直流母线电压的跌落或超调应当在所允许的最低电压 U_{dcmin} 和最高电压 U_{dcmax} 之间。U_{dcmin} 由电网侧交流电压幅值所决定，U_{dcmax} 不能超过电力电子器件和直流母线电容的耐压。式(7-21)给出了 U_{dcmin} 和 U_{dcmax} 的限制。其中，M_{max} 是最大的调制比，U_{line} 是电网侧交流线电压的有效值，$U_{\text{cap,device}}$ 是电力电子器件和电容所能承受的最大的电压。这里需要注意的是，U_{dcmin} 和 U_{dcmax} 的选择还需要考虑其他的限制，比如涌流等，这里只考虑式(7-21)中的约束条件。

$$U_{\text{dcmin}} M_{\text{max}} > \sqrt{2}\, U_{\text{line}}$$
$$U_{\text{dcmax}} < U_{\text{cap,device}} \tag{7-21}$$

第二，直流母线电压的恢复时间，即在负载变化时，直流母线电压回到给定值所需要的时间。通常来讲，希望系统有快速的响应。本节将恢复时间也作为系统性能的一个评价指标，但不给出具体的限制，因为在电压的容限内系统仍然可以正常工作。在后文的控制器设计中，都采用以上两个性能指标对控制器的性能进行评价。

在第 I 扇区，为了设计一个更为有效的电压调节器，需要考虑直流母线电压、负载功率、发电机以及变换器之间的物理联系。同时，需要找到在负载变化或风速变化时限制系统控制性能的物理因素，下面对此进行分析。

首先考虑负载功率增加导致电压跌落的情况，假设在 t_1 时刻，负载功率 P_{load} 有 ΔP_{load} 的增加，如图 7-9 所示，根据图 7-5 中第 I 扇区风力机曲线的特点，发电机应当增加转速以增加捕获的风能功率，满足负载功率的要求。在加速过程中，所捕获的风能功率 P_{wind} 一部分将转化为机械功率 P_{mec}，剩余的将转化为发电机的输出功率 P_s，通过机侧变换器馈入到直流母线，从而传递到负载侧。机械功率 P_{mec} 对应着机械能的存储，所存储机械能的大小取决于系统的转动惯量，对于大型的风力机而言，系统的转动惯量一般比较大。

系统在加速过程中的功率流向可以用图 7-10 表示。从功率关系来看，当风力机运行在第 I 扇区时，发电机不应当加速太快，否则较大的 $\mathrm{d}\omega_r/\mathrm{d}t$ 将导致风能功率 P_{wind} 大部分转化为机械功率 P_{mec}，这样就减少了可以馈入到直流母线上的功率 P_s，尽管风能功率 P_{wind} 在第 I 扇区中随着转速的增加而增加。

因此，在第 I 扇区内，发电机的转速的控制，需要在增加风能捕获功率和存储机械功率之间做出折衷。应当有一个最优的加速速率 $\mathrm{d}\omega_r/\mathrm{d}t$，可以使得发电机的输出功率 P_s 最大。图 7-9 中阴影部分代表的能量需要由直流母线电容来补充，这部分能量是由于突加负载过程中，负载功率 P_{load} 和发电机的输出功率 P_s 不相等导致的，这也是造成直流母线电压跌落的原因。对于给定的直流母线电容值，阴影部分的面积越小，电压跌落就越小。要想减小阴影部分的面积，就需要发电机的输出功率有最大的斜率 $\mathrm{d}P_s/\mathrm{d}t$。为了分析简单，假设风力机功率随转速的变化 $\mathrm{d}P_{\text{wind}}/$

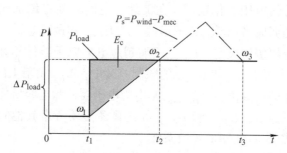

图7-9　直流母线电压跌落分析（假设 $\mathrm{d}\omega_r/\mathrm{d}t$ 恒定）

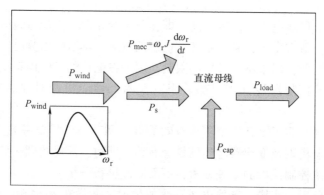

图7-10　发电机加速过程中系统的功率流向

$\mathrm{d}\omega_r$ 和加速度 $\mathrm{d}\omega_r/\mathrm{d}t$ 都是常数，定义 $\mathrm{d}P_{wind}/\mathrm{d}\omega_r = k$ 和 $\mathrm{d}\omega_r/\mathrm{d}t = k_1$。风力机捕获风能功率的变化率以及机械功率的变化率可以表示为式(7-22a)和式(7-22b)的形式。这两者之间的差值即为发电机输出功率的变化率 $\mathrm{d}P_s/\mathrm{d}t$，如式(7-23)所示。

$$\frac{\mathrm{d}P_{wind}}{\mathrm{d}t} = \frac{\mathrm{d}P_{wind}}{\mathrm{d}\omega_r} \cdot \frac{\mathrm{d}\omega_r}{\mathrm{d}t} = k \cdot \frac{\mathrm{d}\omega_r}{\mathrm{d}t} = k \cdot k_1 \tag{7-22a}$$

$$\frac{\mathrm{d}P_{mec}}{\mathrm{d}t} = \frac{\mathrm{d}\left(\omega_r J \dfrac{\mathrm{d}\omega_r}{\mathrm{d}t}\right)}{\mathrm{d}t} = k_1^2 J \tag{7-22b}$$

$$\frac{\mathrm{d}P_s}{\mathrm{d}t} = \frac{\mathrm{d}(P_{wind} - P_{mec})}{\mathrm{d}t} = k \cdot k_1 - k_1^2 J \tag{7-23}$$

从式(7-23)可以看出，发电机输出功率的变化率 $\mathrm{d}P_s/\mathrm{d}t$ 取决于风力机曲线的斜率 k 和风力机的转动惯量 J。当负载增加的时候，更大的斜率 k 对应着更快的风力机功率变化率 $\mathrm{d}P_{wind}/\mathrm{d}\omega_r$，这样可以减小直流母线电压跌落和恢复时间。另一方面，较大的转动惯量 J 将会导致在加速过程中更多机械能（动能）存储，这意味着较少的能量馈入到直流母线及负载侧。

如式(7-23)所示，对于给定的参数 k 和 J，通过选择合适的加速度 $\mathrm{d}\omega_r/\mathrm{d}t$（即 k_1），便可以达到最大的发电机输出功率变化率 $\mathrm{d}P_s/\mathrm{d}t$，从而减小直流母线电压的

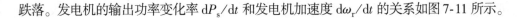

跌落。发电机的输出功率变化率 dP_s/dt 和发电机加速度 $d\omega_r/dt$ 的关系如图 7-11 所示。

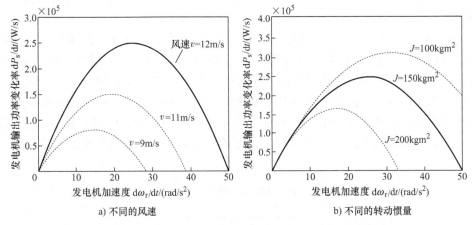

a) 不同的风速　　　　　　　b) 不同的转动惯量

图 7-11　发电机输出功率变化率和发电机加速度的关系

　　通过图 7-11 可以看出，发电机输出功率的变化 dP_s/dt 有一个最大值 $dP_s/dt_{(\text{max})}$，同时对应着一个最优加速度 $d\omega_r/dt_{(\text{optimal})}$。由于最大的 dP_s/dt 可以减小直流母线电压的跌落，控制系统应当找到最优加速度 $d\omega_r/dt_{(\text{optimal})}$。应该指出的是，对于任何的控制器设计，一个十分重要的方面就是找到限制系统最优控制性能的物理约束，通过上面的分析，限制直流母线电压控制的约束因素是 k 和 J。

　　更高的风速意味着更大的斜率 k 和更大的 $dP_s/dt_{(\text{max})}$，如图 7-11a 所示。较小的转动惯量 J 对应加速过程中较少的机械能存储，因此会有较大的 $dP_s/dt_{(\text{max})}$，如图 7-11b 所示。这些分析都是与式(7-20) 中得到的系统传递函数相吻合的。在第Ⅰ扇区，系统的性能主要受到右平面零点（RHZ）的限制，而其所在的频率正是由 k 和 J 决定的。总之，较低的风速、较大的转动惯量将会减慢系统的响应。类似的分析同样适用于负载减小，直流母线电压升高的情况，此时应该有最优的负加速度 $d\omega_r/dt$，对应着最小的 dP_s/dt。

　　这里需要注意的是，对于风力机工作于第Ⅱ扇区的情况，负载功率 P_{load} 的增加会触发风力机减速从而增加捕获的风能功率 P_{wind}。同时系统减速也会使得原本存储的机械能减小，从而转变成电能释放到直流母线和负载侧，这样可以帮助应对负载功率的增加，维持直流母线电压。因此，在第Ⅱ扇区，系统的控制带宽不受到第Ⅰ扇区中类似的约束。同样的分析可以应用于第Ⅱ扇区的负载减小以及直流母线电压升高的情况。

　　根据上文的分析，图 7-8 中的直流母线电压控制器需要能够动态地寻找到最大的功率变化率 dP_s/dt。PI 调节器的比例和积分参数是根据额定工作点附近的小信号模型得到的，只能在额定工作点附近达到所期望的性能，却不能保证在较大的负载突变过程中，始终达到最优的 dP_s/dt，控制性能会受到影响和限制，使得直流母线电压的波动更大，恢复时间更长。为了使系统在较大的负载变化时有较好的动态性能，根据图 7-9 和图 7-10 所示的能量流动关系可得到一种复合型的自适应 PI 调节器。

图 7-12 给出了复合型直流母线电压自适应调节器的流程图，描述如下：首先，根据式（7-15）的方法判断风力机转速所在的扇区，如果在第 I 扇区，根据实际直流母线电压和直流母线电压参考值之间的误差大小，将控制方法分为两个部分。当误差的大小在容许的范围 Δ 之内时，PI 调节器的比例参数 K_p 和积分参数 K_i 采用固定的值，数值的选择根据工作点附近的小信号模型得到，以保证稳态的控制精度。当直流母线电压误差大于 Δ 时，通过对 PI 参数的调整来提高系统的动态性能。

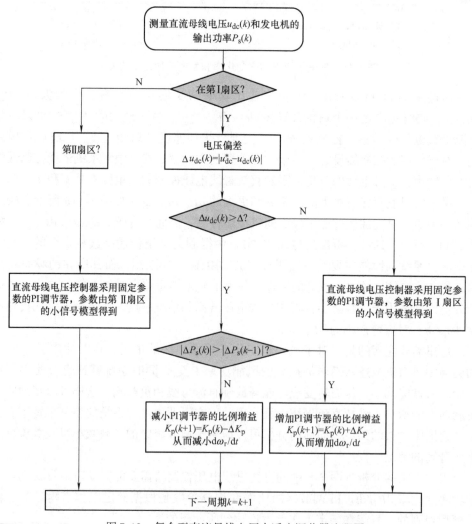

图 7-12 复合型直流母线电压自适应调节器流程图

具体来说，在每个控制周期，比例参数 K_p 有一个小的增量 ΔK_p，来改变发电机的加速度 $d\omega_r/dt$。这里直流母线电压环的控制周期比转速环和转矩环长很多。当 K_p 增加，直流母线电压调节器的比例部分会相应地调节，根据电压偏差的极性，转速环的给定将会增加或减小。对于正的电压偏差（电压跌落），直流母线电压调节器的输出会使得发电机转速的参考值增加，从而使得发电机的转速增加得更快，即更大的 $d\omega_r/dt$。对于负的电压偏差（电压超调的情况），转速给定将会减小，使得发电机的转速减小的更快，即更负的 $d\omega_r/dt$。在这两种情况下，都会使得功率的变化率 $|dP_s/dt|$ 更大，这是前面讨论中所期望的。继续增加 K_p 的值，直到 $|dP_s/dt|$ 不再增加，这对应着最大的功率变化率和最优的 $d\omega_r/dt$。$|dP_s/dt|$ 可以通过测量机侧变换器的输出电压和电流计算得到，功率的表达式如式(7-16) 所示。如果计算发现 $|dP_s/dt|$ 减小，那么就减小 K_p 从而减小 $|d\omega_r/dt|$，进而找到图 7-11 中最优的工作点。当电压的偏差小于直流母线电压误差容限值 Δ 时，K_p 回到初始设定的值，这个值是由小信号模型所确定的。

对于风力机在第 II 扇区的运行情况，根据前面的分析，风力机存储的机械能会帮助补偿负载功率的变化，从传递函数来看，没有右平面的零点限制系统的响应。因此，可以通过一个简单的 PI 调节器（固定的参数）来实现所期望的性能。第 II 扇区的直流母线电压控制环的带宽可以比第 I 扇区高，只受到内环的带宽以及系统容量的限制。

无论风力发电机工作在第 I 扇区还是第 II 扇区，系统都有一定的控制带宽，对控制带宽之内的负载变化，可以通过调节发电机的转速从而实现功率的平衡。当负载功率急剧变化时，就需要变换器直流母线的储能环节对能量进行补充，下面将讨论直流母线储能环节的选择方法。

表 7-2 为某 1.5MW 风电系统负载功率阶跃增加 30% 的系统仿真结果。

表 7-2　某 1.5MW 风电系统负载功率阶跃增加 30% 的系统仿真结果

风速	8m/s		10m/s		12m/s	
性能	电压跌落	恢复时间	电压跌落	恢复时间	电压跌落	恢复时间
自适应控制器	117V	20s	110V	16s	105V	12s
PI 调节器	135V	29s	126V	24s	120V	20s

7.3.4　直流母线储能环节的选择

图 7-1 中的直流母线储能环节对于系统的控制性能有着重要的影响，当风力机捕获的功率和电网（负载）所需的功率不平衡时，直流母线储能环节可以作为能量的缓冲单元提供或者吸收有功功率。7.3.3 节中设计的直流母线电压控制器具有一定的控制带宽，超出控制带宽的负载功率变化将会造成风力机捕获功率和负载功率不平衡，此时需要直流母线上的储能环节进行补偿。上文提到，在第 I 扇区内系统的响应

受到风力机曲线的斜率 k 和系统转动惯量 J 的制约，这两者也决定了右平面的零点（RHZ）所在的频率位置。大型的风力机系统通常具有较大的转动惯量，所以系统的控制带宽就会受到限制。对于负载功率的缓慢变化（在控制带宽之内），可以按照7.3.3 节给出的方法对发电机的转速和功率进行调节，直流母线电压可以被很好地控制住；对于负载功率突变的情况，只能依靠直流母线的能量存储（在本节中为电容）来应对暂态功率的不平衡。当然，在第Ⅱ扇区中，系统响应速度比第Ⅰ扇区快，具有更高的控制带宽，应对负载变化的能力较强，所需的能量存储单元也较小。

因此，直流母线的电容值将决定在负载功率突变时，直流母线电压的变化。这里仍然以突加负载为例，对风力机工作在第Ⅰ扇区的情况进行分析。根据图7-9，当负载功率在 t_1 时刻突加 P_{load} 时，发电机的输出功率 P_s 将会增加，增加的速率为 $k_2 = dP_s/dt$，如式（7-23）所示。发电机的输出功率达到与负载功率相平衡所需的时间为 $T = (t_1 - t_2) = P_{load}/k_2$。直流母线电压跌落是由于发电机的输出功率和负载功率不平衡导致的，如图7-9 中的阴影部分所示，阴影部分的面积 E_c 可以由式（7-24）得到，这部分能量需要由直流母线电容来补充，结合电容存储能量的关系可以得到式（7-25）。

$$E_c = \frac{1}{2}\Delta P_{load}T = \frac{1}{2}\frac{\Delta P_{load}^2}{k_2} \tag{7-24}$$

$$\frac{1}{2}Cu_{dc}^2(t_1) - \frac{1}{2}Cu_{dc}^2(t_2) = \frac{1}{2}\frac{\Delta P_{load}^2}{k_2} \tag{7-25}$$

根据所允许的直流母线电压跌落 $u_{dc}(t_1) - u_{dc}(t_2)$ 和负载功率的变化 P_{load}，所需直流母线电容值可以由式（7-26）决定。

$$C = \frac{\Delta P_{load}^2}{k_2[u_{dc}^2(t_1) - u_{dc}^2(t_2)]} \tag{7-26}$$

图7-13 给出了某风电机组直流母线电压跌落和直流母线电容值以及发电机输出功率变化率的关系。可见，需要足够大的直流母线电容和能量存储来应对负载的暂态变化，直流母线电容越大，电压跌落越小；发电机输出功率 dP_s/dt 变化越快，电压跌落越小。这些结论也适用于负载功率减少和直流母线电压上升的情况。如果采用 $C = 300\text{mF}$ 的电容，对于 $dP_s/dt = 150\text{kW/s}$ 的情况，根据图7-13，电压跌落在100V 左右（图7-15 中给出仿真结果）。

这里需要注意的是，直流母线电容值在几百个 mF 的数量级，相对于其他的变换器应用领域，比如同样功率等级的电机驱动，这个数值比较大。通过计算，对于电解电容，300mF、900V 的电容组体积大约为 0.18m^3，这对于1.5MW 的变换器是可以接受的。同时，如果增加发电机和直流母线的电压值，则可以减小所需的电容值，但不能减小所需要的能量存储，也就不能减小电容的体积。当然，其他的能量存储手段，比如采用电池、超级电容等，可以更好地作为能量存储单元。如果风力机运行在第Ⅱ扇区，所需的能量存储也会大大减少，这里考虑的是最差的情况，即第Ⅰ扇区中的情

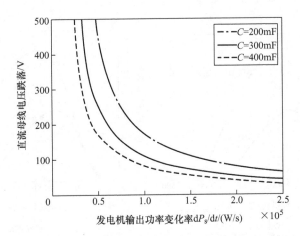

图 7-13　直流母线电压跌落和电容以及发电机输出功率变化率的关系

况。从能量的角度来分析，在第Ⅱ扇区，风力机加速或者减速对应着机械能的存储和释放，而这个过程正是负载功率所希望的，即加速或减速过程中存储和释放的机械能可以帮助应对负载功率的变化。而在第Ⅰ扇区，这个过程正好相反，当负载需要更多功率时，此时风力机加速，导致部分能量存储到了机械能中。所以，在第Ⅰ扇区中，直流母线上的能量存储单元在缓冲机械能，所需的直流母线储能也较大。因此，需要足够多的直流母线储能环节以保证风力机在第Ⅰ扇区内的可靠运行。

7.3.5　其他工况

1. 风速变化的影响

上面的分析大多数集中在风速不变的情况。当风速变化时，控制器需要调整发电机的转速来维持直流母线电压。对于给定的负载功率，在风速变化时，可能有两种情形：第一，工作点在风速变化前后位于同一扇区；第二，工作点从一个扇区变到另一个扇区，这种情况在风速快速变化时会出现。

第一种情况如图 7-14a 所示，开始时，风力机工作在 A 点，位于第Ⅰ扇区，负载功率为 600kW，风速为 12m/s。此时，风速从 12m/s 减为 10m/s，那么风力机的工作点变为 B，然后在控制器的调节下，风力机工作点移动到 C 点，以和负载功率相平衡，这些工作点都位于第Ⅰ扇区。

第二种情况如图 7-14b 所示，风速从 10m/s 增加到 12m/s，使得工作点从 A 变到 B（从第Ⅱ扇区变到第Ⅰ扇区），为了和负载功率相平衡，控制器会使得发电机工作在第Ⅰ扇区中的 C 点。

两种情况下直流母线电压均能够得到有效控制，如图 7-15 所示。

2. 强电网模式和弱电网模式之间的切换

如前所述，在强电网和弱电网模式下，风力机的工作点不同，可以通过电网角

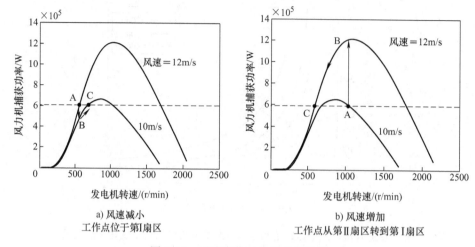

a) 风速减小
工作点位于第I扇区

b) 风速增加
工作点从第II扇区转到第I扇区

图 7-14 风速变化时工作点的变化

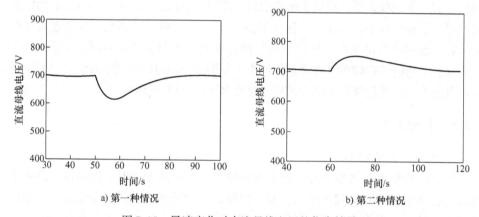

a) 第一种情况

b) 第二种情况

图 7-15 风速变化时直流母线电压的仿真结果

度的锁相环来判断风力机系统所处的电网状态，是强电网还是弱电网。

本章介绍的弱电网情况下的直流母线电压控制器，同样可以在强电网的情况下实现最大功率点跟踪。在强电网条件下，直流母线电压由网侧变换器控制。在发电机侧，只需要使直流母线电压的给定值高于网侧变换器所控制的直流母线电压值，而不需要改变控制器结构，控制器将会自动地调整发电机转速找到最大功率点，尽可能多地捕获风能功率从而过渡到 MPPT 状态。

另一方面，当弱电网发生时，直流母线电压的参考值回到正常的设定值，此时将调整发电机的功率从 MPPT 状态过渡到负载所需的功率状态（减小多余的功率）。图 7-16 描述了从弱电网状态过渡到 MPPT 状态的示意图以及相应的仿真结果。这里需要注意的是，需要适当的设置电压和转速调节器的防饱和特性（anti-windup）以及初始值，以应对这两种模式的转换。

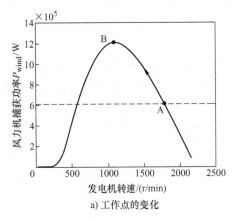

a) 工作点的变化

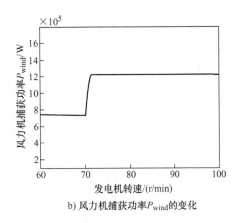

b) 风力机捕获功率 P_{wind} 的变化

图 7-16　从弱电网模式过渡到强网 MPPT 模式

3. 系统参数的范围要求

系统的正常运行，需要相关的参数满足一定的要求。

当风力发电机工作在弱电网时，负载功率突然减小或者风速增加都会导致直流母线电压升高。本章介绍的控制方法结合一定的直流母线储能环节将减小电压的升高，但仍然需要一定的保护措施来防止过电压的情况。这些措施包括：在直流母线上并联 crowbar 能量泄放电路；关断所有发电机侧的开关器件（如 IGBT），进入二极管整流状态来限制过电压。这些保护将应对极端情况，从而减小直流母线上过多的能量存储单元。

考虑到系统的效率和兼容性，本章中发电机的转速范围在强电网和弱电网情况下相同，但是有两个需要注意的问题：第一，对于较高的风速，由于发电机的转速限制和机械应力的原因，发电机的转速不能高于额定转速来调节风能的捕获，意味着图 7-5 中风力机曲线没有完整的第 Ⅱ 扇区。在这种情况下，希望风力机工作在第 Ⅰ 扇区从而得到完整可调的功率范围，并配合以桨距角的调节。第二，在实际系统运行中，如果风速足够高，意味着风力机捕获的风能功率可以和负载功率相平衡，可以利用本节中的方法进行功率的调节。反之，如果风速太低，最大捕获的风能功率可能不足以满足负载功率要求。在这种情况下，发电机会输出最大可能捕获的风能功率，直流母线电压将会跌落，跌落的幅值取决于直流母线上的储能环节。此时，如果直流母线上有电池或者其他的能量存储单元将会对直流母线电压起到很好的支撑作用。

7.4　通过调节桨距角控制风力机捕获功率的方法

前文中的分析都假设风力机桨叶的桨距角固定为 0°，只考虑转速变化的情况以简化分析。在大型风力机中，桨距角一般都可以调节（Pitch Control），从而调节风力机捕获的风能。因此它可以和转速调节一起在弱电网情况下应对负载功率的变化。目前，桨距角最快变化速度可以达到每秒钟 $10° \sim 20°$，桨距角调节可以帮助稳定直流母线电压。

根据式 $(2\text{-}36)$，风能利用系数 C_p 是发电机转速和桨距角这两个变量的函数，下面主要分析桨距角 β 对风能捕获的影响。这里采用一个典型的风能系数公式进行研究，如式 $(7\text{-}27)$ 所示：

$$\begin{cases} C_p(\lambda,\beta) = 0.22\left(\dfrac{116}{\lambda_i} - 0.4\beta - 5\right)e^{\left(-\frac{12.5}{\lambda_i}\right)} \\[3mm] \lambda_i = \left(\dfrac{1}{\lambda + 0.08\beta} - \dfrac{0.035}{\beta^3 + 1}\right)^{-1} \\[3mm] \lambda = \dfrac{2\pi Rn}{v} = \dfrac{\omega_r R}{v} \end{cases} \tag{7-27}$$

变量定义与式 $(2\text{-}36)$ 中相同，R 为风轮半径，n 为风轮的转速，ω_r 为风轮的角频率，λ 为叶尖速比，定义为风力机叶片的叶尖线速度和风速之比。由上述公式得到的风力机特性曲线如图 7-17 所示。可见，对于相同的叶尖速比，桨距角越大，风能利用系数越小，从而捕获的风能功率越小。

对于风力机变桨的执行机构，可以有一阶和二阶的模型。这些模型会因具体的风力机型号的不同而不同，取决于风力机桨叶的设计以及调桨机构（电机驱动）的动态性能。这里采用二阶模型，并且对

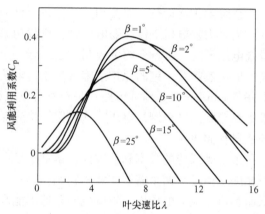

图 7-17 风能利用系数和桨距角
以及叶尖速比的关系

桨距角的变化速率加以限制。桨距角 β 在正常运行时的最大变化速率通常在每秒 $5° \sim 10°$ 之间，当有紧急情况发生时，可以达到每秒 $10° \sim 20°$。桨距角执行机构的模型可以表示为如式 $(7\text{-}28)$ 所示的二阶系统。

$$\beta = \frac{c}{as^2 + bs + c}\beta^* \tag{7-28}$$

式 $(7\text{-}28)$ 中，取 $a = 1$，$b = 5$，$c = 28$。这里利用桨距角的调节，控制风力机捕获功率和负载功率相平衡，从而控制直流母线电压。所以控制外环为直流母线电压环，内环为桨距角控制环。

图 7-18 给出了桨距角的控制框图，当风力机正常运行时，图中的选择开关位于上部，控制器根据转速的情况来调整桨距角的大小。风力机起动时，随着发电机

转速逐渐升高，桨距角逐渐减小，直到桨叶完全展开 $\beta=0$。当发电机转速高于额定转速时，风力机开始顺桨，桨距角逐渐增大，减小风力机捕获的功率，从而保护风力机和塔架系统。

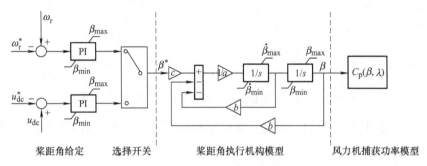

图 7-18　桨距角控制框图

在弱电网情况下运行时，图 7-18 中的选择开关位于下方，直流母线电压环通过 PI 调节器产生桨距角的给定。当直流母线电压高于给定的参考电压时，桨距角增大，风力机捕获功率减小，反之，如果直流母线电压低于给定电压，桨距角减小，风力机捕获功率增加，桨距角的给定信号通过桨距角执行机构实现对桨距角的最终控制。根据风力机的风能捕获曲线，风力机的功率会相应地调整，从而实现风力机功率和负载功率相平衡的目的。在桨距角的给定环节上，PI 调节器的输出限制了桨距角的变化范围；在桨距角的执行机构中，也考虑了桨距角的最大变化速率 $\dot{\beta}_{\max}$。

图 7-19 给出了通过桨距角控制实现直流母线电压控制的系统模型，图中的调节器可以根据被控对象的模型来选择最优的调节器。图 7-20 给出了通过桨距角调节控制直流母线的仿真结果。

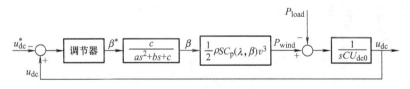

图 7-19　直流母线电压控制框图

在实际系统中，桨距角调节和发电机转速调节应当协同工作来应对负载功率的变化。转速调节的方法在改变风能利用系数 C_p 的同时，还可以充分利用风力机所存储的机械能应对负载的变化，特别是在第 II 扇区中有较好的动态响应，因此可以较好地应对负载功率的快速变化，但是需要注意发电机的转速范围。考虑到桨距角执行机构的复杂度以及相关的机械应力，希望减少桨距角的调节。鉴于桨距角的调节速度可以达到每秒 $10° \sim 20°$，调节速度也相对较快，在负载有较大波动时（从

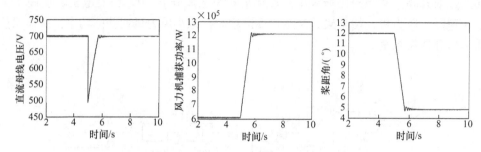

图 7-20　通过桨距角调节控制直流母线电压的仿真结果

直流母线电压可以观测到)，可以采取桨距角和风力机转速共同调节的方法来应对负载变化。

7.5　弱电网条件下网侧变换器的模型及控制方法

7.5.1　单台网侧变换器控制方法

以上部分阐述了机侧变换器以及桨距角的控制方法，旨在得到稳定的直流母线电压，实现系统中有功功率的平衡。而网侧变换器需要帮助电网稳定电压和频率，在弱电网情况下，要作为电压源运行。对于单台风力发电机运行而言，需要考虑电力电子变换器对输出电压和频率的调节。当有多台风力机并联运行时，还需要考虑有功功率和无功功率在多台变换器之间的分配问题。

图 7-21 给出了网侧变换器的结构图，变换器输出经过滤波器向本地负载及电网供电。

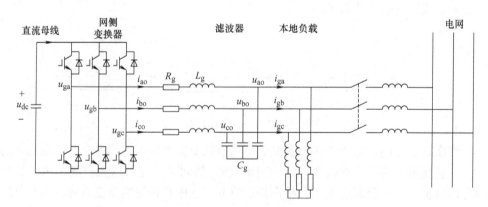

图 7-21　网侧变换器示意图

根据图 7-21 中所标注的电压电流，可以建立两相同步旋转坐标系下网侧变换器的数学模型。u_{ga}、u_{gb}、u_{gc} 为变换器输出相电压，i_{ao}、i_{bo}、i_{co} 为变换器输出相电流，u_{ao}、u_{bo}、u_{co} 为经过滤波器的输出相电压。根据输出滤波电容的电压电流关系，可以建立电压环的数学模型，如式 (7-29) 所示。

$$\frac{\mathrm{d}}{\mathrm{d}t}\begin{bmatrix} u_o^d \\ u_o^q \end{bmatrix} = \begin{bmatrix} 0 & \omega_1 \\ -\omega_1 & 0 \end{bmatrix}\begin{bmatrix} u_o^d \\ u_o^q \end{bmatrix} + \frac{1}{3C_g}\begin{bmatrix} i_o^d \\ i_o^q \end{bmatrix} - \frac{1}{3C_g}\begin{bmatrix} i_g^d \\ i_g^q \end{bmatrix} \tag{7-29}$$

根据输出滤波电感上的电压电流关系，可以得到电流环的数学模型如式 (7-30) 所示。

$$\frac{\mathrm{d}}{\mathrm{d}t}\begin{bmatrix} i_o^d \\ i_o^q \end{bmatrix} = \begin{bmatrix} -\dfrac{R_g}{L_f} & \omega_1 \\ -\omega_1 & -\dfrac{R_g}{L_g} \end{bmatrix}\begin{bmatrix} i_o^d \\ i_o^q \end{bmatrix} - \frac{1}{L_g}\begin{bmatrix} u_o^d \\ u_o^q \end{bmatrix} + \frac{1}{L_g}\begin{bmatrix} u_g^d \\ u_g^q \end{bmatrix} \tag{7-30}$$

如果采用电压定向的控制模式，将电压矢量定在旋转坐标系的 d 轴上，则有 $u_o^d = U_{max}$，U_{max} 为输出电压的幅值，$u_o^q = 0$。将式 (7-30) 中电流环的模型展开，可以得到

$$\begin{cases} L_g \dfrac{\mathrm{d}i_o^d}{\mathrm{d}t} = -R_g i_o^d + \omega_1 L_g i_o^q - U_{max} + u_g^d \\ L_g \dfrac{\mathrm{d}i_o^q}{\mathrm{d}t} = -R_g i_o^q - \omega_1 L_g i_o^d + u_g^q \end{cases} \tag{7-31}$$

取出其中的交叉耦合项，将 dq 轴解耦控制，电流环调节器采用 PI 调节器，便可以形成电流闭环。对于电压外环，负载电流可以作为扰动来处理，也可以将负载电流作为反馈量加入到控制系统中来，电压外环仍然采用 PI 调节器。综上可以得到电压外环，电流内环的双闭环控制系统，如图 7-22 所示。可见，在电压环中，i_g^d、i_g^q 作为负载电流的补偿项叠加在电压环的输出上。如果实际系统中不检测负载电流，可以将其作为系统的扰动，不对其进行补偿，只由 PI 调节器进行调节。在这里，由 dq 坐标系到 ABC 坐标系的变换需要一个角度。对于弱电网运行的情况，电网无法给出稳定的电压角度参考，所以变换器需要由自己的 PLL（虚拟的 PLL）

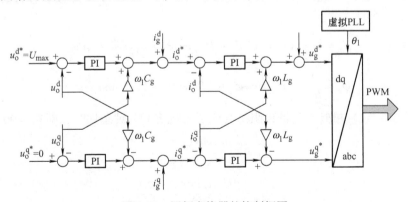

图 7-22　网侧变换器的控制框图

来产生相应变换器输出电压的角度。

7.5.2 多台网侧变换器并联控制方法

上面讨论了单台变换器的控制方法，当系统中存在多组电压源变换器并联运行时（对应多台风力机），需要采用适当的方法实现变换器的功率分配。这里的分配是指按照各变换器的容量比例分配负载功率。同时，变换器还需要对电网电压的幅值和频率进行调节。在传统的同步发电机系统中，由于同步发电机本身及控制系统存在着有功功率和输出频率的下垂特性（droop）关系以及无功功率和输出电压幅值的下垂特性关系，从而可以实现功率的分配。下面讨论如何在电力电子变换器中模拟传统同步发电机的下垂特性。

以两台变换器并联为例，其简化的原理图如图 7-23 所示，变换器 1 的输出阻抗与连线阻抗之和为 $Z_1 = r_1 + jX_1 = R_{Z1} \angle \theta_1$，变换器 2 的输出阻抗和连线阻抗之和为 $Z_2 = r_2 + jX_2 = R_{Z2} \angle \theta_2$。$r_1$、$r_2$ 为线路等效电阻，X_1、X_2 为等效感抗，U_{10}、U_{20} 分别为变换器 1、2 的空载输出电压，U 是并联交流母线电压，

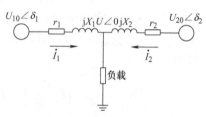

图 7-23 变换器并联简化原理图

δ_1、δ_2 为各个变换器模块输出电压与公共母线电压的相差角。

变换器 $n(n = 1，2)$ 的输出电流为

$$I_n = \frac{U_{n0} \angle \delta_n - U \angle 0}{R_{Zn} \angle \theta_n} \tag{7-32}$$

输出功率为

$$S_n = U_{n0} \angle \delta_n \cdot (I_n)^* = P_n + jQ_n \tag{7-33}$$

式中　P_n——变换器 n 输出的有功功率；

Q_n——变换器 n 输出的无功功率。

将式(7-32) 和式(7-33) 合并，可以得到有功功率和无功功率的表达式，如式(7-34) 所示。

$$P_n = \frac{1}{R_{Zn}} \left[(U_{n0} U \cos\delta_n - U^2) \cos\theta_n + U_{n0} U \sin\delta_n \sin\theta_n \right]$$

$$Q_n = \frac{1}{R_{Zn}} \left[(U_{n0} U \cos\delta_n - U^2) \sin\theta_n - U_{n0} U \sin\delta_n \cos\theta_n \right] \tag{7-34}$$

由式(7-34) 可知，当输出阻抗与连线阻抗之和为纯感性时，即 $\theta_n = 90°$，有

$$P_n = \frac{U_{n0} U \sin\delta_n}{X_n}$$

$$Q_n = \frac{(U_{n0} U \cos\delta_n - U^2)}{X_n} \tag{7-35}$$

根据式(7-35)，当 δ_1 和 δ_2 较小时，变换器输出有功功率的大小主要由变换器的功率角 δ 决定，而 δ 可以通过变换器的输出频率进行调节。变换器输出的无功功率则主要取决于输出电压的幅值 U_{n0}，可以通过调节变换器输出电压的幅值来调整变换器输出的无功功率。基于以上两个特点，可以采用传统同步发电机中基于下垂线的方法来实现对有功功率和无功功率的合理分配。下垂曲线的表达式如式(7-36)所示：

$$\begin{cases} \omega_n = \omega_1^* - k_n P_n \\ U_{n0} = U_0^* - h_n Q_n \end{cases} \tag{7-36}$$

其中，U_0^* 和 ω_1^* 为变换器空载时的输出电压幅值和角频率，k_n 和 h_n 对应着下垂曲线的斜率。下垂曲线的斜率应根据变换器容量的不同而设定的不同，变换器容量越大，斜率越小，意味着对于微小的频率和电压幅值波动，有较大的输出功率变化；反之，变换器容量越小下垂曲线的斜率越大。因此，为了实现不同容量变换器之间功率的比例分配，下垂曲线的系数（斜率）可以选取为

$$\begin{aligned} k_1 \cdot S_1 &= k_2 \cdot S_2 = k_3 \cdot S_3 \cdots = k_n \cdot S_n \\ h_1 \cdot S_1 &= h_2 \cdot S_2 = h_3 \cdot S_3 \cdots = h_n \cdot S_n \end{aligned} \tag{7-37}$$

其中，k 为变换器有功功率下垂曲线的斜率，h 为变换器无功功率下垂曲线的斜率，S 为变换器的容量。

图 7-24 给出了两台不同容量变换器的下垂曲线示意图。其中，图 7-24a 代表有功功率和对应的变换器输出频率，根

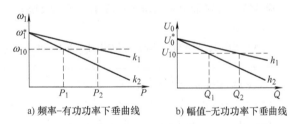

a) 频率-有功功率下垂曲线　　b) 幅值-无功功率下垂曲线

图 7-24　下垂曲线特性

据有功功率输出的大小，调整变换器的输出频率，以实现有功功率在不同变换器之间的比例分配。图 7-24a 中，ω_{10} 对应额定频率 50Hz，P_1 和 P_2 对应着变换器的额定有功功率，这里 P_2 大于 P_1。可见额定功率越大，曲线斜率越小，ω_1^* 代表变换器空载时的输出频率。图 7-24b 给出了无功功率与电压幅值的对应关系。

一个完整的网侧变换器控制系统如图 7-25 所示，最外环为功率控制环，变换器通过检测自身输出的电压和电流来计算所输出的有功和无功功率。然后根据下垂曲线，得到所需输出的电压频率和幅值，实现功率的比例分配。内环为电压型变换器的双闭环控制系统，根据功率环所给出的输出频率和电压幅值的参考，控制变换器的输出电压以跟踪给定电压。

此外，电力电子变换器和传统同步发电机的一个重要不同就是电力电子变换器有较快的动态响应。考虑到风力发电系统中电力电子变换器对电力系统稳定性的影响，期望电力电子变换器的动态特性和传统同步发电机的动态特性相同。可以在控

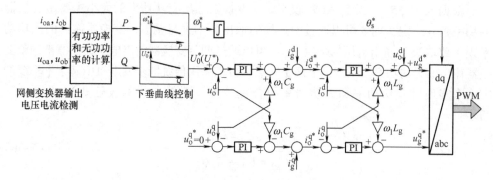

图 7-25 网侧变换器控制系统

制器中加入同步发电机模型，以使得电力电子变换器的动态减慢，从而和电网上其他发电机特性及运行模式相匹配。

参 考 文 献

[1] 李永东. 交流电机数字控制系统 [M]. 2 版. 北京：机械工业出版社，2004.

[2] 原熙博. 大容量永磁同步风力发电机系统及高压变换器控制研究 [D]. 北京：清华大学，2010.

[3] YUAN XIBO, WANG FRED, BOROJEVICH DUSHAN, et al. Dc-link Voltage Control of Full Power Converter for Wind Generator Operating in Weak Grid Systems [J]. IEEE Transactions on Power Electronics, 2009, 24 (9): 2178-2192.

[4] RAN L, BUMBY J R, TAVNER P J. Use of turbine inertia for power smoothing of wind turbines with a DFIG [C]. International Conference on Harmonics and Quality of Power, 2004: 106-111.

[5] CONROY J F, WATSON R. Low-voltage Ride-through of a Full Converter Wind Turbine with Permanent Magnet Generator [J]. IET Renewable Power Generation, 2007, 1 (3): 182-189.

[6] 赵宇. 直接驱动风力发电机系统设计与分析研究 [D]. 北京：清华大学，2006.

[7] 姚兴佳，邢作霞，刘颖明，等. 变速变距风力发电机组整体协调控制策略研究 [J]. 太阳能学报，2009, 30 (5): 639-644.

[8] 耿华，杨耕. 变速变桨距风电系统的功率水平控制 [J]. 中国电机工程学报，2008, 28 (25): 130-137.

[9] 林新春. UPS 无互联线并联控制技术研究 [D]. 武汉：华中科技大学，2003.

第8章 中高压永磁同步风电系统技术

随着风力发电机单机容量的逐渐增加，3~5MW 的风力机正在成为陆上风力机的主流机型，而海上风力机单机容量已超过 7MW，并预计在 2023 年达到 10MW⊖。在目前电力电子器件的电压和电流水平上，通常容量为 500kVA 及以上的低压变换器都是通过器件或模块的并联来满足电流方面的需求的。风力机产生的电能从塔顶传输到塔底，传输电缆的成本往往取决于电流的等级，如果采用 690V 的电压等级，那么 2MW 系统的电流在 1700A 左右，这样大的电流通常需要将多组传输电缆进行并联才能传输，并且还会导致线路损耗和压降。因此，采用高压变换器是大容量风力机的发展趋势。

本章首先讨论了一种较为理想的高压大容量风电系统变换器结构——二极管箝位型三电平变换器，并对其在应用中的一些关键问题展开研究，包括具有中点电压、开关损耗以及共模电压控制能力的调制方法和典型故障的分析及研究等内容；然后针对大容量风电机组的高压变换问题，特别是省去升压变换器的拓扑结构，讨论了一种基于多绕组永磁同步电机的单元化级联型变换器系统，对其数学模型以及控制方法等进行了详细论述。

8.1 基于三电平变换器的中高压风电系统

8.1.1 三电平风电系统结构与控制

采用二极管箝位型三电平变换器的风力发电机系统如图 8-1 所示，图中的永磁同步风力发电机额定电压为 3.5kV，可以是低速的直驱型发电机，也可以是带有齿轮箱的高速发电机。图 8-1 中的三电平变换器采用背靠背的拓扑结构，每个桥臂有 4 个开关管，电力电子器件采用 IGBT，当然也可以采用 IGCT 等电力电子器件。直流母线中点通过阻抗接地，机侧变换器有输出滤波器，电网侧通常采用变压器漏抗作为滤波电感。

在本章的讨论中，均认为电网为强电网（理想电压源），发电机和变换器作为电流源向电网馈送功率。在这种情况下，网侧变换器维持直流母线电压的恒定，向

⊖ 据本书成书时的最新报道，2019 年 8 月我国拥有完全自主知识产权的首台 10WM 海上永磁风力发电机在东方电气集团研发成功，并由中电电气提供全功率变换器，且完成带载实验。

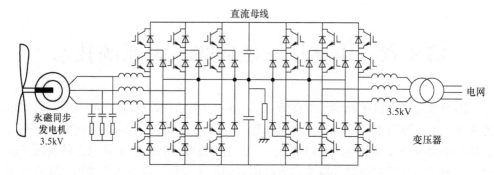

图 8-1　用于风力发电的高压三电平变换器系统

电网输送有功和无功功率，而机侧变换器通过控制发电机的转速实现最大功率点跟踪，转速控制方法与第 7 章中的控制方法相同。当然，如果电网为弱电网，仍然可以采用第 7 章中的方法对发电机及变换器系统进行控制。由于全功率变换器将电网和发电机隔离开来，所以全功率变换器的性能直接影响到发电机系统和电网的接口性能。

　　这里，多电平脉冲宽度调制（PWM）算法是图 8-1 中多电平变换器的重要研究内容。空间矢量脉冲宽度调制（SVPWM）需要从众多的开关状态中选择合适的电压矢量，并且需要确定相关矢量的作用时间和选择冗余矢量，运算较为复杂。载波脉冲宽度调制（CPWM）通过调制波和载波的比较得到开关信号，较为简便，其关键问题在于如何找到合适的调制波，本节将对此进行详细的研究。同时，SVP-WM 和 CPWM 具有等价性，联系两者的桥梁是零序分量。对多电平 PWM 算法的基本要求有两个：第一是满足负载控制目标的要求，通过产生所需要的输出电压实现对负载（电网）电流的控制；第二是变换器本身性能的需要，比如中点电压平衡、共模电压抑制、提高电压利用率等，这些主要通过零序分量的调整来实现。

8.1.2　三电平变换器控制目标的优化

8.1.2.1　CPWM 和零序分量

1. 零序分量注入的基本概念

　　CPWM 的基本调制方法为：调制波和载波相比较，然后得到变换器相应开关的触发信号，从而完成对变换器的调制。CPWM 的调制波 $u_j(t)(j = a, b, c)$ 的通用表达式如式（8-1）所示。

$$u_j(t) = u_j^*(t) + c_j(t) \tag{8-1}$$

其中，u_j^* 为基频分量，c_j 为零序分量。u_j^* 是三相对称的正弦信号，可以是开环控制中的电压参考值或者闭环系统中电流环的输出。c_j 是同时注入到三相调制信号中相同的量，因此不会存在于线电压中，并不影响所期望输出的线电压，但其可以作为控制变量以实现变换器本身的一些控制目标。本节研究对象为三电平变换器，但考虑到算法的通用性，以及更多电平数的变换器在风力发电中的应用，文中也将给出多电平变换器中的分析方法。

对于 N 电平二极管箝位型变换器，如果选取负直流母线作为零电压参考，选取 $1/(N-1)$ 的直流母线电压作为基值，那么相电压的输出可以标幺化在 $0 \sim (N-1)$ 之间，如式（8-2）所示。

$$0 \leqslant u_j(t) = u_j^*(t) + c_j(t) \leqslant N-1 \tag{8-2}$$

因此，可以叠加到每相上的零序分量的范围为

$$-u_{\min}^*(t) \leqslant c_j(t) \leqslant N-1-u_{\max}^*(t) \tag{8-3}$$

其中，$u_{\min}^*(t) = \min[u_a^*(t), u_b^*(t), u_c^*(t)]$，$u_{\max}^*(t) = \max[u_a^*(t), u_b^*(t), u_c^*(t)]$，分别为基频分量的最小值和最大值。式（8-3）表明所叠加的零序分量不能使得最终的合成电压 $u_j(t)$ 超出式（8-2）的范围。零序分量需要在式（8-3）所允许的范围内合理地选择，然后叠加到调制信号上从而实现不同的控制目标。零序分量注入的示意图如图8-2所示，基频分量和零序分量合成后得到调制波，然后对相应的变换器开关进行调制。

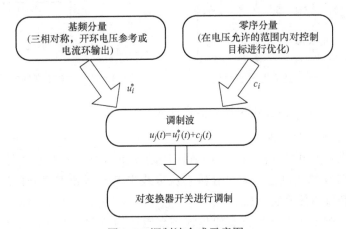

图 8-2　调制波合成示意图

为了使得下面的分析更加清晰，这里以三电平变换器为例，更多电平数的变换器可以按照相似的步骤进行分析。对于三电平变换器来说，$N=3$，结合式（8-2）和式（8-3），可以得到式（8-4）和式（8-5）。

$$0 \leqslant u_j = u_j^*(t) + c_j(t) \leqslant 2 \tag{8-4}$$

$$-u_{\min}^*(t) \leqslant c_j(t) \leqslant 2-u_{\max}^*(t) \tag{8-5}$$

2. 对变换器开关的调制

由于采用了 CPWM 对变换器开关进行调制，使得图8-2中的最后一步非常容易。以 $1/(N-1)$ 的直流母线电压作为基值对电压参考值 $u_j(t)$ 进行标幺化的好处在于，它大大简化了对变换器的调制过程。在三电平变换器中，如果选择直流母线电压的一

半作为基值，那么输出的相电压相对于负母线的参考值可以标幺化在 0 ~ 2 之间。

电压参考值的整数部分代表了输出电压的电压层级，小数部分代表了占空比，从而简化了占空比的计算过程。以图 8-3 中的三电平结构为例，考虑对 A 相开关的调制，开关 S_{a1} 和 S_{a3}，S_{a2} 和 S_{a4} 的动作是互补的，即 S_{a1} 开通，则 S_{a3} 关断，反之亦然。如果 A 相电压的参考值在 0 ~ 1 之间，那么电压层级 $l_a = 0$（即整数部分为 0），意味着开关 S_{a1} 始终关断，S_{a3} 始终开通，而 S_{a2} 和 S_{a4} 按照占空比的大小（小数部分）开通和关断。类似地，电压层级 $l_a = 1$ 对应于 S_{a2} 始终开通，S_{a4} 始终关断，此时 S_{a1} 和 S_{a3} 按照占空比的大小进行调制。如果 A 相电压的标幺值为 0.8，那么 $l_a = 0$，开关 S_{a1} 始终关断，S_{a3} 始终导通，S_{a2} 在 $T_1 = 0.1$ 时开通，在 $T_4 = 0.9$ 时关断，如图 8-4 所示，S_{a4} 和 S_{a2} 互补。B 相和 C 相的调制过程同 A 相。

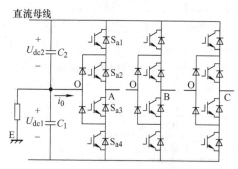

图 8-3   三电平变换器的基本结构

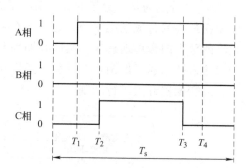

图 8-4   一个 PWM 周期内的各相电压

8.1.2.2   控制目标优化与零序分量注入

1. 直流母线中点电压的控制

直流母线中点电压的控制是二极管箝位型变换器中一个十分重要的研究内容，本节将在 CPWM 的基础上，通过分析直流母线中点电压和零序分量的关系，推导出相应的控制目标和控制方法。

为了减小图 8-3 中变换器直流母线中点电压的波动，控制目标可以选取为如式(8-6)所示的形式：

$$\min U = \left| U_{dc1} - \frac{U_{dc1} + U_{dc2}}{2} \right| \tag{8-6}$$

其中，U 是控制目标，U_{dc1} 和 U_{dc2} 是图 8-3 中直流母线上、下电容的电压，式(8-6) 表明希望下电容的电压尽可能接近直流母线电压的一半，使得上、下电容的电压相等，这样才能保证中点电压平衡。在每个开关周期内，中点电压的变化 ΔU_{dc1} 可以表示为

$$\Delta U_{dc1} = \frac{i_0 T_s}{C} \tag{8-7}$$

其中，i_0 为图 8-3 中直流母线中点电流，T_s 是开关周期，C 是半边直流母线电容值。变换器每个桥臂有三种状态：接到正直流母线、负直流母线和直流母线中点。

只有当接到直流母线中点时，输出电流才会影响中点电压的平衡，因为此时电流从中点流出或流入，其余两种状态电流都从正母线或负母线流出或流入。当任意一相接到直流母线中点时，中点电流根据负载电流的方向流入或流出，从而影响直流母线中点电压。假设中点电流 i_0 在一个开关周期内是恒定不变的，那么，在一个开关周期内的平均中点电流是每相的相电流 $i_j(j=a, b, c)$ 和每相中点电平作用时间的乘积。实际的相电流可以通过电流传感器进行测量，中点电平的作用时间可以从上面给出的调制算法中容易的判定。如果参考电压 $u_j(j=a, b, c)$ 的整数部分是 0，电压层级 $l_j=0$，那么中点电平的作用时间为 u_j 的小数部分，即 S_{a2} 和 S_{a3} 导通。另一方面，如果电压层级 $l_j=1$，那么中点电平的作用时间为 1 减去 u_j 的小数部分。这样，一个开关周期内的中点平均电流可以表示为

$$\bar{i}_0 = \sum_{j=a,b,c} i_j \times \{[1 - \mathrm{Int}(u_j)] \times \mathrm{Frac}(u_j) + \mathrm{Int}(u_j) \times [1 - \mathrm{Frac}(u_j)]\} \quad (8\text{-}8)$$

其中，$\mathrm{Int}(u_j)$ 代表了在标幺值系统中 u_j 的整数部分，$\mathrm{Frac}(u_j)$ 代表了 u_j 的小数部分。

控制的目标是让电容 C_1 的电压在下个周期内尽可能地接近直流母线电压的一半，如式 (8-6) 所示。电容 C_1 在下个周期内的电压波动可以通过式 (8-7) 进行预测，它表明中点电流将决定电容电压的波动。从式 (8-8) 可以明显地看出，平均中点电流受到电压参考 u_j 的影响，而根据式 (8-2)，u_j 是可以通过调整零序分量进行改变的。因此控制目标可以重新写为式 (8-9)，其中 n 为离散化的时间，控制变量是零序分量，而零序分量的调整需要在所允许的范围之内。

$$\min U = \left| U_{\mathrm{dc1}}(n-1) - \frac{U_{\mathrm{dc1}}(n-1) + U_{\mathrm{dc2}}(n-1)}{2} + \Delta U_{\mathrm{dc1}}(n) \right| \quad (8\text{-}9)$$

$$约束条件：\quad -u_{\min}^*(t) \leq c_j(t) \leq 2 - u_{\max}^*(t)$$

通过上面的分析，直流母线中点电压的控制方法可以描述如下：①在每个控制周期内，对三相的相电流和直流母线的上、下电容电压进行测量。参考电压的基波分量 u_j^* 由电流内环给出；②根据式 (8-5) 将可以叠加的零序分量的范围计算出来；③在这个范围内，寻找最优的零序分量使得式 (8-9) 中的控制目标最小。

实现步骤③的一个简单方法，是在零序分量允许的范围内，均匀地选取几个零序分量的值。对于每个零序分量的值 c_j，将其叠加到基波分量 u_j^* 上，可以得到电压参考值 u_j，根据式 (8-7) 和式 (8-8)，下个开关周期直流母线中点电压的变化可以预测出来，式 (8-9) 的最小值以及相对应的零序分量也可以得到。使得式 (8-9) 中目标函数值最小的零序分量被最终选取作为合成参考电压的零序分量。对于 N 电平变换器，式 (8-6) 中的控制目标变为每个电容的电压都和 $1/(N-1)$ 的直流母线电压尽量接近。于是，可以选取这 $N-1$ 个电容电压和 $1/(N-1)$ 直流母线电压的差值的和作为目标函数，控制目标通过选取零序分量使得这个函数最小。

以上的搜索算法，只可以找到所选取测试的零序分量中的最优值。中点电压的控制性能受到测试点数量的影响，而究竟选择多少个点则取决于控制芯片（如

DSP）的运算速度以及控制周期。这种控制方法可以看作是一种预测控制。

2. 五段式算法的实现

在一个 PWM 开关周期内，或者三相桥臂开关都动作或者只有其中两相桥臂开关动作。三相桥臂开关都动作的模式通常被称为七段式，而两相桥臂开关动作的模式被称为五段式。七段式 PWM 具有更好的谐波性能，而五段式 PWM 由于减少了一相开关的动作，可以降低开关损耗。

在 SVPWM 中，当合成参考矢量时，通常选择参考矢量所在矢量三角形顶点上的三个矢量进行合成。以三电平变换器空间矢量图中的一个矢量三角形为例，如图 8-5 所示，顶点上的三个矢量可能的作用顺序为 100-110-210、110-210-211、210-211-221。其中，0、1 和 2 代表相应相的输出被箝位到负母线、直流母线中点和正母线。

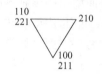

图 8-5　三电平空间矢量调制（SVPWM）中的一个三角形

通过选择合适的零序分量，CPWM 同样可以实现五段式的 PWM 算法。在这种情况下，零序分量每次都叠加到具有最大占空比的相上，从而覆盖所有可能的电压矢量作用序列。所注入零序分量的大小可以选取为 1 减去具有最大占空比的相的值，从而使得具有最大占空比的那一相不动作，这就实现了五段式算法。

具有最大占空比的相可以通过比较每一相参考电压 u_i 的小数部分得到。图 8-6a ~ c 给出了在一个开关周期内，图 8-5 可能的开关状态序列。其中图 8-6a 对应着 100-110-210，图 8-6b 对应着 110-210-211，图 8-6c 对应着 210-211-221。图 8-6d 给出了通过添加合适的零序分量得到不同序列的示意图。在图 8-6a 中，B 相有最大的占空比，如果同时添加图 8-6d 中阴影部分所对应的零序分量到三相电压中，那么开关状态序列就从图 8-6a100-110-210 变成了图 8-6b110-210-211，这就等价地实现了 SVPWM 中矢量序列的选择（不同冗余矢量的选择），所以说冗余矢量的选择过程就是叠加不同大小的零序分量的过程。下一步，为了平衡直流母线中点电压，需要搜索到可以使中点电压平衡的最优序列。所有可能的电压序列都可以通过添加或者减少合适的零序分量而被测试到，从中选取使式(8-9) 最小的电压矢量作用序列。这就是在满足五段式的情况下，使得中点电压平衡的最优矢量作用序列。此序列所对应的零序分量的值被添加到基频分量上形成最终的调制信号。需要注意的是，所添加的零序分量仍然需要满足式(8-5) 的范围。通过零序分量注入的五段式方法同样可以应用于 $N(N>3)$ 电平的变换器，当然，对于 N 电平变换器将会有更多可行的开关序列。

对于图 8-1 中网侧变换器结构，采用图 7-4 中所示直流母线电压外环–网侧电流内环的双闭环控制策略，以及基于零序分量注入的中点电压平衡控制和五段式算法，得到的实验结果如图 8-7 所示。其中，e_{ga} 为网侧 A 相相电压，i_{ga} 为网侧 A 相相电流。

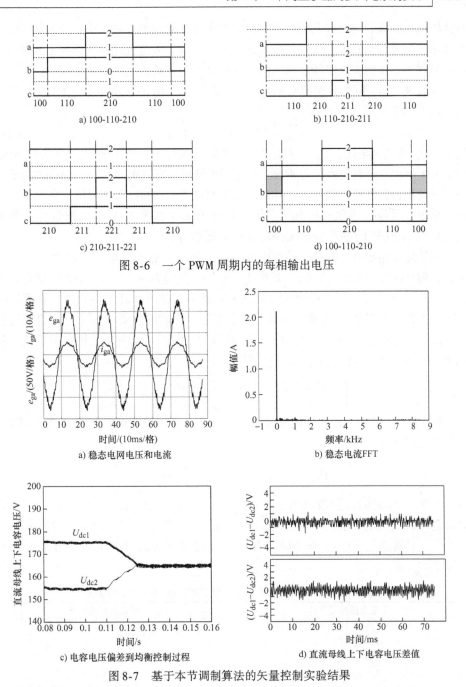

图 8-6　一个 PWM 周期内的每相输出电压

图 8-7　基于本节调制算法的矢量控制实验结果

3. 共模电压抑制

采用 PWM 的电力电子变换器的一个重要研究内容是共模电压的抑制和消除，随着开关频率的提高和电压等级的增高，共模电压所带来的问题越来越突出。在风力发电系统中，共模电压可以导致发电机轴承的损坏、绝缘击穿以及 EMI 干扰等问题。

对共模电压的抑制有硬件和软件方法，本书主要从软件的方法入手，研究如何通过叠加零序分量来抑制共模电压。相较于传统方法，本节通过合理的选择零序分量将共模电压抑制在 1/6 的直流母线电压之内，同时又不衰减最大的输出电压幅值。

共模电压的定义：直流母线中点 O 和发电机或变压器中点之间的电压，如式 (8-10) 所示。

$$U_{cm} = (U_{AO} + U_{BO} + U_{CO})/3 \qquad (8\text{-}10)$$

其中，U_{cm} 是共模电压；U_{AO}、U_{BO} 和 U_{CO} 是每相相对于直流母线中点 O 的输出电压，如图 8-3 所示。前面提到，每相有三种不同的开关状态 (0, 1, 2)，分别对应着每相的输出电压箝位到正母线 ($+U_{dc}/2$)、直流母线中点 (O) 和负母线 ($-U_{dc}/2$)，下面将推导出共模电压和三相电压层级之和的关系 (参考电压 u_i 的整数部分为电压层级)，找到合适的零序分量实现对共模电压的抑制。

由于每相输出电压的标幺值范围为 0~2，所以三相输出电压的层级之和在 0~4 之间，即 $0 \leqslant (l_a + l_b + l_c) \leqslant 4$，其中 l_a、l_b、l_c 分别为 A 相、B 相和 C 相的电压层级。这里以五段式为例进行分析，如图 8-4 所示，在一个开关周期内，有两相将会改变输出的电平状态。共模电压与三相电压层级之和的关系 (图 8-4 中每相的起始电平即为每相的电压层级) 可以通过计算得到。在图 8-4 中，三相电压层级之和为 $0+0+0=0$。在 $0~T_1$ 之间，共模电压为

$$\left[\left(-\frac{U_{dc}}{2}\right) + \left(-\frac{U_{dc}}{2}\right) + \left(-\frac{U_{dc}}{2}\right)\right]/3 = -\frac{U_{dc}}{2}$$

在 $T_1~T_2$ 之间，A 相的电平从 0 跳变到 1 (负母线跳变到直流母线中点)，那么共模电压变为

$$\left[0 + \left(-\frac{U_{dc}}{2}\right) + \left(-\frac{U_{dc}}{2}\right)\right]/3 = -\frac{U_{dc}}{3}$$

在 $T_2~T_3$ 之间，共模电压变为 $-U_{dc}/6$。对于不同的电压层级之和，在一个开关周期内的共模电压值都可以按照如上的方法计算得到，将其总结于表 8-1 中，可以看出，只有当 $l_a + l_b + l_c = 2$ 时，在一个开关周期内共模电压的幅值才会都小于或等于 $U_{dc}/6$。

表 8-1   三相电压层级之和与相应的共模电压之间的关系

三相电压层级之和	可能的共模电压
$l_a + l_b + l_c = 4$	$+U_{dc}/2$，$+U_{dc}/3$，$+U_{dc}/6$
$l_a + l_b + l_c = 3$	$+U_{dc}/3$，$+U_{dc}/6$，0
$l_a + l_b + l_c = 2$	$+U_{dc}/6$，0，$-U_{dc}/6$
$l_a + l_b + l_c = 1$	0，$-U_{dc}/6$，$-U_{dc}/3$
$l_a + l_b + l_c = 0$	$-U_{dc}/6$，$-U_{dc}/3$，$-U_{dc}/2$

在所提出的基于零序分量注入的 CPWM 算法中，选择零序分量时可以加入 $l_a + l_b + l_c = 2$ 的约束，只有满足这个条件的零序分量才可以被加到基频分量上，形成最终的参考电压，这样保证了共模电压的幅值不超出 $U_{dc}/6$。通过这样一个过程，等

效的 SVPWM 中所期望的产生共模电压小于 $U_{dc}/6$ 的 19 个矢量从所有的 27 个矢量中被选择出来,如图 8-8 所示,阴影部分的共模电压对应的矢量没有被利用。需要指出的是,这里的控制目标是抑制共模电压,并不能保证中点电压的平衡。对于背靠背的变换器,当共模电压抑制算法应用在机侧变换器时,可以让网侧变换器采用中点平衡算法实现对中点电压的控制。图 8-9 所示为共模电压实验结果。

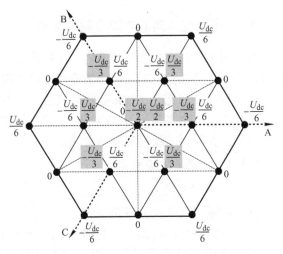

图 8-8　SVPWM 空间矢量分布及共模电压分布

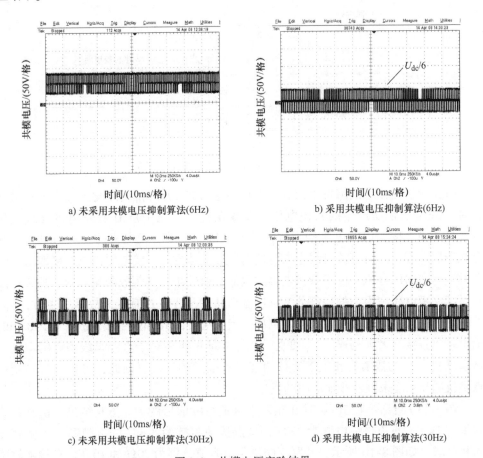

a) 未采用共模电压抑制算法(6Hz)

b) 采用共模电压抑制算法(6Hz)

c) 未采用共模电压抑制算法(30Hz)

d) 采用共模电压抑制算法(30Hz)

图 8-9　共模电压实验结果

8.1.3 三电平变换器的故障检测与保护

由于风力机系统所处环境恶劣，维护成本较高，所以希望其具有较为完善的故障检测和保护功能。这对于风力发电用二极管箝位型三电平变换器尤为重要，因为与两电平变换器相比，这种拓扑比较复杂，且电力电子器件的数量较多，增加了故障点。以下针对中点箝位型三电平变换器的单相接地故障和桥臂内侧器件短路故障展开研究，并给出了检测和保护方法。

8.1.3.1 接地故障检测

1. 接地故障描述及检测方法

在大容量三电平风力发电系统中，网侧变换器通常通过升压变压器和电网相连，发电机的中点不接地。系统唯一的接地点是直流母线中点 O 通过阻抗接地，如图 8-10 所示。本部分讨论图 8-10 中单相接地故障的检测方法。

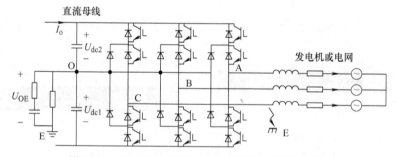

图 8-10 三电平变换器系统结构及接地故障示意图

首先分析在接地故障发生前后，中点接地阻抗电压 U_{OE} 的变化。在系统正常运行时，PWM 算法所产生的共模电压将降落在直流母线中点 O 和发电机（或变压器）的中点之间。以发电机侧为例，发电机机壳接地，发电机的中点与机壳之间存在杂散电容，此时直流母线中点对地电压 U_{OE} 是系统共模电压在中点接地阻抗和杂散电容之间的分压。由于杂散电容的数值一般较小，其等效阻抗较大，所以 U_{OE} 是系统共模电压中很小的一部分，可以近似认为是零。当有接地故障发生时，U_{OE} 的数值因接地回路的改变而改变。例如，当发电机侧 B 相发生接地故障时，B 相的输出端将直接与大地相连，U_{OE} 变为 $-U_{BO}$（即 B 相相对于直流母线中点的输出电压取反），U_{OE} 的数值将和正常运行的情况有很大的不同。因此，可以通过检测中点阻抗电压 U_{OE} 来判断接地故障的发生。

图 8-11a 给出了在 70ms 时 B 相发生接地故障前后的 U_{OE} 仿真结果。仿真系统容量为 1kW，直流母线电压为 320V，中点接地阻抗为 30kΩ 的电阻和一个阻容支路相并联，如图 8-10 所示，并联支路电阻电容值分别为 20Ω 和 10nF。在接地故障发生前，接地阻抗上只有一小部分的共模电压。当故障发生后，接地阻抗上出现幅

值为 160V 的 B 相 PWM 波形。为了便于故障的检测，图 8-11b 给出了对 U_{OE} 取反并通过低通滤波器后的波形 $-U_{OE\_f}$。图 8-11c 给出了 B 相的调制波形（相对于直流母线中点），可以看出，当接地故障发生后，B 相的调制波形与 $-U_{OE\_f}$ 是一致的。

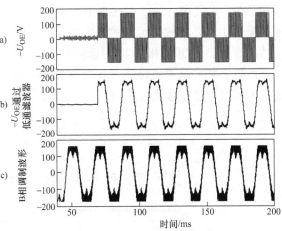

图 8-11　B 相接地故障时的仿真波形

本节所述的接地故障检测步骤如图 8-12 所示，描述如下：①将接地阻抗上的电压 U_{OE} 进行低通滤波，得到 U_{OE_f}，对其取绝对值，再与预先设定的阈值 Δ_f（阈值的大小取决于杂散阻抗和接地阻抗的值，通常可以选取 20% 的直流母线电压）进行比较，判断是否发生了接地故障。②如果发生了接地故障，再将 U_{OE_f} 和各相的调制波形进行比较。假设每相的调制波形相对于直流母线中点的值为 U_{jo}^*（$j=$ A，B，C），$-U_{OE\_f}$ 和 U_{jo}^* 之间的误差为 $E_j = U_{jo}^* - (-U_{OE\_f})$，如果 E_j 的绝对值小于设定的阈值 Δ，那么相应的相发生了接地故障。在工程实践中，通常进行多次采样，如果检测到故障的次数超过一定的数量，则确认故障的发生。图 8-12 中 N、N_1、N_2、N_3 和 Δ 的值可以根据灵敏度和噪声干扰的情况进行调整。

图 8-13a 给出了接地故障检测的仿真结果，可见，在 70ms 时发生的接地故障可以成功地被检测出来（0 代表没有故障发生，1 代表有故障发生），其中，$N=30$，$N_1=25$。图 8-13b 表明 B 相发生了

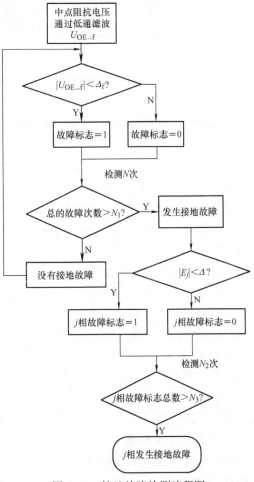

图 8-12　接地故障检测流程图

接地故障（1 代表 A 相，2 代表 B 相，3 代表 C 相）。图 8-13c、d、e 给出了在 20 次的采样中，各相故障标志的计数情况，阈值 $N_3 = 15$。只有 B 相始终有大于 15 次的故障标志，表明 B 相发生了接地故障。

此外，如果是直流母线（正母线或负母线）发生了接地故障，直流母线中点电压 U_{OE} 变为直流母线电压的一半。通过检测 U_{OE} 的值，直流母线接地故障也可以被检测出来。

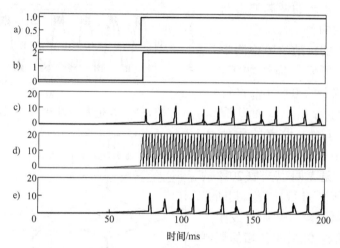

a) 接地故障标志 b) 接地故障相判断 c) A 相故障标志数量 d) B 相故障标志数量 e) C 相故障标志数量

图 8-13　接地故障判断的仿真结果

这里需要注意的是，在图 8-13 中，虽然只有 B 相发生了接地故障，但是 A 相和 C 相也检测到了部分故障信号，如图 8-13c、e 所示。这主要是因为在三相系统中，两相的调制波形在某个时刻可能有相等的情况，如图 8-14 中的圆圈部分所示；所以，即使是 B 相发生了故障，在某些时刻点，A 相和 C 相也可能检测到故障（圆圈中的部分）。这个问题可以通过多次采样来解决，如果 B 相一直检测到故障，说明 B 相确实有故障发生。非故障相检测到故障的次数主要和设定的误差容限 Δ 有关，Δ 越小，非故障相检测到故障的次数越少。Δ 值的设定还应当考虑现场中噪声干扰情况。

2. 中点接地阻抗设计

中点箝位型三电平变换器的接地回路如图 8-15 所示。

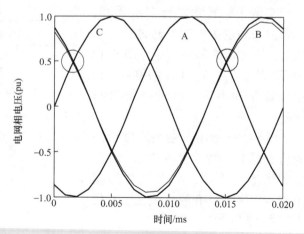

图 8-14　故障判断示意图

其中 R_{1N}、R_{2N} 和 C_{2N} 构成系统接地阻抗，C_M 代表了发电机中点和大地之间的杂散电容。接地阻抗的设计应当遵循以下几条原则：

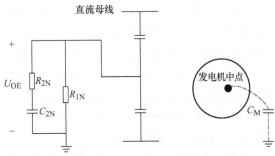

图 8-15　中点箝位型变换器发电机侧接地阻抗回路

1）接地阻抗要足够的大，以限制单相接地故障时的故障电流。

2）接地阻抗应小于变换器其他部分和大地之间的杂散阻抗，以起到接地的目的。

3）当没有接地故障时，接地阻抗上分担的共模电压应尽量的小，以便检测接地故障的发生。

在设计中，电阻 R_{1N} 用作直流和低频的阻抗，C_{2N} 用作高频的阻抗，R_{2N} 用来限制电容电流。

当有接地故障发生时，通过接地阻抗流入变换器直流母线中点 O 的电流可以用式（8-11）表示：

$$I_{mid} = \frac{U_{OE}}{Z} \tag{8-11}$$

其中，I_{mid} 为直流母线中点电流；Z 为接地阻抗。当发生单相接地故障时，U_{OE} 为故障相相对于直流母线中点的电压；当发生直流母线接地故障时，U_{OE} 为直流母线电压的一半。如果假设电容 C_{2N} 可以滤掉中点阻抗电压中的高频分量，那么故障时低频电流值就由电阻 R_{1N} 来决定，如式（8-12）所示：

$$I_{mid} = \frac{U_{OE}}{R_{1N}} \tag{8-12}$$

对于单相接地故障和直流母线接地故障，U_{OE} 的最大值为直流母线电压值的一半。根据变换器的容量，所允许的最大中点电流 I_{mid} 可以确定下来。因此，R_{1N} 的最小值可以由式（8-13）给出：

$$R_{1N} = \frac{1}{2} \frac{U_{dc}}{I_{mid}} \tag{8-13}$$

在正常运行情况下，中点接地阻抗上的电压 U_{OE} 将是共模电压在杂散电容 C_M 和接地阻抗之间的分压。对于中点箝位型变换器，共模电压取决于 PWM 算法，可能的取值为 $\pm U_{dc}/2$、$\pm U_{dc}/3$、$\pm U_{dc}/6$，0。对于开关频率以上的共模电压，其分布取决于 C_{2N} 和 C_M 的大小，C_{2N} 应取得足够的大（远大于 C_M）以便检测算法正常工作。

以上的分析主要以发电机侧为例，当采用背靠背的变换器结构时，应当同时考虑电网侧的情况，特别是升压变压器和大地之间的杂散阻抗。以上分析发电机侧接地故障的方法同样可以应用于电网侧故障的情况。

8.1.3.2 器件短路故障及电容过电压保护

电力电子器件的短路和开路故障是变换器中常见的故障形式。对于中点箝位型三电平变换器而言，桥臂内侧器件（IGBT 或 IGCT）或箝位二极管的短路故障将导致直流母线电容电压翻倍，可能损坏直流母线电容和电力电子器件。例如图 8-16 中，网侧变换器 A 相上桥臂内侧器件短路，那么 A 相的电源将直接通过箝位二极管和直流母线中点相连。这里认为，当有器件短路故障发生时，将触发系统的保护，所有正常的电力电子器件都将关断，负载也将被切除。故障发生后，电流流通的路径如图 8-16 中粗线所示，线电压 U_{ba} 将会直接加到二极管 VD_{b1}-VD_{b2}-VD_{a5} 上，而 U_{ca} 将直接加到 VD_{c1}-VD_{c2}-VD_{a5} 上。经过整流，线电压 U_{ba} 和 U_{ca} 的峰值将会出现在直流母线电容 C_1 上。正常运行时，线电压（例如 U_{ba} 或 U_{ca}）的幅值将会由电容 C_1 和 C_2 共同分担。当有故障发生时，电容 C_1 的电压幅值将会变为正常情况时的两倍。当箝位二极管发生短路时，也会发生类似的情况。

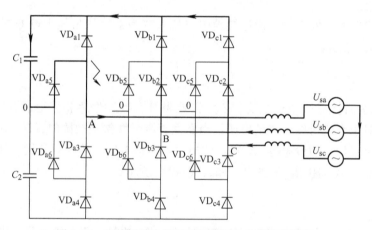

图 8-16 A 相桥臂内侧器件短路后的电流流通路径

一般来说，直流母线电容电压的翻倍现象既可以发生在图 8-1 中的电网侧也可以发生在发电机侧。在大容量的风力发电机系统中，电网侧通常配有接触器，当器件短路故障发生时，断开接触器通常需要几个电网（工频）周期的时间（几十毫秒的数量级），在这期间，电网电压仍然存在，会导致电容电压翻倍。对于发电机侧，由于永磁同步发电机的旋转，机端电压将会维持，也会导致电容电压翻倍，这里主要以电网侧为例进行讨论。

图 8-17 中的电容过电压现象极易损坏电容和电力电子器件，必须采取相应的保护措施。主要有以下两种方法：①电容电压箝位方法；②切断充电回路的方法。切断充电回路的方法是在充电回路中（直流母线中点和箝位二极管之间）串联一个额外的可控开关。当系统正常运行时，开关闭合，当有故障发生时，开关断开，切断电容的充电回路，如图 8-18 中的开关 S_1 所示。但是这个可控开关增加了系统

正常运行时的损耗。本节主要讨论通过控制并联在直流母线电容上的电阻进行电压箝位的方法。图 8-19a 给出了这种方法的电路图。

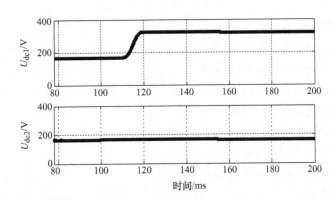

图 8-17　A 相上桥臂内侧器件短路前后的直流母线电容电压

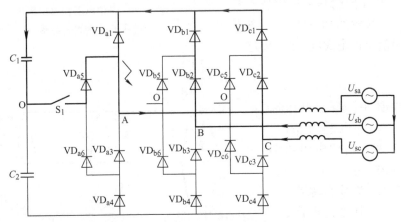

图 8-18　采用串联开关切断故障回路的方法

　　在系统正常运行时，开关 S_1 和 S_2 是断开的，保护电路不起作用。当检测到直流母线电容有过电压时，开关闭合，相应的电阻被并联到电容两端，从而对电容放电，对电压进行箝位。电阻上释放的能量取决于系统的参数，如输入电压、输入电感和箝位电压等。

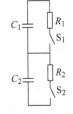

a) 电容电压箝位电路图

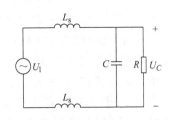

b) 简化的电容充放电等效电路图

图 8-19　电容电压箝位方法原理图

图 8-19b 给出了等效的电容充放电回路原理图，电容电压 U_C 和输入线电压 U_1 之间的关系可以用式(8-14) 表示。

$$\frac{U_C}{U_{\text{ll\_p}}} \approx \frac{1}{1 - 2\omega_1^2 L_s C + j\dfrac{2\omega_1 L_s}{R}} \tag{8-14}$$

其中，L_s 为进线电感，R 为并联在电容两端的箝位电阻。假设电容电压被箝位在 250V，那么电容上需要释放的功率和输入电感值的关系如图 8-20 中虚线所示，图 8-20 同时给出了箝位在 220V 的情况作为对比。从图中可以看出，较高的箝位电压和较大的输入电感可以减少箝位电阻所需释放的功率。

最高的箝位电压取决于电容和电力电子器件的耐压。根据箝位电压 U_{clamp} 和释放的功率 P_{clamp}，箝位电阻的阻值可以由式（8-15）决定。

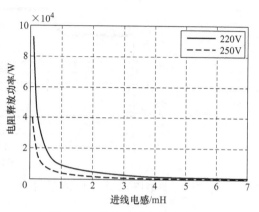

图 8-20　箝位电阻释放功率和
进线电感之间的关系

$$R = \frac{U_{\text{clamp}}^2}{P_{\text{clamp}}} \tag{8-15}$$

在仿真中，箝位电压选为 250V，输入电感为 5mH，根据图 8-20，箝位电阻功率大约在 800W 左右，所需的电阻值为 78Ω。在实际系统中，根据图 8-16 中的充电回路，过电压现象每个周波只有一半的时间产生，从而形成电容电压的脉动。图 8-21 给出了采用电阻箝位方法的仿真结果，故障发生后，电容 C_1 的电压被箝位在 250V 左右。

为了进一步提高系统的性能，可以采用压敏电阻，

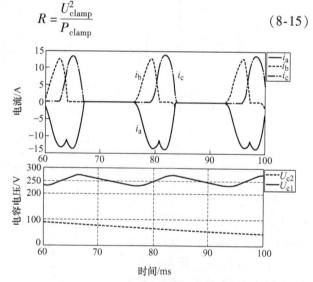

图 8-21　采用电阻对电容电压箝位后，
输入电流和电容电压波形

其电阻值可以随电压的变化而变化，电压值越高，电阻值越小，正好符合电容电压箝位所需释放功率的关系。图 8-22 给出了采用 NTE 公司压敏电阻 1V115 的仿真结果。可以看出，最高的直流母线电压和最大的输入电流与图 8-21 相比都有所减小。当选用箝位电阻或压敏电阻时，还需要考虑电网侧接触器的动作时间，因为这决定

了故障状态时间的长短，从而决定了箝位电阻所需要消耗的能量。

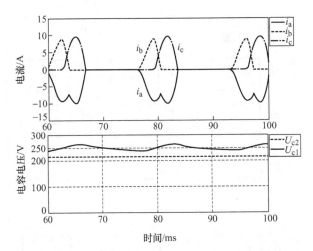

图 8-22　采用压敏电阻对电容电压箝位后，输入电流和电容电压波形

8.2　无变压器中高压永磁同步风力发电系统

上节讨论了基于中点钳位型中高压变换器拓扑结构，但是考虑到目前器件的耐压水平，其拓扑不适合于 6kV 及以上电压等级的功率输出。针对大容量风电机组的高压变换问题，特别是可以省去升压变压器的拓扑，本节将讨论一种基于多绕组永磁同步发电机的单元化级联型变换器系统。

8.2.1　无变压器中高压永磁同步风电系统结构

8.2.1.1　系统拓扑的选择

本节所讨论的变换器拓扑如图 8-23 所示，发电机各个相互绝缘的独立绕组为级联型变换器的各单元模块提供隔离的电源，每个单元模块具有整流、升压和逆变功能。多组低压单元模块串联组成高压变换器的一相，三个单相高压变换器星形连接构成三相变换器。从图 8-23 可以看出，本文所研究的拓扑，与用于电机驱动领域中的 H 桥级联型结构十分相似，只不过在电机驱动领域中需要一个多二次侧绕组的变压器（曲折变压器）来提供多组隔离的电源，供给每个单元模块，而本节中相当于用多绕组永磁发电机代替了移相变压器，来提供多组电源。同时，由于发电机及变换器和高压电网直接相连，需要和电网之间进行功率交换，也加强了对发电机绝缘的要求，发电机绕组之间及对地绝缘应当和电网的电压等级相匹配。此外，对于海上风电机组而言，系统容量一般较大，并且维护成本较高，希望变换器能够实现故障的冗余运行，因此采用图 8-23 中的多绕组发电机以及模块化的变换器结构非常适合。

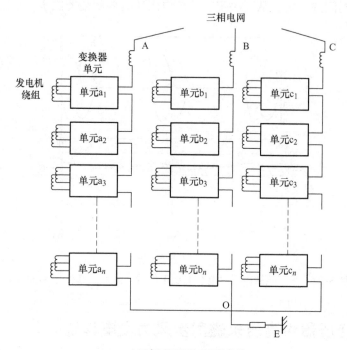

a) 无变压器级联型系统结构

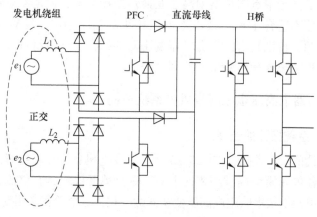

b) 单元模块内部结构

图 8-23　无变压器级联型变换器的拓扑结构

　　图 8-23b 给出了每个单元模块的拓扑结构，由发电机侧变换器，直流母线以及电网侧 H 桥变换器组成。发电机侧变换器（整流侧）负责对绕组电流进行功率因数校正（Power Factor Correction，PFC），实现单位功率因数运行，并具有一定的升压功能，从而扩展发电机的转速运行范围。电网侧变换器（逆变侧）采用矢量控制，调节注入电网的有功和无功功率，并采用载波移相 PWM 技术，对变换器开关

进行调制。下面将对这种拓扑结构及控制方法进行详细的研究。

8.2.1.2　整流单元拓扑的确定

变速运行的风力发电机组一般有三个运行区域：在发电机转速和功率均未达到额定值时，随着风速的变化，机组保持恒叶尖速比，运行在最大功率点跟踪状态；在发电机转速达到额定转速值，而功率尚未达到额定功率值时，机组保持恒转速（额定转速）运行，随着风速的增大，发电机功率继续增长；在发电机转速和功率均达到额定值后，机组保持恒转速、恒功率状态。

本节讨论的新型风力发电系统各交直交功率变换单元由永磁同步发电机的多组隔离绕组供电。当机组运行在 MPPT 状态时，发电机转速会跟随风速成正比变化，导致永磁发电机各绕组反电势的大小也跟随风速成正比变化，进而机端电压也处于不断变化中。同时，直驱型风力发电系统中发电机转速一般较低，导致机端电压也很低，仅靠二极管不控整流电路无法获得足够高的直流母线电压。所以需要采用合适的拓扑和控制策略来稳定直流母线电压，达到升压的目的。此外，整流电路还应当具备改善电流波形、提高功率因数、降低发电机损耗的功能。为了减少所需发电机独立绕组的数量，可以考虑单相整流电路的拓扑结构。

单相整流电路的拓扑主要有全桥、半桥、单管 PFC 及无桥式 PFC 电路等，这些电路拓扑有着各自的特点。考虑到风力发电的应用特点：功率单方向流动（从发电机侧传递到电网侧），且发电机单位功率因数运行以减小损耗；同时，为了减少可控开关管的数量，本书最终选择单管 PFC 结构。

单管 PFC 结构在传统的开关电源电路中应用较多，通常采用"不可控整流 + boost 升压斩波"的形式，如图 8-24a 所示。在风力发电中，这种电路虽然可以达到升压和单位功率因数运行的目的，但是在直流侧需要一个直流储能电感，boost 斩波器工作时需要借助直流电感 L 存储和释放磁场能量。由于电感中流过单极性脉动电流，其偏磁十分严重，极易饱和，所以不得不采用大气隙甚至空心电感，使得电感体积大，成本高。特别是对于功率较大的风电机组，电感电流也相应变大，问题十分突出。

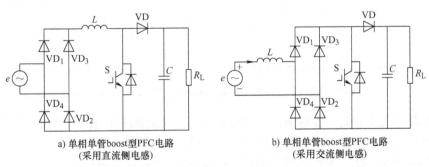

a) 单相单管 boost 型 PFC 电路　　　　b) 单相单管 boost 型 PFC 电路
　（采用直流侧电感）　　　　　　　　　（采用交流侧电感）

图 8-24　单相单管 boost 型 PFC 电路

这里采用发电机的电枢电感作为交流侧的储能电感，而不采用额外的直流侧电感，这样节省了系统的体积和成本，如图 8-24b 所示。这种拓扑同样具备升压和单位功率因数运行的能力，下面对这种电路的运行原理进行分析。

8.2.1.3　整流单元模块建模及参数选择

1. 整流单元模块的数学模型

采用发电机电枢电感的单相单管 boost 型 PFC 电路，其结构如图 8-25a 所示。为了采用电枢电感取代传统 boost 斩波器中的直流电感，首先需要分析交流电感的储能过程。在图 8-25a 所示的结构中，e 和 L 分别代表永磁同步发电机单个绕组的反电势和电枢电感，$VD_1 \sim VD_4$ 为单相全波不控整流桥，S 为斩波开关管，C 为滤波电容，R_L 表示等效直流负载（在此处中负载为 H 桥单元）。当电流 $i \geqslant 0$ 时，VD_1 和 VD_2 导通，处于工作的电路拓扑如图 8-25b 所示；当电流 $i < 0$ 时，VD_3 和 VD_4 导通，处于工作的电路拓扑如图 8-25c 所示。因此，在反电势 e 的整个周期内，电路拓扑都可以用图 8-25d 等效。它与常规采用直流储能电感的 PFC 电路具有相同的功能，但储能电感 L 流过的是交流电流，因此可以将变换器中的储能电感与发电机的电枢电感合一，从而使变换器的体积、重量减小，成本降低。

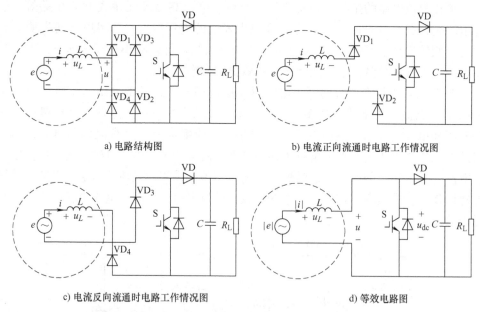

a) 电路结构图　　　　　　　b) 电流正向流通时电路工作情况图

c) 电流反向流通时电路工作情况图　　　　　　d) 等效电路图

图 8-25　用发电机电枢电感作为储能电感的 PFC 电路原理图

根据以上电路的工作状态，下面建立单元模块中整流部分的数学模型并推导出相应的控制方法及电路中储能元件（电感、电容）的参数。

根据图 8-25d，设 T_s 为开关周期，f_s 为开关频率，k 为占空比。

当 $0 \leqslant t \leqslant kT_s$ 时，S 导通，加在电感 L 两端的电压为

$$u_L = L \frac{\mathrm{d}|i|}{\mathrm{d}t} = |e| \tag{8-16}$$

电流上升纹波为

$$\Delta|i| = \frac{|e|}{L} k T_s \tag{8-17}$$

当 $kT_s < t \leqslant T_s$ 时，S 关断，加在电感 L 两端的电压为

$$u_L = L \frac{\mathrm{d}|i|}{\mathrm{d}t} = |e| - u_{\mathrm{dc}} \tag{8-18}$$

电流下降纹波为

$$\Delta|i| = \frac{u_{\mathrm{dc}} - |e|}{L} (1-k) T_s \tag{8-19}$$

式(8-19) 中占空比 k 的表达式既包含基波分量，也包含谐波分量，并且和电路工作时的反电势、电感、绕组电流、直流母线电压和开关频率等因素相关，是一个较为复杂的表达式。为计算方便，对占空比 k 的表达式进行简化，近似认为一个斩波周期电流上升纹波等于下降纹波，则有：

$$\frac{|e|}{L} k T_s = \frac{u_{\mathrm{dc}} - |e|}{L} (1-k) T_s \tag{8-20}$$

因此，斩波 PWM 占空比近似为

$$d_{c1} = k = \frac{u_{\mathrm{dc}} - |e|}{u_{\mathrm{dc}}} \tag{8-21}$$

2. 电感参数的选择

在图 8-25 所示的整流电路中，储能电感 L 和滤波电容 C 是两个十分重要的元件。为了实现电路的功能，其参数值必须满足一定的范围，本节首先对电感参数进行分析。电感参数主要决定了电流纹波以及单管 PFC 电路自身存在的电流过零畸变的大小。

电感参数的下限值受到电流纹波的制约，发电机电枢电感值越大，电流纹波越小。结合式(8-17) 和式(8-21)，电流纹波可以近似地表示为

$$\Delta i = \frac{e}{L} k T_s = \frac{e}{L} \frac{u_{\mathrm{dc}} - e}{u_{\mathrm{dc}}} T_s \tag{8-22}$$

当且仅当 $e = u_{\mathrm{dc}} - e$，即 $k = 0.5$ 时，电流纹波取得最大值，即

$$\Delta i_{\max} = \frac{u_{\mathrm{dc}}}{4L} T_s = \frac{u_{\mathrm{dc}}}{4L f_s} \tag{8-23}$$

如果要求 $\Delta i_{\max}$ 不超过电流峰值 I_{m} 的 δ 倍，则储能电感应满足

$$L \geqslant \frac{u_{\mathrm{dc}}}{4 \delta I_{\mathrm{m}} f_s} \tag{8-24}$$

所以，式(8-24) 是根据电流纹波限制推导出的电感下限值。

储能电感参数的上限值则是由电流过零畸变角度决定的，电感值越大，电流过

零畸变角度越大。单管 PFC 电路的拓扑形式决定了其电流存在过零畸变问题，从图 8-25 中可以看出，变换器输出电压的方向（极性）是由电流的方向决定的，如果电流方向为正，那么变换器只能输出正电压，这个正电压和发电机的反电势作用在电枢电感上决定电流的波形。如果电流方向为负，那么变换器只能输出负电压。如果保持发电机电枢电流和反电势同相位（单位功率因数），那么整流器侧的向量图如图 8-26 所示，其中 E 为发电机的反电势，U 为变换器的输出电压。图 8-27 给出了过零畸变的示意图，理想情况下，变换器输出电压和绕组电流的关系如图 8-27 所示，但是单管 PFC 电路输出电压的方向受到电流方向的制约。例如图 8-27 中，电流过零由正变负时，仍然要求变换器的输出电压 u 是正值，但是由于电流变负，电路拓扑变为了图 8-25c 的情况，电压 u 只能为负值，所以造成了电流波形的过零畸变，同样的畸变也会发生在电流过零由负变正的时刻。

图 8-26　单管 PFC 电路向量图

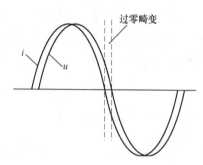

图 8-27　单管 PFC 电路过零畸变示意图

图 8-28 给出了电流过零畸变的仿真波形，其中过零畸变的角度定义为 α，则过零畸变和发电机电枢电感值的关系，如式（8-25）所示。

$$\alpha = 2\arctan\left(\frac{\omega_r L I_m}{E_m}\right) \tag{8-25}$$

其中，ω_r 为发电机的定子角频率，E_m 和 I_m 分别为绕组反电势和绕组电流的幅值，L 为电枢电感。式（8-25）表明，在 ω_r、E_m 和 I_m 一定时，电流过零畸变角度将随着电感 L 的增大而增大，进而使功率因数下降，所以根据系统对过零畸变角度的限制要求，可以确定电感 L 的上限值如式（8-26）所示。

$$L \leqslant \frac{E_m}{\omega_r I_m}\tan\frac{\alpha_{max}}{2} \tag{8-26}$$

在按照式（8-24）和式（8-26）给出的原则选取发电机电感值时，可以先根据额定状态下的绕组反电势、电流和角频率确定电感的范围。实际的风力发电机组变速运行，在额定风速以下，机组运行在 MPPT 状态，风力机吸收的功率和转速的三次方成正比关系。由于 E_m 和转速 ω_r 成正比变化，所以 I_m 和转速的二次方成正比变化。从式（8-25）来看，在额定状态下，如果选定的电感参数可以使得过零畸变角度满足要求，当发电机转速从额定转速减小时，畸变角度会以更快的速度下

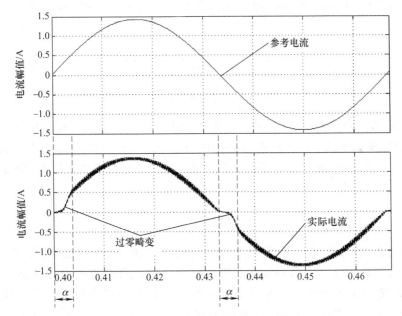

图 8-28　电流过零畸变仿真波形

降，仍然会满足要求；从式（8-24）来看，当电流降到 δI_m 时，便会出现断续的情况。

　　在进行发电机电感设计时，除了考虑以上两个因素，还应当考虑发电机短路电流对电枢电感的要求。

3. 电容参数的选择

　　直流母线电容的主要作用是滤除直流母线上的电压纹波。从整流侧来看，当发电机绕组电流与反电势同相位时，由于是单相整流电路，所以馈入到直流母线上的功率除了直流分量外还有交流分量。交流分量的频率为发电机定子频率的 2 倍，需要直流母线电容对其所造成的直流母线电压波动进行抑制，下面对直流母线电容值进行推导。设发电机的反电势和电枢电流的基波瞬时值分别为

$$e = E_m \sin(\omega_r t) \qquad i = I_m \sin(\omega_r t) \tag{8-27}$$

从发电机侧输入到直流母线上的功率可以表示为

$$\begin{aligned} P &= ei = E_m \sin(\omega_r t) \cdot I_m \sin(\omega_r t) \\ &= \frac{E_m I_m}{2} - \frac{E_m I_m}{2} \cos(2\omega_r t) \end{aligned} \tag{8-28}$$

　　式（8-28）中功率的表达式第一项为直流功率，第二项为脉动功率，其频率为发电机定子频率的 2 倍。假设直流母线电压 U_{dc} 恒定（纹波控制在一定的范围内），那么流向直流母线电容和负载侧的电流表达式为

$$i_o = \frac{P}{U_{dc}} = \frac{E_m I_m}{2U_{dc}} - \frac{E_m I_m}{2U_{dc}} \cos(2\omega_r t) \tag{8-29}$$

式（8-29）中第二项为脉动电流，该电流将导致电容电压的波动，且波动值为

$$\Delta u = -\frac{1}{C}\int_0^t \frac{E_m I_m}{2U_{dc}}\cos(2\omega_r\varphi)\,\mathrm{d}\varphi$$

$$= -\frac{P_{avg}}{2\omega_r C U_{dc}}\sin(2\omega_r t) \tag{8-30}$$

式（8-30）中，$P_{avg} = E_m I_m / 2$，为平均功率。可见，直流母线电压波动的频率为发电机定子频率的2倍，与平均功率 P_{avg} 成正比，与角频率、滤波电容和直流母线电压成反比。如果要求直流母线电压纹波的幅值不超过平均电压 U_{dc} 的 σ 倍，那么滤波电容应满足：

$$C \geqslant \frac{P_{avg}}{2\omega_r \sigma U_{dc}^2} \tag{8-31}$$

这里需要注意的是，由于发电机变速运行，通常发电机的定子频率 ω_r 较低，根据式（8-31），就需要较大的电容来滤除直流母线上的电压波动，这样必然增加系统的体积和成本，并且电容的寿命也将影响到变换器的可靠性。下面给出一种通过将相位互差90°的绕组及其整流器并联的方式来抑制功率脉动的方法。

4. 整流侧功率脉动的抑制

单元模块的整流侧和逆变侧都是单相电路，所以其功率都存在着2倍于基波频率的脉动。与电网频率（50Hz或60Hz）相比，发电机定子的频率一般比较低，所以需要的直流母线滤波电容也较大，下面通过绕组并联的方法对发电机侧的功率脉动进行消除。

发电机单相绕组及变换器的输出功率如式（8-28）所示，如果将两个相位互差90°的绕组整流后进行并联，此时馈入到直流母线的功率表达式如式（8-32）所示。

$$P_{dc\text{-}link}(t) = E_m\sin(\omega_r t)I_m\sin(\omega_r t) + E_m\sin\left(\omega_r t + \frac{\pi}{2}\right)I_m\sin\left(\omega_r t + \frac{\pi}{2}\right)$$

$$= E_m I_m \tag{8-32}$$

式（8-32）表明，通过相位互差90°的绕组及整流器并联，可以消除式（8-28）中2倍于定子频率的脉动，只剩下直流分量，实现了从发电机馈入到直流母线的功率恒定，因此可以大大减小直流母线上的滤波电容。式（8-32）可以这样理解，相位互差90°的正交绕组，经过整流后，其两者相应的输出脉动功率互差180°，此时将两者并联，恰好抵消了功率中的脉动成分。正交绕组并联后的整流器拓扑结构如图8-23b所示。

8.2.1.4　H桥逆变单元建模

单元模块中与电网相连的部分为H桥逆变器，下面对H桥单元进行建模和

分析。在图 8-29 所示的 H 桥逆变器结构中，设开关管 S_1 的开关函数为 s_1，其定义如下：

$$s_1 = \begin{cases} 1, & S_1 \text{ 或者其反并联二极管导通} \\ 0, & S_3 \text{ 或者其反并联二极管导通} \end{cases} \quad (8\text{-}33)$$

其他各开关管的开关函数 s_2、s_3 和 s_4 类似定义，同一个桥臂上两只开关管的开关函数是互补的。

用开关函数描述的 H 桥的输入输出关系为

$$\begin{cases} u_o = (s_1 - s_2)U_{dc} \\ i_{dc} = (s_1 - s_2)i_o \end{cases} \quad (8\text{-}34)$$

定义开关函数：

$$s = s_1 - s_2 \quad (8\text{-}35)$$

则式（8-34）可以重写为

$$\begin{cases} u_o = sU_{dc} \\ i_{dc} = si_o \end{cases} \quad (8\text{-}36)$$

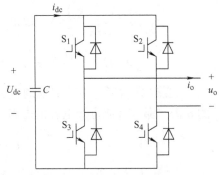

图 8-29　H 桥逆变单元结构图

定义一个开关周期内的平均开关函数如下：

$$d = \overline{S(t)} = \frac{1}{T}\int_{t-T}^{t} S(\varphi)\,\mathrm{d}\varphi \quad (8\text{-}37)$$

因为 H 桥各个桥臂中开关管的开关频率远大于输出侧基波电压和基波电流以及直流母线电压波动的频率，所以可以假设在一个开关周期内，直流母线电压和输出电流不变，那么式（8-36）可以简化为平均化模型如式（8-38）所示：

$$\begin{cases} \overline{u_o} = \dfrac{1}{T}\int_{t-T}^{T} s(\varphi)U_{dc}\,\mathrm{d}\varphi = dU_{dc} \\[2mm] \overline{i_{dc}} = \dfrac{1}{T}\int_{t-T}^{T} s(\varphi)i_o\,\mathrm{d}\varphi = di_o \end{cases} \quad (8\text{-}38)$$

式（8-35）所表示的开关函数中，基波占主要分量。如果只考虑开关函数中的基波，式（8-37）中的占空比可以直接表示为

$$d = K_1\cos(\omega_1 t + \theta_1) \quad (8\text{-}39)$$

其中，ω_1 为 H 桥逆变器的输出（电网）角频率，设图 8-29 中输出电流的基波表达式为

$$i_o = I_{om}\sin(\omega_1 t + \varphi_1) \quad (8\text{-}40)$$

其中，I_{om} 和 φ_1 分别表示输出电流基波的幅值和相角。将式（8-39）和式（8-40）代入式（8-38）可以得到

$$\begin{aligned} \overline{i_{dc}} &= K_1\sin(\omega_1 t + \theta_1)I_{om}\sin(\omega_1 t + \varphi_1) \\ &= \frac{K_1 I_{om}}{2}\cos(\theta_1 - \varphi_1) - \frac{K_1 I_{om}}{2}\cos(2\omega_1 t + \theta_1 + \varphi_1) \end{aligned} \quad (8\text{-}41)$$

式（8-41）中，直流母线电流表达式第一项为直流分量；第二项为脉动分量，其频率为电网频率的两倍。由于 H 桥逆变器级联后和电网相连，所以对于 50Hz 的工频电网，就会在直流母线上产生 100Hz 的电压脉动。这种单相电路的 2 倍频功率脉动产生机理与发电机侧的单相功率脉动相同，只不过这里的基波频率为电网频率，通常高于发电机的定子频率，可以采用相对较小的电容将其滤除。

根据式（8-41）可以计算得到直流母线电压值为

$$u_{dc} = \frac{1}{C} \int_0^t \frac{K_1 I_{om}}{2} \left[\cos(\theta_1 - \varphi_1) - \cos(2\omega_1 t + \theta_1 + \varphi_1) \right] dt$$

$$= U_{dc} - \frac{K_1 I_{om}}{4\omega_1 C} \sin(2\omega_1 t + \theta_1 + \varphi_1) \tag{8-42}$$

如果要求 H 桥逆变电路造成的直流母线电压波动的幅值不超过平均直流电压 U_{dc} 的 ρ 倍，那么直流母线电容值需满足：

$$C \geqslant \frac{K_1 I_{om}}{4\omega_1 \rho U_{dc}} \tag{8-43}$$

由于整流侧通过正交绕组并联的方式抑制了功率的脉动，所以直流母线电容的选择可以只针对式（8-42）所示的电网侧 100Hz 的电压脉动，由式（8-43）界定。此外，电容的选择还需要考虑开关频率的噪声。

8.2.1.5 多相永磁同步发电机的数学模型

图 8-23 所示的拓扑结构中采用了多极多相永磁同步发电机，多相发电机使得系统的故障不间断运行成为可能，当发电机某一相或变换器的某个单元发生故障时，系统中其他部分可以正常运行。同时，多相发电机还具有较低的转矩谐波等优点。根据 8.2.1.3 节中 "整流侧功率脉动的抑制" 部分的推导，希望发电机具有多对相位互差 90° 的绕组，从而抵消来自发电机侧的 2 倍频功率脉动。同时，发电机的电枢电感对系统的性能有着重要的影响，所以需要对发电机进行建模和分析。

对于具有 m 相平衡绕组的多相发电机，设其磁势的空间谐波次数为 v，有如下的关系：

$$v = km + 1 \tag{8-44}$$

其中，k 为包括零的正或负的整数，m 为发电机的实际相数。当发电机相数为 m 时，绕组可以有两种接法：一种是绕组相带为 $360/m$ 电角度，即绕组在空间上均匀排开，以 6 相发电机为例，绕组间电角度为 $360/6 = 60°$，其谐波磁势为 $v = km + 1 = 6k + 1$。第二种是绕组相带为 $180/m$ 电角度，即绕组在空间上不是均匀分布，对于 6 相发电机，则绕组间电角度为 $180/6 = 30°$，其谐波磁势为 $v = 2km + 1 = 12k + 1$。这就将谐波的次数提高了一倍，相当于 12 相均匀分布的发电机的谐波性能。采用 $180/m$ 电角度的绕组接法实质上相当于增加了一倍的相数，谐波次数有所减少，发电机性能良好。

　　对于本节所研究的用于风力发电的多绕组永磁发电机，希望其具有多对互差90°的绕组，这就对发电机的相数产生了一定的要求。

　　以6相发电机为例，只要绕组之间有相差30°的情况便可以出现互差90°的绕组，如图8-30所示。对于 $180/m$ 的接法，凡是相数为6的整数倍的发电机都可以出现互差90°的绕组，例如12相、18相、24相、30相等。

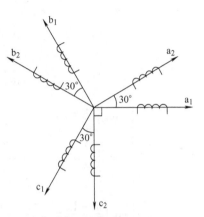

　　对于 $360/m$ 的情况，绕组空间均匀分布，为了形成互差90°的绕组，需要发电机相数为4的倍数，再根据H桥级联侧的要求（3相），发电机相数应当为6的倍数，所以发电机的相数应当为4和6的最小公倍数12的倍数。

图 8-30　6 相发电机 $180/m$ 相带示意图

　　为了分析发电机反电势随转速的变化，以及绕组之间磁链的相互关系，下面给出多相永磁同步发电机在静止坐标系下的数学模型：

　　这里认为 m 相永磁同步发电机为理想发电机，即它满足下述假设。

　　1）忽略饱和、涡流、磁滞及趋肤效应的影响。

　　2）感应电动势及气隙磁场均按正弦分布，且不计磁场的各次谐波。

　　3）永磁体磁动势恒定，即等效的励磁电流恒定不变。

　　4）三相定子绕组在空间呈对称星形分布。

　　5）转子上无阻尼绕组。

　　6）不考虑频率和温度对电机参数的影响。

　　在上述前提下，永磁同步发电机定子侧磁链方程和电压方程在静止坐标系下可以表示为

$$\boldsymbol{\psi}_m = \boldsymbol{L}_{ss}\boldsymbol{i}_m + \psi_r \cdot \boldsymbol{F}_m(\theta) \tag{8-45}$$

$$\boldsymbol{u}_m = R_m \cdot \boldsymbol{i}_m + p\boldsymbol{\psi}_m \tag{8-46}$$

　　其中，

$$\boldsymbol{\psi}_m = \begin{bmatrix} \psi_1 \\ \psi_2 \\ \psi_3 \\ \vdots \\ \psi_m \end{bmatrix} \quad \boldsymbol{i}_m = \begin{bmatrix} i_1 \\ i_2 \\ i_3 \\ \vdots \\ i_m \end{bmatrix} \quad \boldsymbol{u}_m = \begin{bmatrix} u_1 \\ u_2 \\ u_3 \\ \vdots \\ u_m \end{bmatrix} \quad \boldsymbol{F}_m(\theta) = \begin{bmatrix} \sin\theta \\ \sin\left(\theta + \dfrac{1}{m}2\pi\right) \\ \sin\left(\theta + \dfrac{2}{m}2\pi\right) \\ \vdots \\ \sin\left(\theta + \dfrac{m-1}{m}2\pi\right) \end{bmatrix}$$

$$R_m = \begin{bmatrix} R & & & & \\ & R & & & \\ & & R & & \\ & & & \ddots & \\ & & & & R \end{bmatrix}_{m \times m}$$

$$\boldsymbol{L}_{ss} = L_{ms} \begin{bmatrix} 1 & \cos\left(\dfrac{1}{m}2\pi\right) & \cos\left(\dfrac{2}{m}2\pi\right) & \cdots & \cos\left(\dfrac{m-1}{m}2\pi\right) \\ \cos\left(\dfrac{1}{m}2\pi\right) & 1 & \cos\left(\dfrac{1}{m}2\pi\right) & \cdots & \cos\left(\dfrac{m-2}{m}2\pi\right) \\ \cos\left(\dfrac{2}{m}2\pi\right) & \cos\left(\dfrac{1}{m}2\pi\right) & 1 & \cdots & \cos\left(\dfrac{m-3}{m}2\pi\right) \\ \vdots & \vdots & \vdots & \ddots & \vdots \\ \cos\left(\dfrac{m-1}{m}2\pi\right) & \cos\left(\dfrac{m-2}{m}2\pi\right) & \cos\left(\dfrac{m-3}{m}2\pi\right) & \cdots & 1 \end{bmatrix}$$

$$+ \boldsymbol{L}_{ls} \begin{bmatrix} 1 & & & & \\ & 1 & & & \\ & & 1 & & \\ & & & \ddots & \\ & & & & 1 \end{bmatrix}$$

$\boldsymbol{\psi}_m$ 代表 m 相永磁同步发电机的定子磁链矢量，$\boldsymbol{i}_m$ 为定子电流，ψ_r 为转子永磁体磁链，L_{ss} 为电感矩阵，包括自感和互感，L_{ms} 和 L_{ls} 为任意一相定子绕组的互感和漏感，$\boldsymbol{u}_m$ 代表发电机端口电压矢量，$\boldsymbol{R}_m$ 为定子电阻，$\boldsymbol{F}_m(\theta)$ 代表了定子绕组的空间分布情况，它可以按照 $360/m$ 空间分布，也可以按照 $180/m$ 空间分布。对于不同的发电机绕组空间分布，只需将 $\boldsymbol{F}_m(\theta)$ 的表达式根据实际的绕组空间位置确定即可。

式(8-45) 表明定子每相绕组的磁链由该相定子绕组的自感磁链（包括漏磁链）、定子其他相绕组对其的互感磁链以及转子对定子的互感磁链这几部分组成。其中，定子绕组之间的互感磁链空间位置相对固定，而转子对定子的互感磁链与转子位置有关。

式(8-46) 代表了永磁发电机的定子电压方程，其中的反电势部分表示为 $p\boldsymbol{\psi}_m$，这包括了由转子永磁体在定子绕组中感应的反电势

$$\boldsymbol{E} = \psi_r p \boldsymbol{F}_m(\theta) \tag{8-47}$$

以 $\boldsymbol{F}_m(\theta)$ 表达式中的第一相为例，即定子绕组中的 A 相，转子永磁体在该相中产生的感应电势为

$$E = \psi_r p \sin\theta = \psi_r \frac{\mathrm{d}\sin\theta}{\mathrm{d}t} = \psi_r \frac{\mathrm{d}\sin\omega_r t}{\mathrm{d}t} = \psi_r \omega_r \cos\omega_r t \tag{8-48}$$

可见，由永磁体产生的基波电动势幅值 E 与发电机的转速 ω_r 成正比，在风力

发电中，由于发电机处于变速运行状态，所以反电势 E 始终在变化，为了获得稳定的直流母线电压，需要采用 boost 电路对反电势电压进行升压，扩大发电机的转速运行范围。发电机模型中的互感矩阵，可以用于分析当某一相单元模块发生故障时，对其他相的影响。

对于多相永磁同步发电机的控制，可以考虑根据绕组空间分布的特点，采用广义坐标变换（广义 Park 变换），将其转换到两相旋转坐标系下（dq 坐标系）下进行控制，通过两个 PI 调节器对转矩和励磁电流解耦控制。采用这种方法的前提是每个绕组（单元）的参数情况完全相同。然而，本书所研究的拓扑结构具有以下两个特点：第一，单元化、模块化的结构要求每个单元的控制相对独立，当某一单元发生故障时尽量不影响其他单元的工作；第二，在系统动态过程中，不同单元模块的直流母线电压可能不同，如果采用基于广义 Park 变换的集中控制，则无法对某个具体模块单元的直流母线电压进行单独的控制。所以这里采用以图 8-23b 中单元模块为单位的控制方式，即每一对互差 90° 的绕组采用一组控制器，分别具有直流母线电压外环和发电机绕组电流内环，下面给出整流单元的控制方法。

8.2.2　无变压器中高压永磁同步风电系统的控制策略

8.2.2.1　整流单元的控制方法

本节讨论图 8-23b 中的整流器控制方法，PFC 电路的等效电路图如图 8-31 所示。

其中，E 为发电机的反电势，U 为变换器的输出电压，这两个电压源作用在发电机的电枢电感上，决定发电机电枢电流的大小和方向。对该电路采取的控制策略为平均电流控制法，由于储能电感从直流侧转移到了发电机内部，需要对传统的直流侧电感平均电流控制法做一些调整，调整后的控制框图如图 8-32 所示。控制系统具有直流母线电压外

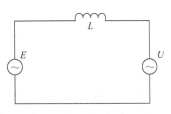

图 8-31　PFC 电路等效电路图

环和电流内环，电压外环通过 PI 调节器得到电流环电流幅值的给定，然后与发电机的反电势相位相乘，得到电流的给定值，实现发电机单位功率因数运行。电流环也采用 PI 调节器，得到主开关管的控制信号。这里需要注意的是，发电机反电势的相位信息在当前拓扑结构中是无法直接测量的，可以通过安装在永磁发电机转子上的码盘信号得到发电机的转子位置，再根据发电机定子绕组的空间分布，重构得到绕组反电势的相位信息。由于两个绕组正交，所以第二个绕组的相位可以通过对第一个绕组的相位移相 90° 得到。

单绕组和双绕组 PFC 供电实验波形如图 8-33 所示。

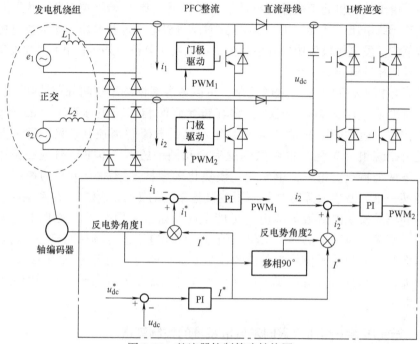

图 8-32　整流器控制策略结构图

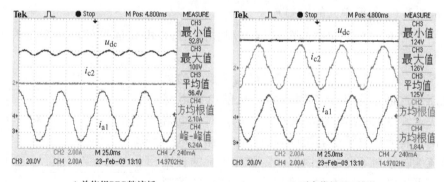

a) 单绕组PFC整流桥　　　　　　　b) 正交绕组PFC并联

图 8-33　单绕组和双绕组 PFC 供电实验波形

8.2.2.2　网侧变换器的控制方法

　　电网侧 H 桥级联型变换器负责将风力机捕获的功率传递到电网，在建立其模型和设计控制方法之前，首先要对整个风力机系统的控制策略进行分析，以确定电网侧变换器的工作方式。

　　整个变换器系统的工作原理如下：网侧变换器根据当前风速和 MPPT 的要求得到有功功率的给定值，根据电网对无功功率的要求，得到无功功率的给定值，通过矢量控制向电网馈入有功功率和无功功率。同时，图 8-32 中发电机侧的整流器通过检测单元模块的直流母线电压从而调节发电机的输出功率，跟踪电网侧功率给定，实现最大功率点跟踪。在系统起动时，当风速达到切入风速，发电机开始旋转，发电机侧的整流器投入运行，将直流母线电压控制到设定值。然后将电网侧接触器闭合，由于 H 桥级联后的等效直流母线电压高于电网电压，闭合电网侧接触器并不会造成电流冲击。随后起动 H 桥级联型变换器，向电网馈入功率。根据以上功能要求，下面建立电网侧 H 桥级联型变换器的数学模型和控制方法。

1. H 桥级联系统的数学模型

8.2.1.4 节中已经建立了一个 H 桥单元的数学模型，在此基础上可以建立 H 桥级联型变换器的模型，并采取统一的控制方法。这里假设电网为三相对称系统，网侧滤波电感线性，忽略开关的导通压降、开关损耗和分布参数的影响。

式(8-38) 描述了一个单元模块输出电压 u_o 和输出电流 i_o 的平均模型，对于 N 单元级联系统，输出电压可以表示为 N 个单元的输出电压之和：

$$\begin{cases} \overline{u}_{opj} = d_{pj} \cdot u_{dc\_pj} \\ \overline{u}_{op} = \sum_{j=1}^{N} d_{pj} \cdot u_{dc\_pj} \end{cases} \tag{8-49}$$

其中，下标 p 代表 a，b，c 三相，u_{op} 为总输出电压，d_{pj}，u_{dc_pj} 分别为第 j 个 H 桥的占空比、直流母线电压。单元模块的直流侧输出电流为

$$\overline{i}_{dc\_pj} = d_{pj} \cdot i_{opj} \tag{8-50}$$

其中，i_{dc_pj} 和 i_{opj} 为第 j 个 H 桥的平均直流母线电流和输出电流。为了进一步得到简化的系统模型，做以下假设：

首先，由于 PFC 整流电路相互独立，其功能是稳定直流母线电压，可以将 PFC 整流电路的输出等效为直流电源，并认为所有直流母线电压值相等，即

$$U_{dc} = u_{dc\_pj} = u_{dc\_aj} = u_{dc\_bj} = u_{dc\_cj}, j = 1,2,\cdots,N \tag{8-51}$$

其次，对于 H 桥级联模块，采用载波相移 PWM 技术对其进行调制，若变换器开关频率远大于电网频率，同相各模块开关函数占空比近似相等：

$$d_p = d_{p1} = d_{p2} = \cdots = d_{pN} \qquad p = a,b,c \tag{8-52}$$

基于以上两点分析，根据式(8-49)，可以得到系统的每相输出电压为

$$u_{op} = Nd_p U_{dc} \qquad p = a,b,c \tag{8-53}$$

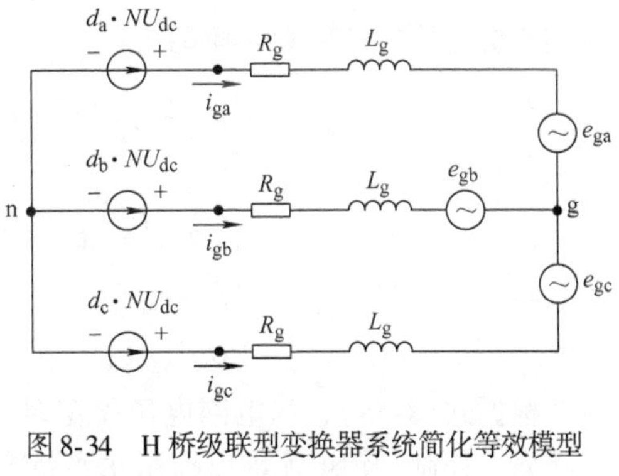

电网侧 H 桥级联型变换器的简化等效电路如图 8-34 所示。

图 8-34 H 桥级联型变换器系统简化等效模型

根据图 8-34，电压、电流平衡方程可以表示为

$$\begin{cases} u_{oa} = d_a \cdot NU_{dc} = R_g i_{ga} + L_g \dfrac{di_{ga}}{dt} + e_{ga} - u_{ng} \\ u_{ob} = d_b \cdot NU_{dc} = R_g i_{gb} + L_g \dfrac{di_{gb}}{dt} + e_{gb} - u_{ng} \\ u_{oc} = d_c \cdot NU_{dc} = R_g i_{gc} + L_g \dfrac{di_{gc}}{dt} + e_{gc} - u_{ng} \end{cases} \quad (8\text{-}54)$$

变换器输出的瞬时有功功率和无功功率分别为

$$\begin{cases} P = \displaystyle\sum_{k=a,b,c} e_{gk} i_{gk} \\ Q = \dfrac{\sqrt{3}}{3}[(e_{ga} - e_{gb})i_{gc} + (e_{gb} - e_{gc})i_{ga} + (e_{gc} - e_{ga})i_{gb}] \end{cases} \quad (8\text{-}55)$$

以上便建立了三相静止坐标系下的数学模型，基于三相静止坐标系的数学模型清晰直观，但要控制的物理量（电流）为交流量。为了便于控制器设计，可以通过同步旋转坐标变换将该数学模型转换至同步旋转坐标系下，下面给出电网侧 H 桥级联型变换器在两相同步旋转坐标系下的数学模型。

两相同步旋转坐标系下的 H 桥级联型变换器数学模型如式(8-56) 所示，e_{gd}、e_{gq}、u_{od}、u_{oq} 为同步旋转坐标系下的电网电压和变换器输出电压，i_{gd}、i_{gq} 为同步旋转坐标系下的电网电流。

$$L_g \frac{d}{dt}\begin{bmatrix} i_{gd} \\ i_{gq} \end{bmatrix} = \begin{bmatrix} u_{od} \\ u_{oq} \end{bmatrix} - \begin{bmatrix} R_g & -\omega_1 L_g \\ \omega_1 L_g & R_g \end{bmatrix}\begin{bmatrix} i_{gd} \\ i_{gq} \end{bmatrix} - \begin{bmatrix} e_{gd} \\ e_{gq} \end{bmatrix} \quad (8\text{-}56)$$

变换器输出电压与平均开关函数间的关系为

$$\begin{cases} u_{od} = d_d \cdot NU_{dc} \\ u_{oq} = d_q \cdot NU_{dc} \end{cases} \quad (8\text{-}57)$$

当把同步旋转坐标系的 d 轴取为与电网 A 相电压矢量重合时，变换器在同步旋转坐标系下完整的数学模型为

$$\begin{cases} u_{od} = L_g \dfrac{di_{gd}}{dt} + R_g i_{gd} - \omega_1 L_g i_{gq} + E_g \\ u_{oq} = L_g \dfrac{di_{gq}}{dt} + R_g i_{gq} + \omega_1 L_g i_{gd} \\ P = i_{gd} E_g \\ Q = i_{gq} E_g \end{cases} \quad (8\text{-}58)$$

根据式(8-58)，当电网电压稳定时，控制 d 轴电流即可控制变换器输出的有功功率，控制 q 轴电流即可控制变换器输出的无功功率。控制器根据有功功率和无功功率的给定以及当前电网电压的幅值，计算出所需要的 d、q 轴电流，电流环采用 PI 调节器，实现对有功电流和无功电流的控制，向电网输送功率。

图 8-35 给出了级联型变换器系统总的控制框图。有功功率指令 P^* 根据风速和 MPPT 的要求计算得到，整流侧通过稳定直流母线电压，自动调整发电机的输出功率；无功功率用来实现对电网电压的支撑。功率的参考值对应电流环的给定，电流调节器输出为电压的参考值 u_{abc}^*，通过 PWM 算法，对 H 桥级联型变换器进行调制，下面对调制方法加以描述。

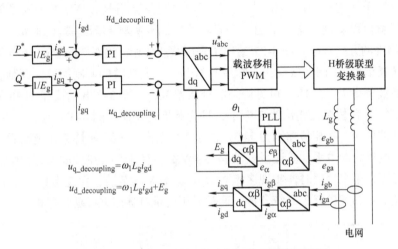

$$u_{q\_decoupling}=\omega_1 L_g i_{gd}$$
$$u_{d\_decoupling}=\omega_1 L_g i_{gd}+E_g$$

图 8-35　电网侧 H 桥级联型变换器系统控制框图

图 8-36 所示为电网侧 H 桥级联变换器单相并网实验波形。

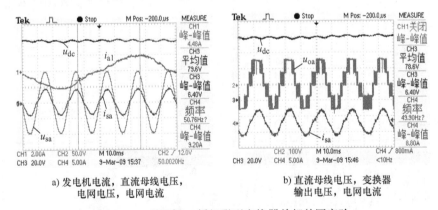

a) 发电机电流，直流母线电压，
电网电压，电网电流

b) 直流母线电压，变换器
输出电压，电网电流

图 8-36　电网侧 H 桥级联型变换器单相并网实验

2. H 桥级联系统的调制方法

在图 8-35 中，当得到参考电压 u_{abc}^* 后，需要对 H 桥级联型变换器进行调制。调制方法主要有基频调制和 PWM 两种，基频调制主要应用于低开关频率的场合，在一个工频周期内开关只动作两次，但是这种方法需要通过轮换算法解决各个级联单元模块间的功率不均分问题。PWM 可以实现不同级联单元间功率的均分，并且具有更好的谐波性能，这里采用 PWM 方法。其中，载波移相 PWM 方法是一种广泛应用于 H 桥级联型系统的调制方法，每个 H 桥单元的脉冲占空比相等，只是在时间上错开一定的角度。对于第一级 H 桥单元的调制，根据电流内环给出的电压指令，首先得到图 8-29 中 H 桥左桥臂的调制信号，H 桥右桥臂与左桥臂的调制信号相差 180°，这样可以实现单极性调制，优化谐波性能。其他各级单元的调制波形和第一级单元的调制波形相同，但是载波之间角度相差 π/N，N 为级联单元的级数。这样就可以实现多电平输出，并且将相应的开关频率谐波提高到 $N\omega_s$ 以上，ω_s 为 H 桥器件的开关频率。图 8-37 给出了采用载波移相方法对 3 级串联 H 桥单元进行调制的仿真结果，图 8-37a 给出了载波和 H 桥左、右桥臂的调制信号，调制波频率为 50Hz，载波频率 1.125kHz，可见调制信号相差 180°。图 8-37b 给出了 H 桥单元的输出电压，每个 H 桥单元输出为 3 电平，且为单极性调制。图 8-37c 给出了 3 个 H 桥单元的载波信号，其相位差别为 $\pi/3$。图 8-37d 给出了 3 级 H 桥单元级联后的输出电压，输出电压为 7 电平，验证了载波移相 PWM 的有效性。在载波移相 PWM 具体实现时，可以采用多个定时器实现多组相位互差 π/N 的载波，但是考虑到定时器的同步，以及 DSP 或 CPLD 的系统资源，通常采用的是对脉冲进行延迟移相的方法。

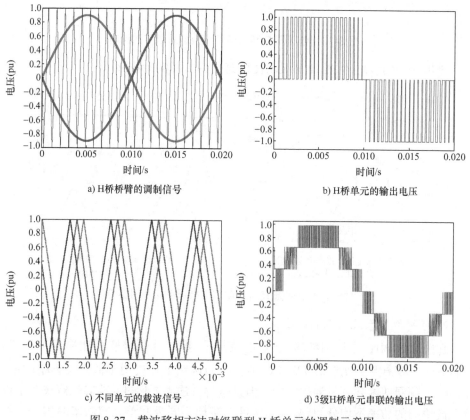

a) H桥桥臂的调制信号

b) H桥单元的输出电压

c) 不同单元的载波信号

d) 3级H桥单元串联的输出电压

图 8-37　载波移相方法对级联型 H 桥单元的调制示意图

8.2.3 无变压器中高压永磁同步风电系统性能优化

8.2.1 节和 8.2.2 节研究了多绕组永磁同步发电机及变换器系统的基本运行原理和方法，系统可以正常运行，将捕获的风能传送到电网。考虑到实际系统的运行情况及性能的要求，本节将对以下几个方面的内容做进一步的研究和改进。第一，发电机侧整流器性能的改进，采用同步旋转坐标系下的控制器，以提高发电机电流的控制精度。第二，进一步提高直流母线电压环的控制带宽。第三，讨论如何消除由电网侧功率脉动导致的直流母线电压波动，以及电压脉动对发电机侧的影响。第四，研究谐波电流对发电机转矩的影响，给出发电机绕组与变换器模块的连接方法。第五，考虑单元模块故障后的系统不间断运行能力，以及绕组之间的相互影响。第六，采用两组整流单元串联和三电平逆变的单元结构，以提高每一单元模块的电压等级，从而减少所需单元模块的级数和发电机独立绕组的数量。

8.2.3.1 整流器控制性能改进

在 8.2.1 节和 8.2.2 节中，整流单元是由两个相位上互差 90°的绕组，通过 PFC 升压电路后并联到直流母线上的。每个绕组单独控制，并且采用静止坐标系下的 PI 调节器作为电流环的控制器，所以每个整流单元需要两个 PI 调节器。根据 PI 调节器的频谱特性，它可以保证被控对象直流分量的稳态无静差。由于风力发电机的转速（定子频率）是随着风速的变化而变化的，所以定子反电势以及电流的频率是变化量，PI 调节器不能保证在定子频率处的相关物理量（电流）稳态无静差，所以减弱了电流环的控制性能。一种解决方案是采用三相电机控制中广泛应用的 Park 变换，将交流量变换到同步旋转坐标系下，成为直流量，然后对其进行控制，在同步旋转坐标系下采用 PI 调节器可以保证被控变量的稳态无静差。发电机的一对正交绕组相当于位于两相静止坐标系下的绕组，可以通过发电机转子位置信息，对其进行坐标变换，转化到同步坐标系下进行控制。

如果将两相同步旋转坐标系的 d 轴与转子磁链位置相重合，则图 8-23b 中的正交绕组及整流器在两相同步旋转坐标系下的数学模型可以表示为

$$\begin{bmatrix} u_d \\ u_q \end{bmatrix} = \begin{bmatrix} R & 0 \\ 0 & R \end{bmatrix}\begin{bmatrix} i_d \\ i_q \end{bmatrix} + Lp\begin{bmatrix} i_d \\ i_q \end{bmatrix} + \begin{bmatrix} 0 & -\omega_r L \\ \omega_r L & 0 \end{bmatrix}\begin{bmatrix} i_d \\ i_q \end{bmatrix} + \begin{bmatrix} 0 \\ \omega_r \psi_r \end{bmatrix} \tag{8-59}$$

其中，u_d、u_q、i_d、i_q 分别为两相旋转坐标系下的发电机机端电压和电流，ω_r 为定子角频率，L 为定子电感，R 为定子电阻，ψ_r 为转子磁链。这里，d 轴电流对应着发电机输出的有功功率，q 轴电流对应发电机输出的无功功率。

两相静止坐标系和两相旋转坐标系之间的变换关系为

$$\begin{bmatrix} U_d \\ U_q \end{bmatrix} = \begin{bmatrix} \cos\theta_r & -\sin\theta_r \\ \sin\theta_r & \cos\theta_r \end{bmatrix}\begin{bmatrix} u_1 \\ u_2 \end{bmatrix} \tag{8-60}$$

其中，θ_r 为转子位置角，u_1 和 u_2 代表静止坐标系下的发电机机端电压。根据以上

发电机及整流器的数学模型，可以得到两相旋转坐标系下 PFC 整流器的控制方法。图 8-25a 中 PFC 电路交流侧输出电压（发电机机端电压）和直流母线电压的关系可以表示为

$$u_n = (1 - d_n)u_{dc}\mathrm{sign}(i_n) \quad n = 1,2 \tag{8-61}$$

其中，u_n 代表变换器的输出电压，d_n 代表 PFC 主开关管的占空比，u_{dc} 为单元模块的直流母线电压，$\mathrm{sign}(i_n)$ 代表绕组电流的方向，电流方向以从发电机流向变换器为正。式 (8-61) 即表明在电流方向不同时，图 8-25a 中导通的二极管不同，所以变换器的输出电压也不同。

图 8-38 给出了基于同步旋转坐标系的控制框图，包括直流母线电压控制环和电流环。电压环的输出为 d 轴电流的给定，q 轴电流给定为 0 以实现单位功率因数运行，电压环和电流环均采用 PI 调节器，转子位置仍然由码盘信号得到。图中需补偿的交叉耦合项可以表示为

$$\begin{aligned} u_{d\_com} &= -\omega_r L i_q \\ u_{q\_com} &= \omega_r L i_d + \omega_r \psi_r \end{aligned} \tag{8-62}$$

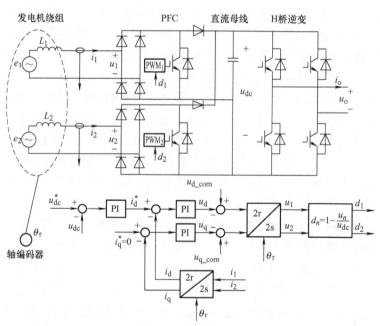

图 8-38　基于同步旋转坐标系的整流器控制框图

图 8-39 给出了图 8-38 中控制方法的仿真结果。

这里需要注意的是，做同步旋转变换的一个前提假设是所研究的物理量是正弦量，这样，转换到相应的同步旋转坐标系下才是直流量。对于当前所采用的发电机绕组，由于将绕组中点打开并接出来，那么绕组反电势中可能会存在一定的 3 次谐波和 5 次谐波成分，谐波成分的大小取决于定子绕组的绕法（分布短距

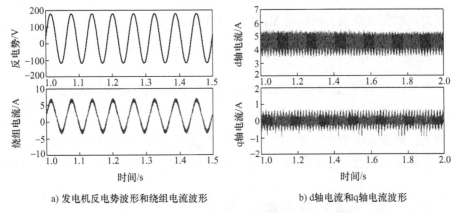

a) 发电机反电势波形和绕组电流波形　　　b) d轴电流和q轴电流波形

图 8-39　同步旋转坐标系下整流器的仿真结果

等)。因此,在同步旋转坐标系下,除了基波分量转换成的直流量,还会存在 2 次谐波量(由静止坐标系下的 3 次谐波转换而来)和 4 次谐波分量(由静止坐标系下 5 次谐波转化而来),由于 5 次谐波含量较小,可以只考虑基波和 3 次谐波分量的影响。

为同时控制基波分量和 3 次谐波分量,可以分别采用基于基波频率和 3 次谐波频率的旋转坐标变换,然后在这两个旋转坐标系下分别对基波和 3 次谐波进行控制。但是,需要设计一定的滤波器,在基频同步旋转坐标系下滤除 3 次谐波转化而来的 2 次分量;在 3 倍频同步旋转坐标系下滤除基波转化来的分量,这样会增加控制系统的复杂度。此外,在当前结构中,发电机绕组的给定电流为基波正弦电流,如果给定电流中含有一定量的 3 次谐波可以进一步提高发电机的转矩密度。同时,在采用旋转坐标变换时,还应注意电流过零畸变对旋转坐标变换后电流波形的影响。

在 8.2.2 节中,图 8-32 采用了基于静止坐标系下的控制方法,由于 PI 调节器在低频附近有较高的带宽,可以同时对基波、3 次谐波进行控制。如果电流给定为基波正弦信号,那么在变换器的输出电压中含有 3 次谐波成分,从而和发电机反电势中的 3 次谐波成分相抵消。基于静止坐标系下的 PI 调节器控制,虽然无法实现发电机变速运行时电流控制的稳态无静差,但是省去了对于多个频率做同步旋转坐标变换的复杂运算。所以在实际应用中,如果发电机的反电势中无 3 次谐波,则基于旋转坐标系下的控制方法较适用;否则,静止坐标系下的控制更易于实现,虽然损失了一定的控制精度。

在本节中,电流给定为正弦信号,如果反电势中含有 3 次谐波,下面分析基波正弦电流和反电势中 3 次谐波相互作用产生的功率,设发电机绕组电流为

$$i = I_m \sin(\omega_r t) \tag{8-63}$$

反电势中的 3 次谐波表示为

$$e_3 = E_3 \sin(3\omega_r t) \qquad (8-64)$$

考虑两对正交绕组并联的情况，功率输出表达式为

$$p_3 = E_3 \sin(3\omega_r t) \cdot I_m \sin(\omega_r t) + E_3 \sin\left(3\omega_r t + \frac{3}{2}\pi\right) \cdot I_m \sin\left(\omega_r t + \frac{\pi}{2}\right)$$

$$= -\frac{E_3 I_m}{2}\left[\cos(4\omega_r t) - \cos(2\omega_r t)\right] - \frac{E_3 I_m}{2}\left[\cos(4\omega_r t) + \cos(2\omega_r t)\right]$$

$$= -E_3 I_m \cos(4\omega_r t) \qquad (8-65)$$

可见，如果反电势中含有 3 次谐波，正交绕组并联后输出到直流母线的功率中含有 4 次谐波，谐波的大小取决于 3 次谐波反电势和绕组电流的大小，如式(8-65)所示。

8.2.3.2 直流母线电压环带宽的提高

由 8.2.1 节和 8.2.2 节可知，单相功率中存在着 2 倍于基频的功率脉动，虽然整流侧（发电机侧）通过将正交绕组并联抵消了 2 倍频的脉动，实现了功率的恒定，但是电网侧的单相变换器（H 桥）仍然会引入 100Hz（对于 50Hz 电网频率）的功率脉动，造成直流母线电压的波动，电网侧功率如式(8-66)所示。

$$p = u \cdot i = U_{om}\cos(\omega_1 t) \cdot I_{om}\cos(\omega_1 t - \varphi)$$

$$= \frac{1}{2}U_{om}I_{om}\left[\cos\varphi + \cos(2\omega_1 t - \varphi)\right] \qquad (8-66)$$

其中，U_{om}、I_{om} 分别为 H 桥单元输出电压和电流的峰值，φ 为功率因数。直流母线上的 2 倍频脉动会影响到整流器的性能。整流器具有电压外环和电流内环，直流母线电压的波动将会体现在电压环的反馈信号上，而电压外环的输出为电流内环的给定，那么在电流内环的电流给定值中会存在同频率的脉动。特别当直流母线电压环具有较高的带宽时（用以跟踪电网侧功率的给定），这种脉动在电流环上表现得更为明显。

图 8-40 给出了直流母线电压脉动与发电机绕组电流的仿真结果，如图 8-40a 所示，由于直流母线电压的 100Hz 脉动，导致电压环输出中除了直流分量外还包含 100Hz 的谐波。根据 PFC 电路的工作原理，电压环的输出将与反电势相乘得到电流环的给定，由于电压环输出含有 100Hz 的脉动，使得电流环的给定不再是正弦信号，而是如图 8-40b 所示的电流给定波形。图 8-40c 给出了通过电流环控制后的发电机绕组实际电流波形，可见其波形不再正弦，而是和电流的给定值一样含有电压环引入的谐波。谐波电流可能会对发电机转矩以及变换器和发电机的损耗产生影响。

下面对绕组电流中的谐波成分进行推导和分析，电流环的给定由电压环的输出和反电势的相位信息相乘得到，如图 8-41 所示。其中 $\sin(\omega_r t + \theta_r)$ 代表由反电势决定的电流相位，而直流母线电压中的脉动成分可以表示为 $\sin(2\pi \cdot 100 \cdot t + \varphi)$，频率为 100Hz。

根据图 8-41，可以得到电流环给定 i^* 的表达式，如式(8-67)所示。

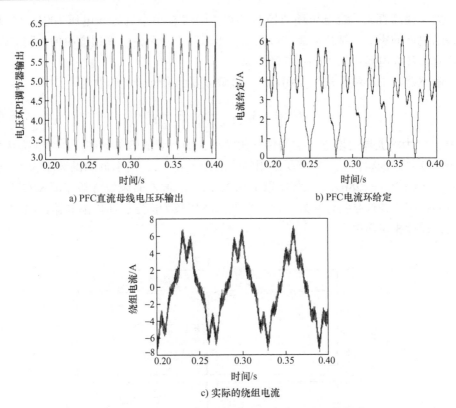

a) PFC直流母线电压环输出

b) PFC电流环给定

c) 实际的绕组电流

图 8-40　直流母线电压脉动对发电机绕组电流的影响

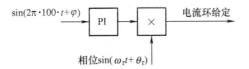

图 8-41　电流环给定示意图

$$i^* = \left[K_p \cdot \sin(2\pi \cdot 100 \cdot t + \varphi) + K_i \int_0^t \sin(2\pi \cdot 100 \cdot t + \varphi) \mathrm{d}t \right] \cdot \sin(\omega_r t + \theta_r)$$

$$= \left[K_p \cdot \sin(2\pi \cdot 100 \cdot t + \varphi) + \frac{K_i}{2\pi \cdot 100} \cos(2\pi \cdot 100 \cdot t + \varphi) \right] \cdot \sin(\omega_r t + \theta_r)$$

$$= K_p \left(-\frac{1}{2} \right) \left[\cos(2\pi \cdot 100 \cdot t + \varphi + \omega_r t + \theta_r) - \cos(2\pi \cdot 100 \cdot t + \varphi - \omega_r t - \theta_r) \right]$$

$$+ \frac{K_i}{2\pi \cdot 100} \left(\frac{1}{2} \right) \left[\sin(2\pi \cdot 100 \cdot t + \varphi + \omega_r t + \theta_r) - \sin(2\pi \cdot 100 \cdot t + \varphi - \omega_r t - \theta_r) \right]$$

$$(8\text{-}67)$$

从式(8-67) 可以看出，由于直流母线电压脉动使得绕组电流的给定中含有 $2\pi \cdot 100 \pm \omega_r$ 的频率成分。

为了提高直流母线电压环的控制带宽，同时减小直流母线电压100Hz脉动对于绕组电流的影响，维持电流波形正弦，可以在电压环的反馈通道中加入陷波器以滤除直流母线电压中的100Hz脉动分量。

陷波器的中心频率选为100Hz，二阶陷波器的典型传递函数为

$$G(s) = A_0 \frac{s^2 + \omega_n^2}{s^2 + \omega_n s / Q + \omega_n^2} \tag{8-68}$$

其中，A_0 为滤波器的增益，ω_n 为特征角频率，即所要滤除的频率，Q 为品质因数，代表陷波器的选频特性。本节所采用的陷波器，$A_0 = 1$，所需滤除的频率为100Hz，则 $\omega_n = 2\pi \cdot 100 = 628\mathrm{rad/s}$。当 Q 取1和10时，陷波器的频域特性如图8-42所示，品质因数越高，选频特性越好。由于电网的频率较为固定，所以陷波器的陷波频率固定，设计相对简单。

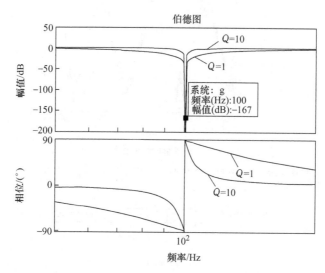

图8-42 中心频率为100Hz的陷波器频率特性

加入陷波器后，由于直流母线电压环反馈通路上的100Hz脉动被滤除了，则直流母线电压环的输出只有直流分量，如图8-43a所示。这样可以在不影响电流波形的情况下进一步提高电压环的带宽，此时电流环给定信号如图8-43b所示。图8-43c给出了相应的发电机绕组电流波形，发电机电流基本正弦。这里需要注意的是，实际的直流母线电压仍然存在着100Hz脉动，只不过没有引入到直流母线电压环中。

8.2.3.3 直流母线电压波动对发电机转矩的影响

上一节分析了通过加入陷波器来滤除直流母线反馈回路上的脉动分量，可以在不影响绕组电流波形的情况下提高整流器的电压环带宽。在数字化实现时，处理器芯片（如DSP）的精度直接影响到陷波器的性能。对于发电机侧而言，另一个重要的问题是如果没有陷波器，那么图8-40c中的谐波电流是否会对发电机的转矩产

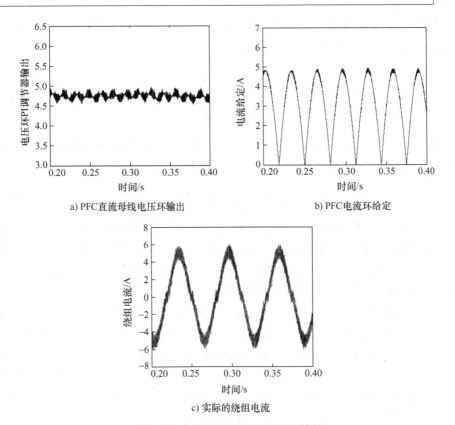

a) PFC直流母线电压环输出　　　　　b) PFC电流环给定

c) 实际的绕组电流

图 8-43　加入陷波器后的整流器特性

生影响, 是否会产生转矩脉动。进一步, 如果不会产生转矩脉动, 可以考虑在发电机侧注入一定的谐波电流从而抵消来自电网侧的功率脉动, 下面对此进行分析。

对于谐波电流对发电机转矩的影响, 主要从谐波电流产生的磁场进行分析, 设电网侧级联型逆变器输出的三相电压和电流分别为

$$\text{A 相}\quad \begin{aligned} u_{o,A} &= U_{om}\cos(\omega_1 t) \\ i_{o,A} &= I_{om}\cos(\omega_1 t - \varphi) \end{aligned} \tag{8-69a}$$

$$\text{B 相}\quad \begin{aligned} u_{o,B} &= U_{om}\cos(\omega_1 t - 2\pi/3) \\ i_{o,B} &= I_{om}\cos(\omega_1 t - \varphi - 2\pi/3) \end{aligned} \tag{8-69b}$$

$$\text{C 相}\quad \begin{aligned} u_{o,C} &= U_{om}\cos(\omega_1 t - 4\pi/3) \\ i_{o,C} &= I_{om}\cos(\omega_1 t - \varphi - 4\pi/3) \end{aligned} \tag{8-69c}$$

以 A 相为例, 每个 H 桥单元逆变器的输出功率可以表示为式(8-66) 所示的形式, 这里重新写作如下:

$$\begin{aligned} p &= u \cdot i = U_{om}\cos(\omega_1 t) \cdot I_{om}\cos(\omega_1 t - \varphi) \\ &= \frac{1}{2}U_{om}I_{om}\left[\cos\varphi + \cos(2\omega_1 t - \varphi)\right] \end{aligned} \tag{8-70}$$

根据式(8-59) 中整流器在两相同步旋转坐标系下的数学模型，发电机的一对正交绕组输出的有功功率和无功功率可以表示为

$$P = \frac{3}{2}Ei_d$$
$$Q = \frac{3}{2}Ei_q \tag{8-71}$$

其中，E 为反电势的幅值。从式(8-71) 可以看出，绕组的 d 轴电流对应着 H 桥逆变器的输出功率，结合式(8-70) 和式(8-71)，则有

$$i_d = \frac{U_{om}I_{om}}{3E}\left[\cos\varphi + \cos(2\omega_1 t - \varphi)\right] \tag{8-72}$$

从式(8-72) 可以看出，如果发电机的功率和负载功率相平衡，那么正交绕组的 d 轴电流如式(8-72) 所示。由于 d 轴电流中含有 $2\omega_1$ 的谐波成分，对应到静止坐标系下，意味着发电机电流中含有 $2\omega_1 \pm \omega_r$ 的谐波电流。下面分析式(8-72) 中频率为 $2\omega_1$ 的谐波电流所产生的空间磁场。

设发电机的独立绕组数为 M，每两个互差90°的绕组组成一对，共可以形成 $M/2$ 对绕组。由于电网侧为三相，那么级联型变换器的级数为 $M/2/3$ 级。对于 A 相，取空间上均匀分布的 $M/6$ 对互差90°的发电机绕组，连接到电网侧 A 相单元上，每对正交绕组之间相差 $2\pi/(M/6)$ 电角度。在同步旋转坐标系下，设其中一对正交绕组的 d 轴与 α 轴的角度为 θ_r。根据其空间位置和式(8-72) 中所示电流中的谐波分量 ($2\omega_1$)，那么谐波电流所产生的空间谐波磁场 f_1 为

$$f_1 = i_{d2} \cdot \cos\theta_r$$
$$i_{d2} = \frac{U_{om}I_{om}}{3E}\cos(2\omega_1 t - \varphi) \tag{8-73}$$

如果综合考虑 A 相这 $M/6$ 对绕组，由谐波电流所合成的磁场 f 可以表示为

$$f = \sum_{n=0}^{M/6-1} i_{d2} \cdot \cos\left(\theta_r + n \cdot \frac{2\pi}{M/6}\right) \tag{8-74}$$

由于这 $M/6$ 对绕组都接到了电网侧同一相的单元上，即 A 相，则 i_{d2} 的表达式相同，可以将式(8-74) 中 i_{d2} 提到表达式的前面，于是有

$$f = i_{d2} \sum_{n=0}^{M/6-1} \cos\left(\theta_r + n \cdot \frac{2\pi}{M/6}\right) \tag{8-75}$$

式(8-75) 中的项满足

$$\sum_{n=0}^{M/6-1} \cos\left(\theta_r + n \cdot \frac{2\pi}{M/6}\right) = 0 \tag{8-76}$$

根据式(8-76)，谐波电流合成磁场的表达式(8-75) 等于 0，即 $f=0$。这就表明，由谐波电流引起的空间谐波磁场为 0，不会造成发电机的转矩脉动。所以，在连接发电机绕组和变换器单元模块时，空间均匀分布的发电机绕组应当连接到电网

侧的同一相上，这样可以抵消直流母线电压100Hz脉动所带来的电流谐波对发电机转矩的影响。图8-44给出了发电机绕组及单元模块的连接示意图，其中的A、B、C代表电网的A、B、C三相，空间均匀分布的绕组及其变换器应接到电网侧同一相上。

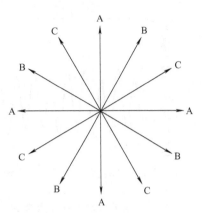

8.2.3.4　直流母线电压波动抑制

　　上一节指出，用于抵消电网侧100Hz功率脉动的发电机绕组谐波电流不会对发电机的转矩产生影响，那么可以考虑从发电机侧直接产生脉动的功率和电网侧的功率相平衡。这样，直流母线电压就不会存在100Hz的波动，从而

图8-44　发电机绕组的空间分布
以及与电网侧的连接方式

可以减小所需的直流母线滤波电容。当然，由这种方案所带来的发电机绕组谐波电流，可能会导致发电机和变换器的损耗增加。每个单元模块中，发电机侧所需要产生的功率以及相应的d轴电流如式（8-70）和式（8-72）所示。在式（8-72）中，既包含直流分量也有2次谐波分量，为了实现对2次谐波分量的控制，可以在旋转坐标系下引入谐振调节器对2次谐波电流进行无静差控制。

　　采用PIR调节器的控制框图如图8-45所示，和图8-38相比，PI调节器由PIR调节器所代替。直流母线电压环和电流环都采用PIR调节器，直流母线上100Hz的脉动，将会经过电压环的谐振调节器体现在电流环的给定上，并经过电流环调节器加以控制。由于电网侧的频率较为固定，所以谐振调节器的谐振频率可以设定在100Hz，这种方法不需要知道任何电网侧的信息，只需要知道电网频率，较为简单。

　　图8-46给出了采用PIR调节器的仿真结果，此时，直流母线电压给定值为224V。图8-46a给出了未采用PIR调节器的直流母线电压，可见存在100Hz脉动。图8-46b给出了加入谐振调节器前后的直流母线电压，在0.3s

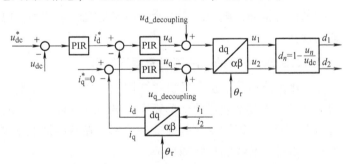

图8-45　采用PIR调节器的整流器控制框图

时，加入谐振调节器，可见直流母线电压波动得到了很好的抑制。图8-46c给出了d轴电流波形，加入PIR调节器后，d轴电流出现了100Hz的脉动，实现了对H桥逆变器侧功率的补偿，验证了PIR调节器的有效性。图8-46d给出了绕组电流的情况，加入谐振调节器后，虽然直流母线电压波动减小，但是电流波形发生了畸变。

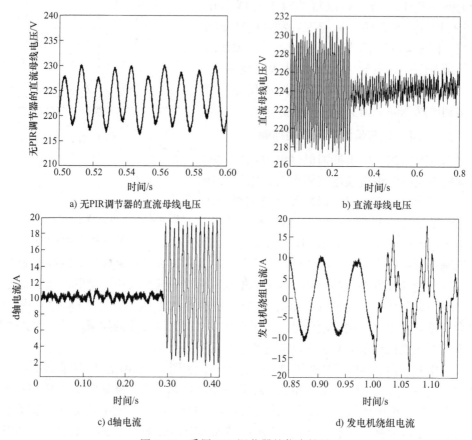

图 8-46 采用 PIR 调节器的仿真结果

根据前面的推导，电流畸变不会导致发电机转矩脉动，但可能会增加发电机和变换器的损耗。

8.2.3.5 系统的故障不间断运行能力

采用多绕组发电机和模块化结构的一个显著优点是系统具有故障不间断运行能力。当发电机或变换器某个单元模块出现故障时，其余的部分能够正常运行，对于风力发电而言，即维持向电网输送功率（在某些情况下需要降功率运行），当有条件时，再进行系统的检修和维护。

对于图 8-23 中的变换器故障研究可以分为两个部分，一是电网侧（H 桥级联型逆变器）的故障研究，其次是发电机侧（整流器侧）的故障研究。

对于网侧变换器故障，可以参考用于电机拖动领域的高压级联型变换器的故障保护和分析方法。通常在每个 H 桥逆变单元中，都有一个与 H 桥输出端并联的开关（如晶闸管），当某个 H 桥单元出现故障时，可以利用此开关将故障单元短路，从而维持其他部分的正常运行。由于级联型变换器和电网相连，所以变换器的输出电压仍然需要满足电网电压等级的要求。在故障发生后，故障单元切除，正常的单元需要改变相应的调制比，或者直流母线电压值，来满足电网电压的要求。当某一相的某个单元模块发生故障时，为了维持三相系统的平衡，可以采用中点偏移技术，调整三相输出电压的幅值和相位，实现三相电压的平衡输出。

　　发电机侧变换器的故障保护和电机拖动领域的级联型变换器有些不同，在电机拖动领域中，变换器输入侧多采用移相变压器和不可控二极管整流，而图 8-23 所示结构中是发电机和 PFC 整流升压电路，增加了可控器件。下面考虑 PFC 主开关管发生开路故障时系统的运行状态和故障不间断运行方法。

　　当 PFC 电路主开关管发生开路故障时，整流侧的运行方式由 PFC 整流变为二极管不可控整流。图 8-47a 给出了变换器单元的直流母线电压在 PFC 主开关管发生故障前后的变化情况，可见直流母线电压从 PFC 整流的设定值 224V 下降到二极管不可控整流时的 130V 左右（反电势峰值）。图 8-47b 给出了发电机绕组电流波形，发电机电流由正弦电流变为二极管整流电流。当进入二极管整流方式后，电流波形中含有丰富的谐波，会导致发电机的转矩脉动以及谐波损耗。但由于采用了多相发电机，发电机的相数越多，单个绕组的故障对整个发电机的影响越小。

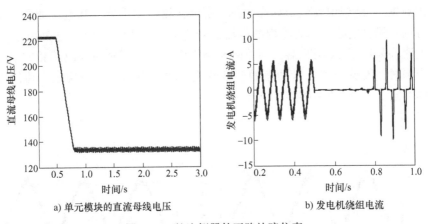

a) 单元模块的直流母线电压　　　　b) 发电机绕组电流

图 8-47　整流侧器件开路故障仿真

　　整流侧器件的开路故障会对网侧变换器运行产生影响。由于故障单元的直流母线电压降低，如果仍然采用三相对称的 PWM 产生方法，会造成故障相的电压输出能力降低，从而影响电网电流。图 8-48a 给出了故障发生后的电网电流情况，可见故障相的电流幅值比非故障相的电流幅值有所降低，这样会导致变换器三相输出功率的不平衡。可以通过对直流母线电压的检测，动态地调整故障相输出电压的调制比，对输出电压进行补偿。补偿后的电流波形如图 8-48b 所示，可见各相电流的幅值基本一致。

　　发电机侧还需要考虑的一个问题是故障相对其他非故障相的影响。当故障相的整流器进入二极管整流状态后，发电机电流中的谐波成分会通过发电机绕组之间的互感影响到非故障相。多绕组发电机的互感矩阵如 8.2.1.5 节中数学模型所示，根

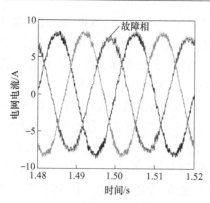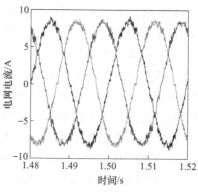

a) 未采用直流母线电压动态补偿

b) 采用直流母线电压动态补偿

图 8-48 PFC 主开关管发生开路故障后的电网电流波形

据绕组空间位置分布的不同（互感参数不同），以及故障相电流波形畸变程度的不同，故障相对其他非故障相的影响也不相同。

可通过仿真研究故障相对其他相的影响。图 8-49 给出了图 8-30 中 6 相发电机在故障发生前后，与故障相相隔 30 度电角度的绕组电流仿真波形。故障前，与故障相相隔 30°的绕组电流波形如图 8-49a 所示，故障发生后，其电流如图 8-49b 所示。可见故障发生后，非故障相的电流波形正弦，无明显变化。这是由于 PFC 电路的电流环采用了 PI 调节器，当故障相绕组电流通过互感对非故障相的感应电势产生影响时，PI 调节器可以动态的调整变换器输出电压，使得绕组电流跟踪正弦电流的给定值，维持发电机不间断运行。

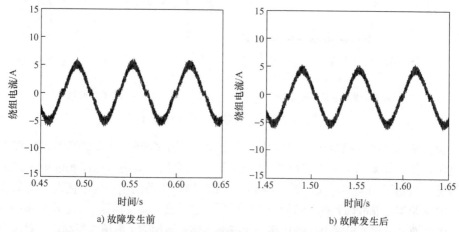

a) 故障发生前

b) 故障发生后

图 8-49 故障发生前后，与故障相相隔 30°的非故障相绕组电流波形

此外，由于变换器直接和电网相连，当电网出现故障时，要求发电机及变换器系统具备一定的应对能力，比如低电压穿越能力、电网电压不对称运行能力等。对于图 8-23 中的级联型变换器，在电网故障发生时，其控制方法与图 7-1 中两电平

全功率变换器应对电网故障的控制方法基本相似。以三相对称电压跌落为例,此时,由于电网电压跌落,电网侧级联型变换器的输出电流将会增大,达到电流环输出的限幅值。而此时风力机捕获的功率大于网侧变换器馈入电网的功率,变换器单元的直流母线电压将会升高。可以通过控制减小 PFC 整流电路的电流,从而减少馈入到直流母线上的功率,抑制直流母线电压的上升。这样会导致风力机转速升高,但由于电压跌落时间较短,风力机转动惯量较大,转速范围仍然可控。同时,可以通过并联在直流母线上的电阻对多余功率进行释放,维持直流母线电压恒定。

8.2.4　采用串联整流器及三电平逆变桥的单元结构

在本节所研究的变换器拓扑中,为了实现高压输出,需要多组单元模块串联,这就需要较多的发电机绕组,以提供单元模块的电源,而发电机独立绕组的数量是有限的。为了减少所需发电机绕组的数量,可以提高每个单元模块的电压等级,从而减少级联单元的级数。在 8.2.2.1 节中,采用两个相位上互差 90°的绕组并联可以抵消 2 倍频的功率脉动,同样,这样的两个绕组串联也可以抵消功率脉动,功率的表达式仍然如式(8-32)所示。因此,可以采用图 8-50 中的结构,将两组整流单元串联,这样每个单元模块的电压等级是图 8-23b 中采用并联方式的两倍。考虑到电力电子器件耐压的限制,逆变侧可以相应的采用二极管箝位式三电平(NPC)的桥臂结构。这种逆变单元的每个开关管承受的电压应力为 H 桥单元每个开关管的一半,每个单元的输出电压是 5 电平(H 桥逆变单元输出为 3 电平)。这种结构在提高单元模块电压等级的同时,也增加了输出的电平数。在相同的器件耐压水平和电网电压下,采用这种结构可以使得所需发电机绕组数量为采用并联结构的一半。

需要注意的是,虽然这种结构单元模块整流侧总的功率是恒定的,但是图 8-50 中的直流母线中点 O 仍然存在着发电机定子频率二倍的功率脉动,需要较大的电容对其进行滤波。另一方面,由于直流母线中点电压被两组 boost 整流电路箝位,从而避免了 NPC 逆变桥的中点电位控制问题。

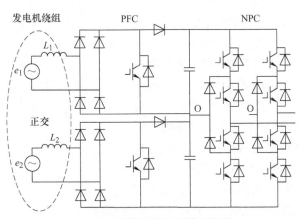

图 8-50　采用两组整流单元串联,
NPC 结构逆变的单元模块

为了避免直流母线中点 O 的低频脉动对电网侧逆变器输出电压的影响,也可以采用图 8-51 中的结构。在这种结构中,逆变侧有独立的直流母线电容,整流侧传递到直流母线的功率恒定,但是这种结构需要解决

NPC 逆变器的中点电压平衡问题。从基波功率来看，这种结构的中点电压在一个工频周期内是稳定的，但是考虑到器件和储能元件的参数差别以及动态过程，需要采用例如开关轮换算法或者选择冗余开关状态的方法以实现中点电压的平衡。

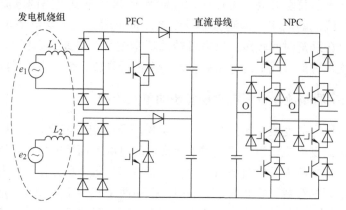

图 8-51　NPC 单元具有独立直流母线电容的结构

　　图 8-50 中的单元结构，整流侧的控制策略与图 8-23b 中单元的控制策略基本相同，这里不再赘述。对于逆变侧的控制，仍然采用矢量控制对有功功率和无功功率进行调节，只不过在这里的控制对象为 NPC 单元级联结构。

　　下面讨论级联型 NPC 单元的调制方法，由于图 8-50中的直流母线中点被前端整流桥箝位住，仍然可以利用载波移相 PWM 简单地实现对整个逆变侧的调制。这里将H 桥级联系统中的载波移相方法应用到 NPC 逆变桥结构中。具体调制方案如下：根据图 8-35 所示的控制系统，当通过矢量控制运算得到参考电压 u_{abc}^* 后，计算出每级单元所需输出的电压（为 $1/N$

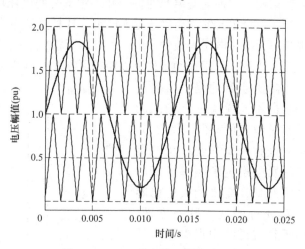

图 8-52　NPC 逆变单元的调制方法

的总输出电压），N 为逆变单元的级数。然后选取每个单元直流母线电压的一半作为基值，将所需输出电压的标幺值归到 0 ~ 2 之间，如图 8-52 所示。这种标幺化的好处在于，输出电压的整数部分代表了输出电压层级，而小数部分代表了输出的占空比，输出电压层级的概念与 8.1 节中相同。根据图 8-52 可完成对一级 NPC 单元的调制，其余级 NPC 单元的 PWM 脉冲是通过对第一级 NPC 单元脉冲移相得到的，每

级移相的角度为 π/N，这样可以将开关频率的谐波提高到 $2Nf_s$，f_s 为开关频率。上述结构及算法的实际效果如图 8-53 所示。

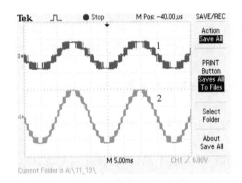

a) 变换器输出电压

1——一个NPC单元(50V/格)

2——两个NPC单元串联(50V/格)

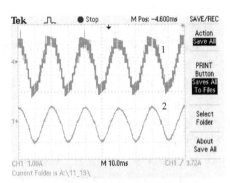

b) 变换器输出电压和负载电流

1——变换器输出电压(50V/格)

2——负载电流(1A/格)

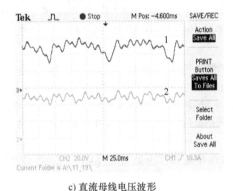

c) 直流母线电压波形

1——直流母线上电容电压(20V/格)

2——总的直流母线电压(50V/格)

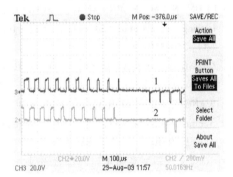

d) 脉冲移相波形

1——第一级单元脉冲

2——第二级单元脉冲

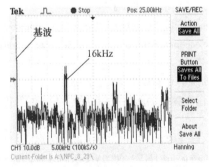

e) NPC一级单元输出电压FFT(5电平)

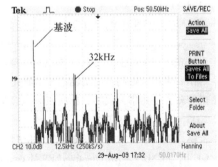

f) NPC两级单元输出电压FFT(9电平)

图 8-53　两组整流桥串联，NPC 逆变单元级联的实验波形及分析

参 考 文 献

[1] 何湘宁，陈阿莲．多电平变换器的理论和应用技术 [M]．北京：机械工业出版社，2006.

[2] 王琛琛．多电平变换器拓扑、PWM 算法及中点电压控制的研究 [D]．北京：清华大学，2008.

[3] 原熙博．大容量永磁同步风力发电机系统及高压变换器控制研究 [D]．北京：清华大学，2010.

[4] 原熙博，李永东，王琛琛．基于零序分量注入的三电平 PWM 整流器目标优化控制 [J]．电工技术学报，2009，24 (3)：116-121.

[5] OGASAWARA S, AKAGI H. Analysis of variation of neutral point potential in neutral-point-clamped voltage source PWM inverters [C]. IEEE IAS, 1993: 965-970.

[6] CELANOVIC N, BOROYEVICH D. A fast space-vector modulation algorithm for multilevel three-phase converters [J]. IEEE Transactions on Industry Applications, 2001, 37 (2): 637-641.

[7] ERDMAN J M, KERKMAN R J, SCHLEGEL D W, et al. Effect of PWM inverters on AC motor bearing currents and shaft voltages [J]. IEEE Transactions on Industry Applications, 1996, 32 (2): 250-259.

[8] ZHANG H, VON A, DAI S, et al. Multilevel inverter modulation schemes to eliminate common-mode voltages [J]. IEEE Transactions on Industry Applications, 2000, 36 (6): 1645-1653.

[9] WANG FRED, LAI RIXIN, YUAN XIBO. Failure Mode Analysis and Protection of Three-level Neutral-Point-Clamped PWM Voltage Source Converters [J]. IEEE Transactions on Industry Applications, 2010, 46 (2): 866-874.

[10] 刘莉飞．新型高压永磁同步直驱风力发电系统整流升压电路研究 [D]．北京：清华大学，2008.

[11] LO Y, OU S, CHIU H. On evaluating the current distortion of the single-phase switch-mode rectifiers with current slope maps [J]. IEEE Transactions on Industrial Electronics, 2002, 49 (5): 1128-1137.

[12] KOEN G, VAN D M, VAN P M, et al. Digitally controlled boost power-factor-correction converters operating in both continuous and discontinuous conduction mode [J]. IEEE Transactions on Industrial Electronics, 2005, 52 (1): 88-97.

[13] 薛山．多相永磁同步电机驱动技术研究 [D]．北京：中科院电工所，2005.

[14] 韩智玲，任兆华，钱鸣．H 桥级联型多电平高压变频器的断路故障分析 [J]．电气传动，2006，36 (7)：19-21.

[15] 倚鹏．单元串联型高压变频器的保护配置 [J]．电气传动，2009，39 (5)：10-14.

[16] GE B, PENG F. An effective SPWM control technique for 1MVA 6000V cascaded neutral point clamped inverter [C]. IEEE IAS, 2008: 1-6.

第9章　基于高压直流输电的海上风电系统

在大容量海上风电系统中，柔性高压直流输电（Voltage Source Converter-High Voltage Direct Current，VSC-HVDC）系统以其无需无功补偿、利于长距离传输、电缆成本低、控制灵活、能量双向流动等优势而成为目前海上风电最为重要的输电形式。其中，串联式 VSC-HVDC 系统无需海上部分的变压器和大容量集中式变换器，具有成本低、复杂性低、效率高、可靠性高、可维护性好等特点。

第一个基于 VSC-HVDC 的离岸风场是位于德国的 BorWin1，系统容量 400MW，由 ABB 公司建造。BorWin1 通过 36kV 交流电缆和 36kV/154kV 变压器将 80 台 5MW 风力发电机的输出电能汇聚于离岸 HVDC 平台，并经由 HVDC 电缆以 DC 300kV 输送到 200km 外的陆上平台。BorWin2 是另一个大容量离岸风场，系统容量 800MW，HVDC 等级 300kV。在和 BorWin1 连接后，BorWin（BorWin1 + BorWin2）将成为容量最大且海底传输距离最长的 HVDC 离岸风场。

本章讨论了两种新型串联式 VSC-HVDC 系统，即基于模块化多电平变换器（Modular Multilevel Converter，MMC）的 HVDC 系统以及基于中频变压器（Medium Frequency Transformer，MFT）的 HVDC 系统，详细讨论了它们的拓扑结构及其控制方法。

9.1　基于 MMC 的离岸风场高压直流输电系统

9.1.1　模块化多电平变换器

9.1.1.1　模块化多电平变换器的基本结构

一个典型的三相五电平 MMC 变换器结构如图 9-1a 所示。该变换器中含有 3 个桥臂，每个桥臂构成一相，构成三相输出；每个桥臂又包含上下 2 个半桥臂，分别称为上半桥臂（或正半桥臂）和下半桥臂（或负半桥臂）；每个半桥臂由 4 个子模块（Sub-Module，SM）串联组成，用以获得 5 电平相电压输出；每个半桥臂中包含 1 个电感 L_s 用于电流控制和故障电流限制；直流侧由 2 个等效电容串联构成。

子模块由 1 个半桥（由 1 对互补 IGBT 构成）和储能电容构成，如图 9-1b 所示。子模块的开关状态如下：

1）开通状态：S_1 导通，S_2 关断。在开通状态下，子模块端电压（U_o）等于电容电压，电容充放电状态取决于当前电流方向；

2）关断状态：S_1 关断，S_2 导通。在关断状态下，电容被旁路，子模块端电压为 0；

3）阻塞状态：S_1 和 S_2 均关断。这种情况发生在启动或故障状态。在 MMC 变换器工作过程中，每个子模块中 S_1 和 S_2 一般处于互补开关状态，且处于开通状态的子模块数量一般等于每相子模块数量的一半。子模块输出电压和电容充放电状态与开关状态及电流方向有关，见表 9-1。

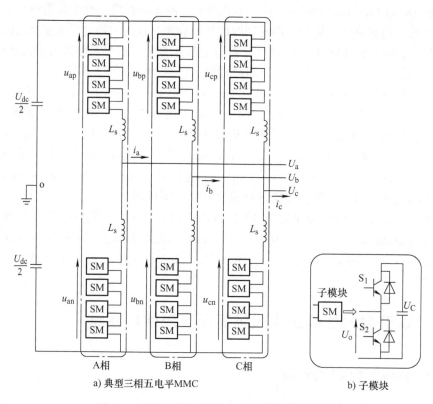

a) 典型三相五电平MMC

b) 子模块

图 9-1 典型三相五电平 MMC 变换器拓扑结构

表 9-1 子模块输出电压与电容状态

	S_1	S_2	U_o	dU_o/dt
$i>0$	1	0	U_C	>0
	0	1	0	0
$i<0$	1	0	U_C	<0
	0	1	0	0

9.1.1.2 模块化多电平变换器的数学模型

三相五电平 MMC 变换器的功能框图如图 9-2 所示，这里，采用理想开关替代了子模块中的互补 IGBT，实现对子模块输出电压的切换控制。其中，S_{upji} 和 S_{lowji} 分别表示上半桥臂和下半桥臂的开关，C_{upji} 和 C_{lowji} 分别表示上半桥臂和下半桥臂的储能电容，j 表示当前开关所处相序（j = a，b，c），i 表示当前开关所处序号（i = 1，2，…，6）。因此，当 $S_{upji}=1(S_{lowji}=1)$ 时，表示 $S_{upji}(S_{lowji})$ 开关指针与其电容正极相连，即 j 相上半桥臂（下半桥臂）第 i 个子模块输出电压等于 U_{Cupji}（U_{Clowji}）；当 $S_{upji}=0(S_{lowji}=0)$ 时，表示 $S_{upji}(S_{lowji})$ 开关指针与其电容负极相连，即 j 相上半桥臂（下半桥臂）第 i 个子模块输出电压等于 0。

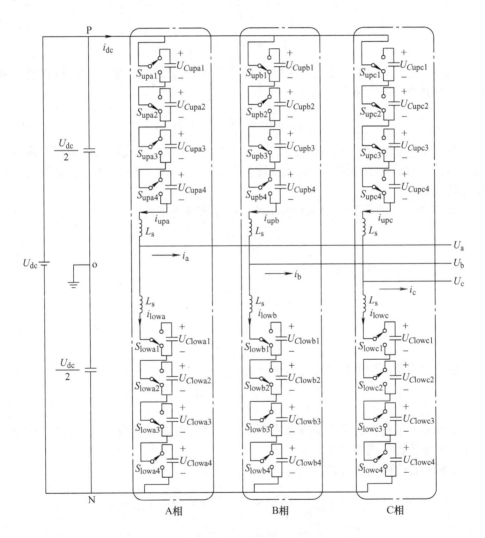

图 9-2　典型三相五电平 MMC 变换器拓扑结构

考虑到每个半桥臂输出可以被理解为可控电压源，则其输出电压满足式(9-1)。

$$u_{upj} = \sum_{i-1}^{4} (S_{upji} U_{Cupji}) + L_s \frac{di_{upj}}{dt}$$

$$u_{lowj} = \sum_{i-1}^{4} (S_{lowji} U_{Clowji}) + L_s \frac{di_{lowj}}{dt} \qquad j = a,b,c \qquad (9\text{-}1)$$

其中，u_{upj} 和 u_{lowj} 分别表示上半桥臂和下半桥臂的输出电压。

每个半桥臂的电流方程可以表示为

$$i_{upj} = \frac{i_j}{2} + i_{diff}$$

$$i_{lowj} = -\frac{i_j}{2} + i_{diff} \qquad (9\text{-}2)$$

其中，i_{diffi} 表示电流偏差，它由两部分构成，即交流分量（i_{zj}）和直流分量（i_{yj}），如式(9-3) 所示。

$$i_{diffj} = \frac{i_{upj} + i_{lowj}}{2} = i_{zj} + i_{yj} \qquad (9\text{-}3)$$

其中，i_{zj} 是相间环流，且 $i_{za} + i_{zb} + i_{zc} = 0$，该环流对变换器交流侧和直流侧均无影响，但对子模块储能电容电压纹波会造成一定影响，从而影响变换器器件的额定参数选型。

取 i_{dc} 表示变换器直流侧的直流电流，则平衡状态下有：

$$i_{yj} = \frac{i_{dc}}{3} \qquad (9\text{-}4)$$

由式(9-2) 和式(9-4) 可知

$$i_{upj} = \frac{i_j}{2} + \frac{i_{dc}}{3} + i_{zj}$$

$$i_{lowj} = -\frac{i_j}{2} + \frac{i_{dc}}{3} + i_{zj} \qquad (9\text{-}5)$$

变换器交流侧输出相电压可以表示为

$$U_{jo} = \frac{U_{dc}}{2} - U_{jp} = -\frac{U_{dc}}{2} + U_{jn} \qquad (9\text{-}6)$$

变换器上半桥臂和下半桥臂输出电压可以通过控制子模块开关状态进行控制，从而整个变换器交流侧输出电压可控。

变换器直流侧电压可以表示为

$$U_{dc} = u_{upj} + u_{lowj} = \sum_{i-1}^{4} (S_{upji} U_{Cupji}) + \sum_{i-1}^{4} (S_{lowji} U_{Clowji}) +$$

$$L_s \frac{di_{lowj}}{dt} + L_s \frac{di_{upj}}{dt} \qquad (9\text{-}7)$$

9.1.1.3 考虑电容平衡的 PWM 方法

这里采用载波层叠调制方法对上述三相五电平 MMC 变换器进行调制。

在图 9-2 所示的 MMC 功能框图中，各子模块中的 IGBT 可以通过开关函数 S_{upji} 和 S_{lowji} 来控制，且任意时刻某一桥臂为 1 的开关函数数量必为 4，这意味着任意桥臂中必然有 4 个子模块处于开通状态，而另外 4 个子模块处于关闭状态，即

$$n_{upj} + n_{lowj} = 4 \tag{9-8}$$

其中，n_{upj} 为 j 相上半桥臂中处于导通状态的子模块数，n_{lowj} 为 j 相下半桥臂处于导通状态的子模块数。

这里，j 相上半桥臂和下半桥臂处于导通状态的子模块数取决于 j 相参考电压的大小。假设各子模块中电容电压均为 $U_C = U_{dc}/4$，则 j 相与中性点 o 间所输出的五电平电压为

1）电压等级 1：$U_{oj} = -U_{dc}/2$，上半桥臂 4 个子模块全部为导通状态，且下桥臂 4 个子模块全部为关闭状态，如 $n_{upj} = 4$ 且 $n_{lowj} = 0$；

2）电压等级 2：$U_{oj} = -U_{dc}/4$，上半桥臂 3 个子模块为导通状态（1 个子模块为关闭状态），且下桥臂 1 个子模块为导通状态（3 个子模块为关闭状态），如 $n_{upj} = 3$ 且 $n_{lowj} = 1$；

3）电压等级 3：$U_{oj} = 0$，上半桥臂 2 个子模块为导通状态（2 个子模块为关闭状态），且下桥臂 2 个子模块为导通状态（2 个子模块为关闭状态），如 $n_{upj} = 2$ 且 $n_{lowj} = 2$；

4）电压等级 4：$U_{oj} = +U_{dc}/4$，上半桥臂 1 个子模块为导通状态（3 个子模块为关闭状态），且下桥臂 3 个子模块为导通状态（1 个子模块为关闭状态），如 $n_{upj} = 1$ 且 $n_{lowj} = 3$；

5）电压等级 5：$U_{oj} = +U_{dc}/2$，上半桥臂 4 个子模块为关闭状态，且下桥臂 4 个子模块全部为导通状态，如 $n_{upj} = 0$ 且 $n_{lowj} = 4$。

为了进一步确认，MMC 调制过程中某一相上下桥臂具体各哪些子模块导通和哪些子模块关闭，需要对子模块电容电压及桥臂电流进行测量。

当上下桥臂中电流方向为正时，其中处于导通状态的子模块将充电，电容电压将上升；当上下桥臂中电流方向为负时，其中处于导通状态的子模块将放电，电容电压将下降。处于关断状态的子模块将被旁路，其电容电压保持不变，与桥臂电流方向无关。

为维持 MMC 变换器中各子模块电容电压平衡，每次对各子模块的开关函数进行控制前，先对当前相所有子模块电容电压进行测量，并按照上下桥臂分组降序排列，然后：①如果上桥臂电流方向为正，上桥臂分组中电容电压最低的 n_{upj} 个子模块的开关函数被置 1；②如果上桥臂电流方向为负，上桥臂分组中电容电压最高的 n_{upj} 个子模块的开关函数被置 1；③如果下桥臂电流方向为正，下桥臂分组中电容电压最低的 n_{lowj} 个子模块的开关函数被置 1；④如果下桥臂电流方向为负，下桥臂分组中电容电压最高的 n_{lowj} 个子模块开关函数被置 1。

综上，得到本节所述三相五电平 MMC 变换器 PWM 方法如图 9-3 所示。

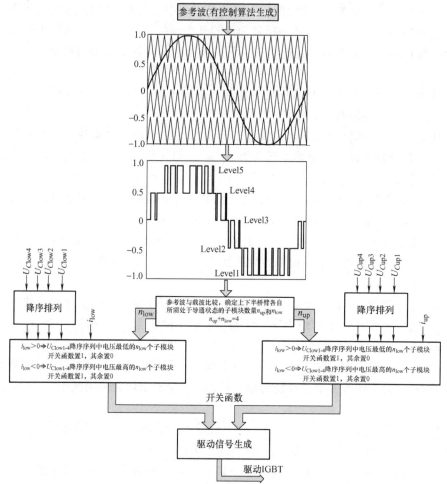

图 9-3 带有电压均衡能力的五电平 MMC 调制方法

9.1.2 基于 MMC 的离岸风场高压直流输电系统的拓扑

在如图 1-29 所示的串联 VSC-HVDC 典型拓扑结构中，离岸风场通过风机直流侧串联获得直流高电压并实现无变压器传输，省去了庞大笨重的升压变压器，从而提升了系统效率和可靠性、降低了系统重量和成本，但也存在着单机及线路故障难以处理的问题。多相大功率风力发电机也已经开始应用于海上风电系统，将多相风力发电机中各对称三相绕组分别与两电平 AC/DC 变换器交流侧相连，并将这些 AC/DC 变换器的直流侧串联已获得所需要的直流高电压，这种拓扑结构降低了直流侧总电容，使用两电平结构降低了对功率开关器件电压电流等级的要求，并且每一个 AC/DC 变换器可以独立保护和隔离，提升了系统故障不间断运行能力，但也存在着一些问题，即：当发生短路时，直流侧的电容阵列没有有效保护，直流侧电压的稳定依赖于所有变换器的调节能力。

本节所讨论的离岸风场高压直流输电系统拓扑结构如图 9-4 所示。其离岸部分包括 5 个发电单元，每个发电单元由 1 个风机及其配套的 1 台永磁同步发电机 (Permanent Magnetic Synchronous Generator，PMSG) 和三电平中点钳位 (3-Level Neutral Point Clamped，3L-NPC) 变换器构成；其中每个 3L-NPC 变换器的直流侧与半桥 (Half-Bridge，H-B) 相连，各 H-B 输出侧串联获得所需的直流高电压，并通过直流传输线缆将各发电单元的能量传输到陆上部分。其陆上部分采用 MMC 变换器将高压直流电转换为交流电并馈入电网，同时控制直流侧总电压稳定。

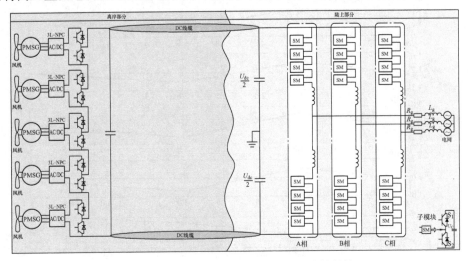

图 9-4　典型三相五电平 MMC 变换器拓扑结构

该拓扑结构的优点是：①每台风力机都能获得独立的 MPPT 控制，这意味着在大面积海上区域各风力机风速不同时，整个风场能够工作在全局 MPPT 状态；②直接获得直流高电压而无需额外的升压环节，从而提升系统效率、降低系统成本、提高系统集成度。但是，3L-NPC 变换器在一定程度上增加了发电单元的重量，其电容阵列也会在一定程度上影响系统的使用寿命。为了提高该拓扑结构的可靠性，尤其是提升其发电单元串联支路故障不间断运行能力，可以对发电单元阵列采用串并联混合连接的形式，即先将一部分发电单元串联后，再将所有串联支路并联在一起，构成发电单元混合连接阵列；另外，也可以在每个 3L-NPC 变换器的直流侧增加 crowbar 单元，用于故障及在线维护下的发电单元旁路。

9.1.3　基于 MMC 的离岸风场高压直流输电系统的控制

如图 9-4 所示的拓扑结构中，离岸部分由发电单元和 H-B 单元构成。其中，各发电单元中均含有 3L-NPC 变换器，用于控制各发电单元中对应的 PMSG，控制方法可以参考 7.1.2 节，通过对转速控制实现各 PMSG 的 MPPT 控制；各 H-B 单元输出侧串行连接，用于获得所需的直流高电压，实现高压直流输电，同时，也用于平衡各发电单元中 3L-NPC 变换器的直流母线电压。

如图 9-4 所示的拓扑结构中，陆上部分采用 5 电平 MMC 变换器，用于控制高压直流输电线缆间的直流高电压为参考值，并将离岸部分发来的功率进行转换并馈入电网，其控制方法可以参考 7.1.2 节中两电平网侧变换控制方法，由该控制方法生成的参考电压将作为载波层叠调制方法（见图 9-3）的参考波，驱动 MMC 变换器工作，实现相关控制过程，其控制效果如图 9-5 所示。

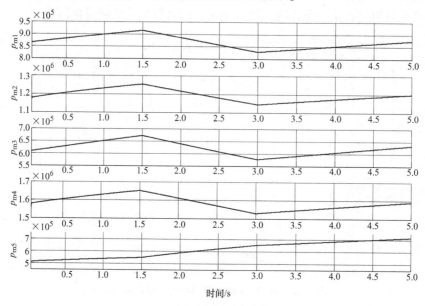

a) 各发电单元输出功率

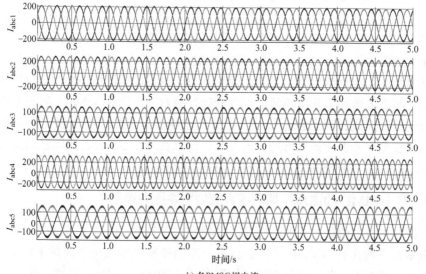

b) 各PMSG相电流

图 9-5 基于 MMC 的离岸风场高压直流输电系统仿真结果

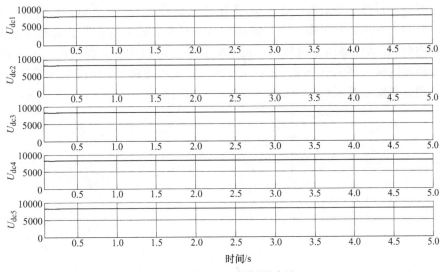

c) 各3L-NPC直流母线电压

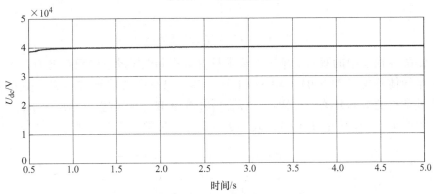

d) 高压直流输电线缆间总直流电压

图 9-5　基于 MMC 的离岸风场高压直流输电系统仿真结果（续）

9.2　基于 MFT 的离岸风场高压直流输电系统

9.2.1　矩阵变换器

矩阵变换器（Matrix Converter，MC）是一种直接 AC/AC 变换器，它使用双向可控开关控制输出交流电压的幅值和频率，无需储能电容，也被称为全硅解决方案。它具有功率因数可调、双向功率输送、结构紧凑、功率密度高等特点，其电压调制比为 86%。

9.2.1.1　矩阵变换器的基本结构

一个 $m \times n$ 的矩阵变换器的输入电压为 m 相，输出电压为 n 相，需 $m \times n$ 个双向功率开关。目前应用最为广泛的3×3矩阵变换器如图9-6所示，它含有9个双向功率开关以阵列形式排布，以保证任意时刻任意相输入均能与任意相输出相连接，其中的*LC*滤波器用于避免输入侧过电压并滤除输入侧高频电流。一般而言，矩阵变换器的输入多为电压源，因此其输入端不允许短路，而矩阵变换器多带足感负载，因此其输出侧不允许开路。

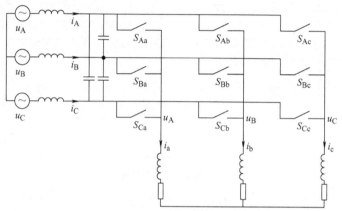

图9-6 3×3矩阵变换器拓扑结构

矩阵变换器中的双向功率开关要求具有电流和电压的双向阻断能力，多为一组功率半导体开关（如 IGBT、MOSFET 等）通过某种串并联形式构成。图9-7所示为四种常见的双向开关，包括：二极管桥并联 IGBT、共射极反串联 IGBT、共集电极反串联 IGBT 和反并联 IGBT。表9-2 对上述几种常见双向功率开关进行了比较。

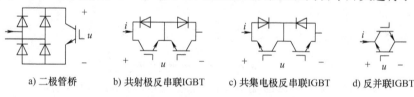

a) 二极管桥   b) 共射极反串联IGBT   c) 共集电极反串联IGBT   d) 反并联IGBT

图9-7 常见双向功率开关

表9-2 双向功率开关比较

类　　型	半导体开关数量	优　　点	缺　　点
二极管桥	4个二极管 1个IGBT	只需要1个驱动信号	3个器件同时导通增加导通损耗
共射极 反串联IGBT	2个二极管 2个IGBT	可对不同方向的电流分别进行独立控制	各双向开关的驱动电路需要相互隔离的电源
共集电极 反串联IGBT	2个二极管 2个IGBT	可对不同方向的电流分别进行独立控制	每个双向开关的驱动电路需要2个隔离电源 各双向开关的驱动电路需要相互隔离的电源 大系统中换向单元间的电感可能造成问题
反并联IGBT	2个IGBT	结构紧凑、价格便宜	反向耐压能力较差

9.2.1.2 矩阵变换器中的空间矢量调制

1. 开关原则

如上文所述，一个 3×3 矩阵变换器的输入端为电压源且输出端接感性负载，因此，其输入端不能短路且输出端不能开路，即

$$S_{Aj}+S_{Bj}+S_{Cj}=1 \qquad j=a,b,c \qquad (9\text{-}9)$$

其中，开关函数 S_{ij} 定义为

$$S_{ij}=\begin{cases}1, & \text{开关}\quad S_{ij}\quad\text{导通}\\ 0, & \text{开关}\quad S_{ij}\quad\text{关断}\end{cases} \qquad i=A,B,C \quad j=a,b,c \qquad (9\text{-}10)$$

式(9-9)表明在任意时刻矩阵变换器任一输出相有且只有一个开关导通，因此，3×3 矩阵变换器共有 27 种开关状态，分别对应 27 个输出电压矢量。

在图 9-6 中，定义 u_A、u_B 和 u_C 分别为输入电压，i_A、i_B 和 i_C 分别为输入电流，u_a、u_b 和 u_c 分别为输出电压，i_a、i_b 和 i_c 分别为输出电流，U_i 为输入电压幅值，I_o 为输出电流幅值。对于三相正弦系统，输出电压和输入电流可以被表述为

$$\begin{bmatrix}u_A(t)\\u_B(t)\\u_C(t)\end{bmatrix}=U_i\begin{bmatrix}\cos(\omega_i t)\\\cos\left(\omega_i t-\dfrac{2\pi}{3}\right)\\\cos\left(\omega_i t+\dfrac{2\pi}{3}\right)\end{bmatrix}\quad\text{且}\quad\begin{bmatrix}i_a(t)\\i_b(t)\\i_c(t)\end{bmatrix}=I_o\begin{bmatrix}\cos(\omega_o t)\\\cos\left(\omega_o t-\dfrac{2\pi}{3}\right)\\\cos\left(\omega_o t+\dfrac{2\pi}{3}\right)\end{bmatrix}\quad(9\text{-}11)$$

$$u_A+u_B+u_C=0 \quad\text{且}\quad i_a+i_b+i_c=0 \qquad (9\text{-}12)$$

在矩阵变换器中，输出电压的参考电压矢量 $\boldsymbol{U}_o$ 和输入电流的参考电流矢量 $\boldsymbol{I}_{in}$ 可以表示为

$$\boldsymbol{U}_o(t)=\frac{2}{3}\left[u_a(t)+u_b(t)\mathrm{e}^{j2\pi/3}+u_c(t)\mathrm{e}^{j4\pi/3}\right]=\mathrm{Re}\left[\boldsymbol{U}_o(t)\right]+j\mathrm{Im}\left[\boldsymbol{U}_o(t)\right]$$

$$=\frac{2}{3}\left[u_a+\cos\left(\frac{2\pi}{3}\right)\cdot u_b+\cos\left(\frac{4\pi}{3}\right)\cdot u_c\right]+j\frac{2}{3}\left[\sin\left(\frac{2\pi}{3}\right)\cdot u_b+\sin\left(\frac{4\pi}{3}\right)\cdot u_c\right]$$

$$=\frac{2}{3}\left(u_a-\frac{1}{2}\cdot u_b-\frac{1}{2}\cdot u_c\right)+j\frac{1}{\sqrt{3}}(u_b-u_c) \qquad (9\text{-}13)$$

$$\boldsymbol{I}_i(t)=\frac{2}{3}\left[i_A(t)+i_B(t)\mathrm{e}^{j2\pi/3}+i_C(t)\mathrm{e}^{j4\pi/3}\right]=\mathrm{Re}\left[\boldsymbol{I}_i(t)\right]+j\mathrm{Im}\left[\boldsymbol{I}_i(t)\right]$$

$$=\frac{2}{3}\left[i_A+\cos\left(\frac{2\pi}{3}\right)\cdot i_B+\cos\left(\frac{4\pi}{3}\right)\cdot i_C\right]+j\frac{2}{3}\left[\sin\left(\frac{2\pi}{3}\right)\cdot i_B+\sin\left(\frac{4\pi}{3}\right)\cdot i_C\right]$$

$$=\frac{2}{3}\left(i_A-\frac{1}{2}\cdot i_B-\frac{1}{2}\cdot i_C\right)+j\frac{1}{\sqrt{3}}(i_B-i_C) \qquad (9\text{-}14)$$

其中

$$|\boldsymbol{U}_o(t)|=\sqrt{\{\mathrm{Re}[\boldsymbol{U}_o(t)]\}^2+\{\mathrm{Im}[\boldsymbol{U}_o(t)]\}^2}$$

$$= \sqrt{\left[\frac{2}{3}\left(u_a - \frac{1}{2}u_b - \frac{1}{2}u_c\right)\right]^2 + \left[\frac{1}{\sqrt{3}}(u_b - u_c)\right]^2}$$

$$\angle \boldsymbol{U}_o(t) = \sin^{-1}\frac{\operatorname{Im}[\boldsymbol{U}_o(t)]}{|\boldsymbol{U}_o(t)|} = \cos^{-1}\frac{\operatorname{Re}[\boldsymbol{U}_o(t)]}{|\boldsymbol{U}_o(t)|} \qquad (9\text{-}15)$$

$$|\boldsymbol{I}_i(t)| = \sqrt{\{\operatorname{Re}[\boldsymbol{I}_i(t)]\}^2 + \{\operatorname{Im}[\boldsymbol{I}_i(t)]\}^2}$$

$$\angle \boldsymbol{I}_i(t) = \sin^{-1}\frac{\operatorname{Im}[\boldsymbol{I}_i(t)]}{|\boldsymbol{I}_i(t)|} = \cos^{-1}\frac{\operatorname{Re}[\boldsymbol{I}_i(t)]}{|\boldsymbol{I}_i(t)|} \qquad (9\text{-}16)$$

2. 开关状态

根据输出电压的幅值及其相位，3×3 矩阵变换器的开关状态可以分为三类：

1）第一类，共包含 18 个开关状态，该类下的开关状态将使得变换器有且仅有两个输出相连接于同一输入相，此时变换器输出电压和输入电流方向固定而幅值分别随输入电压和输出电流的相位变化，因此第一类开关状态所对应的输出电压矢量被称为"静态/活动矢量（Stationary or Active Vectors）"。如图 9-8 所示，其中开

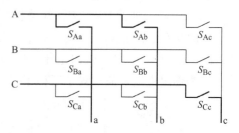

图 9-8　第一类开关示例

关 S_{Aa}、S_{Ab} 和 S_{Cc} 导通，输出电压 $u_a = u_b = u_A$，$u_c = u_C$，输入电流 $i_A = i_a + i_b$，$i_B = 0$，$i_C = i_c$。

在图 9-8 所示开关状态下，由式（9-13）和式（9-15）可知：

$$\operatorname{Re}[\boldsymbol{U}_o(t)] = \frac{2}{3}\left[u_a + \cos\left(\frac{2\pi}{3}\right)u_b + \cos\left(\frac{4\pi}{3}\right)u_c\right] = \frac{2}{3}\left[u_a - \frac{1}{2}u_b - \frac{1}{2}u_c\right] = \frac{1}{3}u_{AC}$$

$$\operatorname{Im}[\boldsymbol{U}_o(t)] = \frac{2}{3}\left[\sin\left(\frac{2\pi}{3}\right)u_b + \sin\left(\frac{4\pi}{3}\right)u_c\right] = \frac{1}{\sqrt{3}}(u_b - u_c) = \frac{1}{\sqrt{3}}u_{AC} = \sqrt{3}\operatorname{Re}(\boldsymbol{U}_o(t))$$

$$(9\text{-}17)$$

$$|\boldsymbol{U}_o(t)| = \sqrt{\{\operatorname{Re}[\boldsymbol{U}_o(t)]\}^2 + \{\operatorname{Im}[\boldsymbol{U}_o(t)]\}^2} = \frac{2}{3}|U_{AC}| = \left|\frac{2}{\sqrt{3}}U_i\cos\left(\omega_i t + \frac{\pi}{6}\right)\right|$$

$$\angle \boldsymbol{U}_o(t) = \sin^{-1}\frac{\operatorname{Im}[\boldsymbol{U}_o(t)]}{|\boldsymbol{U}_o(t)|} = 60° \text{或} 240° \qquad (9\text{-}18)$$

在图 9-8 所示开关状态下，由式（9-14）和式（9-16）可知：

$$\operatorname{Re}[\boldsymbol{I}_i(t)] = \frac{2}{3}\left(i_A - \frac{1}{2}i_B - \frac{1}{2}i_C\right) = -i_c$$

$$\operatorname{Im}[\boldsymbol{I}_i(t)] = \frac{1}{\sqrt{3}}(i_B - i_C) = -\frac{1}{\sqrt{3}}i_c \qquad (9\text{-}19)$$

$$|\boldsymbol{I}_o(t)| = \sqrt{\{\operatorname{Re}[\boldsymbol{I}_o(t)]\}^2 + \{\operatorname{Im}[\boldsymbol{I}_o(t)]\}^2} = \frac{2}{\sqrt{3}}i_c$$

$$\angle \boldsymbol{I}_{\mathrm{o}}(t) = \sin^{-1} \frac{\mathrm{Im}\left[\boldsymbol{I}_{\mathrm{o}}(t)\right]}{|\boldsymbol{I}_{\mathrm{o}}(t)|} = 30° \text{或} 210° \qquad (9\text{-}20)$$

2）第二类，共包含 3 个开关状态，该类下的开关状态将使得变换器所有输出相连接于同一输入相。如图 9-9 所示，其中开关 S_{Aa}、S_{Ab} 和 S_{Ac} 导通，输出电压 $u_{\mathrm{a}} = u_{\mathrm{b}} = u_{\mathrm{c}} = u_{\mathrm{A}}$，输入电流 $i_{\mathrm{A}} = i_{\mathrm{a}} + i_{\mathrm{b}} + i_{\mathrm{c}} = 0$。

该类开关状态对应的输出电压矢量位于矢量空间原点，被称为"零矢量（Zero Vectors）"，它产生的输出电压和输入电流均为 0，即 $\mathrm{Re}\left[\boldsymbol{U}_{\mathrm{o}}(t)\right] = \mathrm{Im}\left[\boldsymbol{U}_{\mathrm{o}}(t)\right] = 0$ 和 $\mathrm{Re}\left[\boldsymbol{I}_{\mathrm{i}}(t)\right] = \mathrm{Im}\left[\boldsymbol{I}_{\mathrm{i}}(t)\right] = 0$。

3）第三类，共包含 6 个开关状态，该类下的开关状态将使得变换器各输出相均连接于不同输入相，此时变换器输出电压和输入电流的幅值固定而方向变化，因此第三类开关状态所对应输出电压矢量被称为"旋转矢量（Rotating Vectors）"。如图 9-10 所示，其中开关 S_{Aa}、S_{Bb} 和 S_{Cc} 导通，输出电压 $u_{\mathrm{a}} = u_{\mathrm{A}}$，$u_{\mathrm{b}} = u_{\mathrm{B}}$，$u_{\mathrm{c}} = u_{\mathrm{C}}$，输入电流 $i_{\mathrm{A}} = i_{\mathrm{a}}$，$i_{\mathrm{B}} = i_{\mathrm{b}}$，$i_{\mathrm{C}} = i_{\mathrm{c}}$。

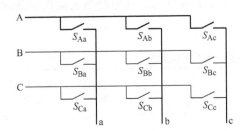　　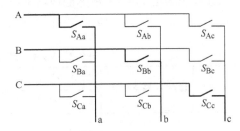

图 9-9　第二类开关示例　　　　　图 9-10　第三类开关示例

在图 9-10 所示开关状态下，由式（9-13）和式（9-15）可知：

$$\mathrm{Re}\left[\boldsymbol{U}_{\mathrm{o}}(t)\right] = \frac{2}{3}\left[u_{\mathrm{a}} - \frac{1}{2}u_{\mathrm{b}} - \frac{1}{2}u_{\mathrm{c}}\right] = \frac{2}{3}\left[u_{\mathrm{A}} - \frac{1}{2}u_{\mathrm{B}} - \frac{1}{2}u_{\mathrm{C}}\right]$$

$$= \frac{2}{3}U_{\mathrm{i}}\left[\cos(\omega_{\mathrm{i}}t) - \frac{1}{2}\cos\left(\omega_{\mathrm{i}}t - \frac{2\pi}{3}\right) - \frac{1}{2}\cos\left(\omega_{\mathrm{i}}t - \frac{4\pi}{3}\right)\right]$$

$$= U_{\mathrm{i}}\cos(\omega_{\mathrm{i}}t)$$

$$\mathrm{Im}\left[\boldsymbol{U}_{\mathrm{o}}(t)\right] = \frac{1}{\sqrt{3}}(u_{\mathrm{b}} - u_{\mathrm{c}}) = \frac{1}{\sqrt{3}}(u_{\mathrm{B}} - u_{\mathrm{C}})$$

$$= \frac{1}{\sqrt{3}}U_{\mathrm{i}}\left[\cos\left(\omega_{\mathrm{i}}t - \frac{2\pi}{3}\right) - \cos\left(\omega_{\mathrm{i}}t - \frac{4\pi}{3}\right)\right]$$

$$= U_{\mathrm{i}}\sin(\omega_{\mathrm{i}}t) \qquad (9\text{-}21)$$

$$|\boldsymbol{U}_{\mathrm{o}}(t)| = \sqrt{\left\{\mathrm{Re}\left[\boldsymbol{U}_{\mathrm{o}}(t)\right]\right\}^2 + \left\{\mathrm{Im}\left[\boldsymbol{U}_{\mathrm{o}}(t)\right]\right\}^2} = U_{\mathrm{i}} \qquad (9\text{-}22)$$

$$\angle \boldsymbol{U}_{\mathrm{o}}(t) = \sin^{-1} \frac{\mathrm{Im}\left[\boldsymbol{U}_{\mathrm{o}}(t)\right]}{|\boldsymbol{U}_{\mathrm{o}}(t)|} = \omega_{\mathrm{i}}t$$

在图 9-10 所示开关状态下，由式（9-14）和式（9-16）可知：

$$\mathrm{Re}\big[\,\boldsymbol{I}_{\mathrm{i}}(t)\,\big] = \frac{2}{3}\Big[\,i_{\mathrm{A}} - \frac{1}{2}i_{\mathrm{B}} - \frac{1}{2}i_{\mathrm{C}}\Big] = \frac{2}{3}\Big[\,i_{\mathrm{a}} - \frac{1}{2}i_{\mathrm{b}} - \frac{1}{2}i_{\mathrm{c}}\Big]$$

$$= \frac{2}{3}I_{\mathrm{o}}\Big[\cos(\omega_{\mathrm{o}}t) - \frac{1}{2}\cos\Big(\omega_{\mathrm{o}}t - \frac{2\pi}{3}\Big) - \frac{1}{2}\cos\Big(\omega_{\mathrm{o}}t + \frac{2\pi}{3}\Big)\Big]$$

$$= I_{\mathrm{o}}\cos(\omega_{\mathrm{o}}t)$$

$$\mathrm{Im}\big[\,\boldsymbol{I}_{\mathrm{i}}(t)\,\big] = \frac{1}{\sqrt{3}}(i_{\mathrm{B}} - i_{\mathrm{C}}) = \frac{1}{\sqrt{3}}(i_{\mathrm{b}} - i_{\mathrm{c}})$$

$$= \frac{1}{\sqrt{3}}I_{\mathrm{o}}\Big[\cos\Big(\omega_{\mathrm{o}}t - \frac{2\pi}{3}\Big) - \cos\Big(\omega_{\mathrm{o}}t - \frac{4\pi}{3}\Big)\Big]$$

$$= I_{\mathrm{o}}\sin(\omega_{\mathrm{o}}t) \tag{9-23}$$

$$|\boldsymbol{I}_{\mathrm{i}}(t)| = \sqrt{\big\{\mathrm{Re}\big[\,\boldsymbol{I}_{\mathrm{i}}(t)\,\big]\big\}^2 + \big\{\mathrm{Im}\big[\,\boldsymbol{I}_{\mathrm{i}}(t)\,\big]\big\}^2} = I_{\mathrm{o}} \tag{9-24}$$

$$\angle\boldsymbol{I}_{\mathrm{i}}(t) = \arcsin\frac{\mathrm{Im}\big[\,\boldsymbol{I}_{\mathrm{i}}(t)\,\big]}{|\boldsymbol{I}_{\mathrm{i}}(t)|} = \omega_{\mathrm{o}}t$$

表9-3 给出了 3×3 矩阵变换器全部的 27 中开关状态, 其中静态矢量被编号为 $+1, -1, \cdots, +9, -9$。

表9-3 3×3 矩阵变换器全开关状态表

类型	编号	导通开关	U_{o}			I_{i}			输出电压相角	输入电流相角
			u_{a}	u_{b}	u_{c}	i_{A}	i_{B}	i_{C}		
(第一类)静态矢量	+1	$S_{\mathrm{Aa}}S_{\mathrm{Bb}}S_{\mathrm{Bc}}$	u_{A}	u_{B}	u_{B}	i_{a}	$i_{\mathrm{b}}+i_{\mathrm{c}}$	0	$0°/180°$	$330°/150°$
	-1	$S_{\mathrm{Ba}}S_{\mathrm{Ab}}S_{\mathrm{Ac}}$	u_{B}	u_{A}	u_{A}	$i_{\mathrm{b}}+i_{\mathrm{c}}$	i_{a}	0	$0°/180°$	$330°/150°$
	+2	$S_{\mathrm{Ba}}S_{\mathrm{Cb}}S_{\mathrm{Cc}}$	u_{B}	u_{C}	u_{C}	0	i_{a}	$i_{\mathrm{b}}+i_{\mathrm{c}}$	$0°/180°$	$90°/270°$
	-2	$S_{\mathrm{Ca}}S_{\mathrm{Bb}}S_{\mathrm{Bc}}$	u_{C}	u_{B}	u_{B}	0	$i_{\mathrm{b}}+i_{\mathrm{c}}$	i_{a}	$0°/180°$	$90°/270°$
	+3	$S_{\mathrm{Ca}}S_{\mathrm{Ab}}S_{\mathrm{Ac}}$	u_{C}	u_{A}	u_{A}	$i_{\mathrm{b}}+i_{\mathrm{c}}$	0	i_{a}	$0°/180°$	$210°/30°$
	-3	$S_{\mathrm{Aa}}S_{\mathrm{Cb}}S_{\mathrm{Cc}}$	u_{A}	u_{C}	u_{C}	i_{a}	0	$i_{\mathrm{b}}+i_{\mathrm{c}}$	$0°/180°$	$210°/30°$
	+4	$S_{\mathrm{Ba}}S_{\mathrm{Ab}}S_{\mathrm{Bc}}$	u_{B}	u_{A}	u_{B}	i_{b}	$i_{\mathrm{a}}+i_{\mathrm{c}}$	0	$120°/300°$	$330°/150°$
	-4	$S_{\mathrm{Aa}}S_{\mathrm{Bb}}S_{\mathrm{Ac}}$	u_{A}	u_{B}	u_{A}	$i_{\mathrm{a}}+i_{\mathrm{c}}$	i_{b}	0	$120°/300°$	$330°/150°$
	+5	$S_{\mathrm{Ca}}S_{\mathrm{Bb}}S_{\mathrm{Cc}}$	u_{C}	u_{B}	u_{C}	0	i_{b}	$i_{\mathrm{a}}+i_{\mathrm{c}}$	$120°/300°$	$90°/270°$
	-5	$S_{\mathrm{Ba}}S_{\mathrm{Cb}}S_{\mathrm{Bc}}$	u_{B}	u_{C}	u_{B}	0	$i_{\mathrm{a}}+i_{\mathrm{c}}$	i_{b}	$120°/300°$	$90°/270°$
	+6	$S_{\mathrm{Aa}}S_{\mathrm{Cb}}S_{\mathrm{Ac}}$	u_{A}	u_{C}	u_{A}	$i_{\mathrm{a}}+i_{\mathrm{c}}$	0	i_{b}	$120°/300°$	$210°/30°$
	-6	$S_{\mathrm{Ca}}S_{\mathrm{Ab}}S_{\mathrm{Cc}}$	u_{C}	u_{A}	u_{C}	i_{b}	0	$i_{\mathrm{a}}+i_{\mathrm{c}}$	$120°/300°$	$210°/30°$
	+7	$S_{\mathrm{Ba}}S_{\mathrm{Bb}}S_{\mathrm{Ac}}$	u_{B}	u_{B}	u_{A}	i_{c}	$i_{\mathrm{a}}+i_{\mathrm{b}}$	0	$240°/60°$	$330°/150°$
	-7	$S_{\mathrm{Aa}}S_{\mathrm{Ab}}S_{\mathrm{Bc}}$	u_{A}	u_{A}	u_{B}	$i_{\mathrm{a}}+i_{\mathrm{b}}$	i_{c}	0	$240°/60°$	$330°/150°$
	+8	$S_{\mathrm{Ca}}S_{\mathrm{Cb}}S_{\mathrm{Bc}}$	u_{C}	u_{C}	u_{B}	0	i_{c}	$i_{\mathrm{a}}+i_{\mathrm{b}}$	$240°/60°$	$90°/270°$
	-8	$S_{\mathrm{Ba}}S_{\mathrm{Bb}}S_{\mathrm{Cc}}$	u_{B}	u_{B}	u_{C}	0	$i_{\mathrm{a}}+i_{\mathrm{b}}$	i_{c}	$240°/60°$	$90°/270°$
	+9	$S_{\mathrm{Aa}}S_{\mathrm{Ab}}S_{\mathrm{Cc}}$	u_{A}	u_{A}	u_{C}	$i_{\mathrm{a}}+i_{\mathrm{b}}$	0	i_{c}	$240°/60°$	$210°/30°$
	-9	$S_{\mathrm{Ca}}S_{\mathrm{Cb}}S_{\mathrm{Ac}}$	u_{C}	u_{C}	u_{A}	i_{c}	0	$i_{\mathrm{a}}+i_{\mathrm{b}}$	$240°/60°$	$210°/30°$

（续）

类型	编号	导通开关	U_o			I_i			输出电压相角	输入电流相角
			u_a	u_b	u_c	i_A	i_B	i_C		
（第二类）零矢量	O_1	$S_{Aa}S_{Ab}S_{Ac}$	u_A	u_A	u_A	0	0	0	—	—
	O_2	$S_{Ba}S_{Bb}S_{Bc}$	u_B	u_B	u_B	0	0	0	—	—
	O_3	$S_{Ca}S_{Cb}S_{Cc}$	u_C	u_C	u_C	0	0	0	—	—
（第三类）旋转矢量	R_1	$S_{Aa}S_{Bb}S_{Cc}$	u_A	u_B	u_C	i_a	i_b	i_c	非定值	非定值
	R_2	$S_{Aa}S_{Cb}S_{Bc}$	u_A	u_C	u_B	i_a	i_c	i_b	非定值	非定值
	R_3	$S_{Ba}S_{Cb}S_{Ac}$	u_B	u_C	u_A	i_b	i_c	i_a	非定值	非定值
	R_4	$S_{Ba}S_{Ab}S_{Cc}$	u_B	u_A	u_C	i_b	i_a	i_c	非定值	非定值
	R_5	$S_{Ca}S_{Ab}S_{Bc}$	u_C	u_A	u_B	i_c	i_a	i_b	非定值	非定值
	R_6	$S_{Ca}S_{Bb}S_{Ac}$	u_C	u_B	u_A	i_c	i_b	i_a	非定值	非定值

由表 9-3 中可以看到，第一类开关状态又可以被分为 3 个子类，每个子类中有 6 个方向相同的空间矢量，各子类间空间矢量相位互差 120°。第一类和第二类中可以作为调制方法中的基本空间矢量来合成参考矢量，第三类中空间矢量的方向实时变化（非定制），因此无法用作调制方法中的基本矢量。

3. 空间矢量调制技术

三相矩阵变换器调制要求使用静态矢量和零矢量来合成输出电压参考矢量和输入电流参考矢量，如图 9-11 所示，其中 k_v 为电压矢量空间扇区编号，k_i 为电流矢量空间扇区编号。

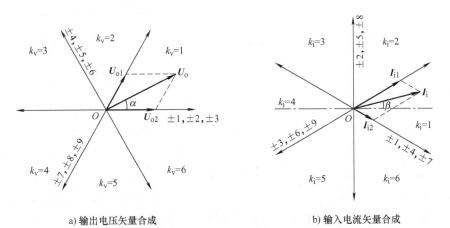

a) 输出电压矢量合成　　　　　　　b) 输入电流矢量合成

图 9-11　矩阵变换器中的输出电压矢量合成和输入电流矢量合成

可见，在任意扇区中的输出电压参考矢量和输入电流参考矢量都可以由位于其所在扇区边界的两个基本矢量合成。图 9-11a 中输出电压参考矢量 U_o 位于 1 扇区，可以由基本输出电压矢量 U_{o1} （对应开关状态 ±7，±8，±9）和 U_{o2} （对应开关

状态 ±1，±2，±3）来合成；图 9-11b 中输入电流参考矢量 I_i 位于 1 扇区，可以由基本输入电流矢量 I_{i1}（对应开关状态 ±3，±6，±9）和 I_{i2}（对应开光状态 ±1，±4，±7）来合成。

在三相矩阵变换器的空间矢量调制过程中需要同时考虑其输出电压参考矢量和输入电流参考矢量的合成过程，即调试时使用的开关状态应是输出电压参考矢量合成和输入电流参考矢量合成过程中共用的开关状态。如图 9-11 所示电压电流参考矢量的调制过程中，应采用开关状态为 ±1，±3，±7，±9，其符号的确定将随后讨论。类似地，当输出电压参考矢量和输入电流参考矢量位于各自空间不同扇区时，调制方法中所选择的开关状态见表 9-4，其中"序列"用于标记表中开关状态。

表 9-4 3×3 矩阵变换器空间矢量调制开关状态选择

扇区	k_v = 1 或 4				k_v = 2 或 5				k_v = 3 或 6			
k_i = 1 或 4	±9	±7	±3	±1	±6	±4	±9	±7	±3	±1	±6	±4
k_i = 2 或 5	±8	±9	±2	±3	±5	±6	±8	±9	±2	±3	±5	±6
k_i = 3 或 6	±7	±8	±1	±2	±4	±5	±7	±8	±1	±2	±4	±5
序列	I	II	III	IV	I	II	III	IV	I	II	III	IV

根据表 9-3 和表 9-4，三相矩阵变换器空间矢量调制中输出电压幅值见表 9-5。

表 9-5 3×3 矩阵变换器空间矢量调制中活动矢量的幅值

（其中，Amp_I、Amp_{II}、Amp_{III}、Amp_{IV} 为各序列活动矢量幅值）

k_i	幅值	
	序列 I 或序列 III	序列 II 或序列 IV
k_i = 1 或 4	$Amp_{I,III} = U_i \cdot \left\lvert \dfrac{2}{\sqrt{3}}\sin\left(\dfrac{\pi}{3} + \omega_i t\right)\right\rvert$	$Amp_{II,IV} = U_i \cdot \left\lvert \dfrac{2}{\sqrt{3}}\sin\left(\dfrac{\pi}{3} - \omega_i t\right)\right\rvert$
k_i = 2 或 5	$Amp_{I,III} = U_i \cdot \left\lvert \dfrac{2}{\sqrt{3}}\sin\left(\omega_i t\right)\right\rvert$	$Amp_{II,IV} = U_i \cdot \left\lvert \dfrac{2}{\sqrt{3}}\sin\left(\dfrac{\pi}{3} + \omega_i t\right)\right\rvert$
k_i = 3 或 6	$Amp_{I,III} = U_i \cdot \left\lvert \dfrac{2}{\sqrt{3}}\sin\left(\dfrac{\pi}{3} - \omega_i t\right)\right\rvert$	$Amp_{II,IV} = U_i \cdot \left\lvert \dfrac{2}{\sqrt{3}}\sin\left(\omega_i t\right)\right\rvert$

在如图 9-11 所示坐标系下，为使所计算的占空比有意义：当 $k_v = k_i = 1$ 时，选择开关状态为 +9、−7、−3 和 +1；当 $k_v = 1$，$k_i = 4$ 时，选择开关状态为 −9、+7、+3 和 −1；当 $k_v = 4$，$k_i = 1$ 时，选择开关状态编号为 −9、+7、+3 和 −1；当 $k_v = 4$，$k_i = 4$ 时，选择开关状态编号为 +9、−7、−3 和 +1。类似地，可以得到对于任意输出电压矢量和输入电流矢量所选择的开关状态编号见表 9-6。

表9-6 **3×3矩阵变换器空间矢量调制开关状态选择（计及符号）**

	$k_v=1$				$k_v=2$				$k_v=3$			
$k_i=1$	+9	-7	-3	+1	-6	+4	+9	-7	+3	-1	-6	+4
$k_i=2$	-8	+9	+2	-3	+5	-6	-8	+9	-2	+3	+5	-6
$k_i=3$	+7	-8	-1	+2	-4	+5	+7	-8	+1	-2	-4	+5
$k_i=4$	-9	+7	+3	-1	+6	-4	-9	+7	-3	+1	+6	-4
$k_i=5$	+8	-9	-2	+3	-5	+6	+8	-9	+2	-3	-5	+6
$k_i=6$	-7	+8	+1	-2	+4	-5	-7	+8	-1	+2	+4	-5
	$k_v=4$				$k_v=5$				$k_v=6$			
$k_i=1$	-9	+7	+3	-1	+6	-4	-9	+7	-3	+1	+6	-4
$k_i=2$	+8	-9	-2	+3	-5	+6	+8	-9	+2	-3	-5	+6
$k_i=3$	-7	+8	+1	-2	+4	-5	-7	+8	-1	+2	+4	-5
$k_i=4$	+9	-7	-3	+1	-6	+4	+9	-7	+3	-1	-6	+4
$k_i=5$	-8	+9	+2	-3	+5	-6	-8	+9	-2	+3	+5	-6
$k_i=6$	+7	-8	-1	+2	-4	+5	+7	-8	+1	-2	-4	+5
序列	I	II	III	IV	I	II	III	IV	I	II	III	IV

4. 占空比计算

由前文可知，任意参考矢量由4个活动矢量及1个零矢量合成得到，以图9-11中电压电流参考矢量为例，此时电压电流参考矢量均位于第I扇区，即$k_v=k_i=1$，此时有：

$$U_o = U_{o1} + U_{o2} \tag{9-25}$$

$$\left.\begin{aligned}|U_o|\cos\alpha = |U_{o1}|\cos(\pi/3) + |U_{o2}| \\ |U_o|\sin\alpha = |U_{o1}|\sin(\pi/3)\end{aligned}\right\} \Rightarrow \begin{aligned}|U_{o1}| = \frac{2}{\sqrt{3}}|U_o|\sin\alpha \\ |U_{o2}| = \frac{2}{\sqrt{3}}|U_o|\sin\left(\frac{\pi}{3}-\alpha\right)\end{aligned} \tag{9-26}$$

$$I_i = I_{i1} + I_{i2} \tag{9-27}$$

$$\left.\begin{aligned}|I_i|\cos(\beta+\pi/6) = |I_{i1}|\cos(\pi/3) + |I_{i2}| \\ |I_i|\sin(\beta+\pi/6) = |I_{i1}|\sin(\pi/3)\end{aligned}\right\} \Rightarrow \begin{aligned}|I_{i1}| = \frac{2}{\sqrt{3}}|I_i|\cos\left(\frac{\pi}{3}-\beta\right) \\ |I_{i2}| = \frac{2}{\sqrt{3}}|I_i|\cos\left(\frac{\pi}{3}+\beta\right)\end{aligned} \tag{9-28}$$

其中，$\alpha(\alpha\in[0,\ \pi/3])$和$\beta(\beta\in[-\pi/6,\ +\pi/6])$分别为输出电压参考矢量和输入电流参考矢量在各自扇区中与对应的扇区边界及扇区平分线的夹角。

式（9-25）和式（9-27）中电压电流矢量分量又可以表示为

$$U_{o1} = U_I d_I + U_{II} d_{II}$$

$$U_{o2} = U_{III} d_{III} + U_{IV} d_{IV}$$

$$\Rightarrow \begin{array}{l} |U_{o1}| = |U_{I}|d_{I} + |U_{II}|d_{II} = Amp_{I}d_{I} + Amp_{II}d_{II} \\ |U_{o2}| = |U_{III}|d_{III} + |U_{IV}|d_{IV} = Amp_{III}d_{III} + Amp_{IV}d_{IV} \end{array} \tag{9-29}$$

$$\begin{array}{l} I_{i1} = I_{I}d_{I} + I_{III}d_{III} \\ I_{i2} = I_{II}d_{II} + I_{IV}d_{IV} \end{array}$$

$$\Rightarrow \begin{array}{l} |I_{i1}| = |I_{I}|d_{I} + |I_{III}|d_{III} = Amp_{I}d_{I} + Amp_{III}d_{III} \\ |I_{i2}| = |I_{II}|d_{II} + |I_{IV}|d_{IV} = Amp_{II}d_{II} + Amp_{IV}d_{IV} \end{array} \tag{9-30}$$

于是有

$$\frac{Amp_{I}d_{I}}{Amp_{II}d_{II}} = \frac{Amp_{III}d_{III}}{Amp_{IV}d_{IV}} = \frac{\cos\left(\dfrac{\pi}{3} - \beta\right)}{\cos\left(\dfrac{\pi}{3} + \beta\right)} \tag{9-31}$$

由式(9-26)、式(9-29) 和式(9-31) 可以得到：

$$d_{I} = (-1)^{k_v + k_i} \frac{2}{\sqrt{3}} |U_{o}| \frac{\sin\alpha\cos\left(\dfrac{\pi}{3} - \beta\right)}{\cos\beta \cdot Amp_{I}}$$

$$d_{II} = (-1)^{k_v + k_i + 1} \frac{2}{\sqrt{3}} |U_{o}| \frac{\sin\alpha\cos\left(\dfrac{\pi}{3} + \beta\right)}{\cos\beta \cdot Amp_{II}}$$

$$d_{III} = (-1)^{k_v + k_i + 1} \frac{2}{\sqrt{3}} |U_{o}| \frac{\sin\left(\dfrac{\pi}{3} - \alpha\right)\cos\left(\dfrac{\pi}{3} - \beta\right)}{\cos\beta \cdot Amp_{III}} \tag{9-32}$$

$$d_{IV} = (-1)^{k_v + k_i} \frac{2}{\sqrt{3}} |U_{o}| \frac{\sin\left(\dfrac{\pi}{3} - \alpha\right)\cos\left(\dfrac{\pi}{3} + \beta\right)}{\cos\beta \cdot Amp_{IV}}$$

进一步得到：

$$d_{zero} = 1 - d_{I} - d_{II} - d_{III} - d_{IV} \mid_{d_{I} + d_{II} + d_{III} + d_{IV} \in [0,1]} \tag{9-33}$$

当 $k_v = k_i = 1$ 时，由表9-5、式(9-32) 和式(9-33) 可以得到：

$$d_{zero} = 1 - \frac{2\sqrt{3}U_{o}}{U_{i}} \cdot \frac{\cos\left(\dfrac{\pi}{6} - \alpha\right)(2\cos^2\beta - 1)}{\cos\beta(4\cos^2\beta - 1)} \geqslant 0 \tag{9-34}$$

求解式(9-34) 可以得到：

$$\frac{U_{o}}{U_{i}} \leqslant \frac{k}{l} \qquad \text{其中} \begin{cases} k = \dfrac{\cos\beta \cdot (4\cos^2\beta - 1)}{(2\cos^2\beta - 1)} \\ l = 2\sqrt{3}\cos\left(\dfrac{\pi}{6} - \alpha\right) \end{cases} \tag{9-35}$$

如果输出电压矢量和输入电流矢量可以独立控制，那么可以获得如下结果：

$$3 \leqslant k \leqslant 2\sqrt{3} \atop 3 \leqslant l \leqslant 2\sqrt{3} \Rightarrow \begin{cases} \dfrac{3}{2\sqrt{3}} \leqslant \dfrac{k}{l} \leqslant \dfrac{2\sqrt{3}}{3} \\[2mm] \dfrac{U_o}{U_i} \leqslant \left(\dfrac{k}{l}\right)_{\min} = \dfrac{\sqrt{3}}{2} \approx 86.6\% \end{cases} \tag{9-36}$$

式(9-36)表明矩阵变换器的最大调制比约为 86.6% 。

5. 开关状态序列

根据上述讨论，当 $k_v = k_i = 1$ 时，开关序列为 $+9(\text{I})$、$-7(\text{II})$、$-3(\text{III})$、$+1(\text{IV})$、O_1、O_2 和 O_3，其中零矢量用于保证每个开关状态序列具备相同的时间周期。为了最小化开关损耗，零矢量的选择过程中将保证每一个开关状态变化过程中只有一个双向开关发生开关动作。因此，这里得到的开关状态序列如图 9-12 所示。

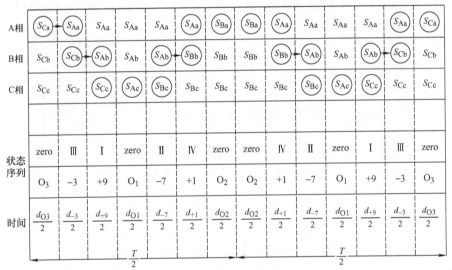

图 9-12　双边三零矢量开关状态序列（$k_v = k_i = 1$）

在图 9-12 中使用了 3 个零矢量，这将在每个序列周期引入 12 个开关换流过程，其中零矢量作用时间计算如下：

$$d_{O1} + d_{O2} + d_{O3} = 1 - d_1 - d_3 - d_7 - d_9 \quad \Rightarrow \quad d_{O1} = d_{O2} = d_{O3} = d_{\text{zero}}/3 \tag{9-37}$$

采用上面方式确定开关状态序列的方法被称为对称空间矢量调制（Symmetrical Space Vector Modulation，SSVM），与之对应的还有非对称空间矢量调制（Asymmetrical Space Vector Modulation，ASVM），在 ASVM 方法中，每个序列周期内只有 1 个位于周期中间位置的零矢量（如图 9-12 中的 O_1 矢量），此时图 9-12 中的 S_{Aa}、S_{Ba} 和 S_{Ca} 将不再改变其状态（S_{Aa} 始终开通、S_{Ba} 始终关断、S_{Ca} 始终关断）且开关换流过程减少为 8 个。

6. 电流换向

矩阵变换器的换流控制过程中需要满足两个条件：①不存在图 9-13a 所示的两个双向开关同时导通，以避免输出侧相间短路；②不存在如图 9-13b 所示的两个双向开关同时关断,以避免输出侧开路。

四步换流是矩阵变换器的一种典型换流方法,它具有安全、可靠、电流方向可控等特点,其换流过程如图9-14～图9-16所示。

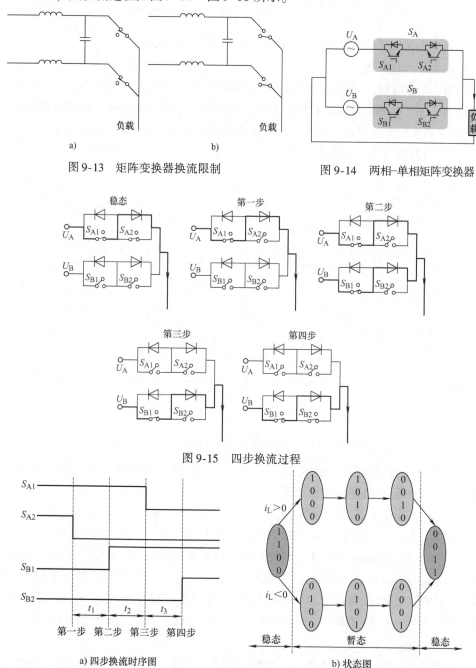

图9-13 矩阵变换器换流限制

图9-14 两相–单相矩阵变换器

图9-15 四步换流过程

a) 四步换流时序图

b) 状态图

图9-16 四步换流时序图与状态图

9.2.2　基于 MFT 的离岸风场高压直流输电系统的拓扑

本节内容所讨论的基于 MFT 的离岸风场高压直流输电系统拓扑结构如图 9-17 所示。其离岸部分包含 5 个发电单元，每个发电单元由风力机、永磁同步电机和 3×3 矩阵变换器组成；MFT 的一次侧采用多绕组结构，其每个绕组与对应发电单元中的矩阵变换器相连，用于收集来自发电单元的电能；MFT 的二次侧采用单绕组结构，与三相不控整流桥相连，用于将高频交流电转换为高压直流电，并通过高压直流线缆与岸上部分相连；其岸上部分直接采用 MMC 变换器将高压直流电转换为工频交流电并馈入电网。

图 9-17 所示拓扑结构的主要特点是：每个发电单元具有更加紧凑的模块化结构、由高频交流电到高压直流电的变换过程需要更少的步骤、MFT 结构提高了功率密度、离岸部分各发电单元间无需均衡控制。其中的 MFT 采用丫/△连接方式，从而在支路线缆或岸上变换器发生故障时有效防止变压器内部换流并对离岸部分起到保护作用。

由于缺少自换流路径，矩阵变换器需过电压过电流保护。在众多保护方案中，箝位电路被认为是最有效、最可靠的矩阵变换器保护方案之一，它需要在原有系统中引入额外电路结构，但这些保护电路结构的额定参数通常较低。

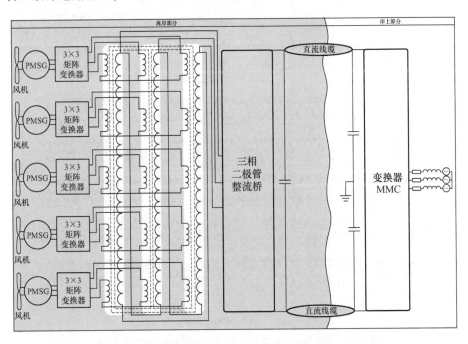

图 9-17　基于 MFT 的离岸风场高压直流输电系统拓扑

9.2.3　基于 MFT 的离岸风场高压直流输电系统的控制

图 9-17 所示系统中，各发电单元用于将风能转换为电能，其矢量控制及 MPPT 算法的实现可参考如 7.1.2 节，调制方法如 9.2.1 节所述；各发电单元输出的电能经 MFT 进行一定程度的升压后，经三相二极管整流桥得到高压直流电压，经直流线缆输送至岸上部分 MMC 变换器；岸上 MMC 变换器用于将来自直流母线上的电能馈入电网，其矢量控制可参考 7.1.2 节，调制方法如 9.1.1 节所示。

图 9-18 所示为基于 MFT 的离岸风场高压直流输电系统仿真结果。

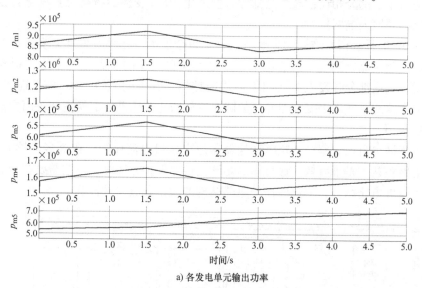

a) 各发电单元输出功率

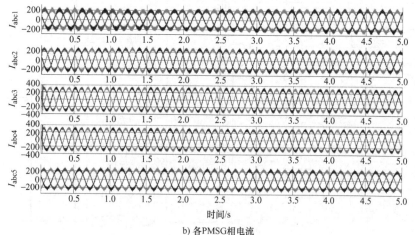

b) 各PMSG相电流

图 9-18　基于 MFT 的离岸风场高压直流输电系统仿真结果

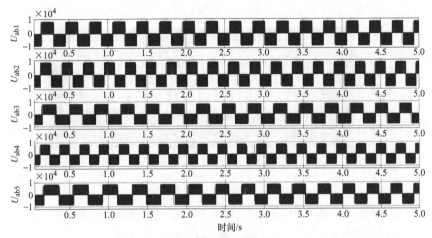

c) PMSG和MC间线电压

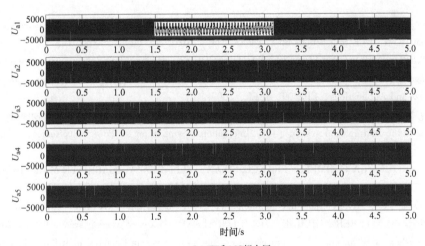

d) MFT和MC相电压

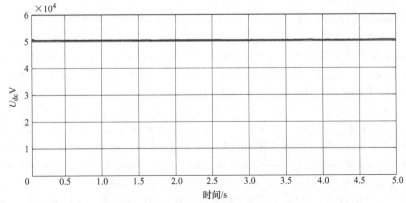

e) 高压直流输电线缆间总直流电压

图 9-18　基于 MFT 的离岸风场高压直流输电系统仿真结果（续）

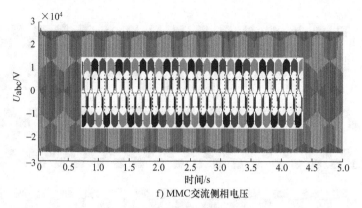

f) MMC交流侧相电压

图 9-18 基于 MFT 的离岸风场高压直流输电系统仿真结果（续）

参 考 文 献

［1］SAEEDIFARD M, IRAVANI R. Dynamic performance of a modular multilevel back-to-back HVDC system ［J］. IEEE transactions on Power Delivery, 2010, 25（4）: 2903-2912.

［2］ANTONIOS ANTONOPOULOS, LENNART ANGQUIST, HANS-PETER NEE. On dynamics and voltage control of the modular multilevel converter ［C］. 13th European Conference in Power Electronics and Applications, EPE'09, IEEE, 2009.

［3］CARMELI M S, CASTELLI-DEZZA F, ROSATI D, et al. MVDC connection of offshore wind farms to the transmission system ［C］. International Symposium on Power Electronics, Electrical Drives, Automation and Motion, 2010: 1201-1206.

［4］MARIA STEFANIA CARMELI, FRANCESCO CASTELLI-DEZZA, GABRIELE MARCHEGIANI, et al. Design and analysis of a Medium Voltage DC wind farm with a transformer-less wind turbine generator ［C］. XIX International Conference on Electrical Machines（ICEM）, 2010: 1-6.

［5］SVERRE SKALLEBERG GJERDE, TORE UNDELAND. Power conversion system for transformerless offshore wind turbine ［C］. Proceedings of the 14th European Conference on Power Electronics and Applications（EPE 2011）, IEEE. 2011: 1-10.

［6］FIRAS OBEIDAT. 基于 NPC 变换器的中压风电系统控制与海上风电并网系统研究 ［D］. 北京: 清华大学, 2013.

［7］FIRAS OBEIDAT, XU LIE, LI YONGDONG. Simulation of grid connected HVDC offshore wind farm topologies ［C］. IEEE 10th International Conference on Power Electronics and Drive Systems（PEDS）, Kitakyushu, Japan, 2013: 897-902.

［8］PATRICK W WHEELER, JOSÉ RODRÍGUEZ, JON C CLARE, et al. Matrix converters: a technology review ［J］. IEEE Transactions on Industrial Electronics, 2002, 49（2）: 276-288.

［9］DOMENICO CASADEI, GIOVANNI SERRA, ANGELO TANI, et al. Matrix converter modulation strategies: a new general approach based on space-vector representation of the switch state ［J］. IEEE Transactions on Industrial Electronics, 2002, 29（2）: 370-381.

［10］FIRAS OBEIDAT, XU LIE, LI YONGDONG. The application of three level NPC converter for wind power generator ［C］. Proceedings of The 7th International Power Electronics and Motion Control Conference, Harbin, China, 2012: 1597-1602.

电力电子新技术系列图书
目　　录

绝缘栅双极型晶体管（IGBT）设计与工艺　赵善麒、高勇、王彩琳等编著

电力电子装置中的典型信号处理与通信网络技术　李维波编著

电力电子装置中的信号隔离技术　李维波编著

三端口直流变换器　吴红飞、孙凯、胡海兵、邢岩著

风力发电系统及控制原理　马宏伟、李永东、许烈等编著

电力电子装置建模分析与示例设计　李维波编著

碳化硅功率器件：特性、测试和应用技术　高远、陈桥梁编著

光伏发电系统智能化故障诊断技术　马铭遥、徐君、张志祥编著

单相电力电子变换器的二次谐波电流抑制技术　阮新波、张力、黄新泽、刘飞等著

交直流双向变换器　肖岚、严仰光编著